高等学校新工科微电子科学与工程专业系列教材

# 半导体光电子器件

胡辉勇　郭　辉
王　斌　苏　汉　编　著

西安电子科技大学出版社

## 内 容 简 介

本书从光的特性入手，详细介绍了半导体材料光电特性以及光、电相互作用机制和基本物理过程，重点阐述了半导体太阳能电池、光电导器件、光电二极管、光电耦合器件、CMOS图像传感器、发光二极管和半导体激光器等半导体光电子器件的工作机制、基本物理过程、基本性能曲线、关键参数及影响器件性能的因素等。

本书既可作为微电子、光电子及相关学科的硕士研究生、本科生的学习用书，又可作为半导体光电子器件研究、生产及应用开发技术人员的参考用书。

**图书在版编目(CIP)数据**

半导体光电子器件/胡辉勇等编著. 一西安：西安电子科技大学出版社，2021.5

ISBN 978-7-5606-5558-1

Ⅰ. ①半…　Ⅱ. ①胡…　Ⅲ. ①半导体光电器件　Ⅳ. ①TN36

中国版本图书馆 **CIP** 数据核字(**2020**)第 **032231** 号

策划编辑　万晶晶
责任编辑　王　斌　万晶晶
出版发行　西安电子科技大学出版社(西安市太白南路2号)
电　　话　(029)88242885　88201467　　邮　　编　710071
网　　址　www.xduph.com　　电子邮箱　xdupfxb001@163.com
经　　销　新华书店
印刷单位　陕西日报社
版　　次　2021年5月第1版　2021年5月第1次印刷
开　　本　787毫米×1092毫米　1/16　印　张　13.75
字　　数　270千字
印　　数　1～3000册
定　　价　38.00元
ISBN 978-7-5606-5558-1/TN

**XDUP　5860001-1**

* * * 如有印装问题可调换 * * *

# 前　　言

光电集成系统具有高光子传输速率、强抗干扰性和低功耗等优点，在通信、信息处理、传感技术、自动控制、电子对抗及量子计算等高技术领域具有重要的应用前景。以光电集成为代表的光电子技术作为当今科技领域的基石和制高点，是当前世界强国科技竞争前沿和战略发展重点，更是一个国家科技与军事实力的体现。半导体光电子器件是实现光和电转换的半导体器件，是光电集成系统的核心，也是决定其性能的关键。因此，了解半导体光电子器件的基本结构、基本特性及其演化规律是开发高性能光电子器件、光电系统的基础。

依据未来半导体光电子器件及光电集成系统发展趋势，结合复合型人才培养需要，我们特编写本书以满足微电子、光电子、光学工程等相关专业本科生、研究生的学习需求。

本书从半导体材料光电特性以及光、电相互作用机制和基本物理过程入手，重点阐述了半导体太阳能电池、光电导器件、光电二极管、光电耦合器件、CMOS 图像传感器、发光二极管和半导体激光器等半导体光电子器件的工作机制、基本物理过程、基本特性曲线、关键光学与电学参数及影响器件性能的因素等基本内容。

本书共分为 6 章。第一章：半导体材料的光学性质与光电现象，重点阐述了光子特性及半导体的光学参数、半导体的光吸收与光发射机制、半导体中光子与电子相互作用的物理过程以及爱因斯坦关系；第二章：半导体光电子器件的物理基础，重点阐述了同质 pn 结的物理基础、非平衡 pn 结及其能带结构与载流子分布、pn 结的直流电学特性、pn 结电容与击穿特性、金半接触、MIS 结构以及量子阱与超晶格；第三章：半导体太阳能电池，重点阐述了太阳光谱与大气光学质量、半导体太阳能电池的基本结构与基本参数、半导体太阳能电池的等效电路、半导体太阳能电池的光谱响应以及相关特性与效应、半导体太阳能电池性能提高的措施以及新型异质结太阳能电池的结构；第四章：半导体光电探测器件，重点阐述了光电导器件的基本结构与基本参数、光电探测器的噪声来源和参数、光电二极管的工作机制与基本结构、光电二极管的等效电路、pin 型光电二极管、异质结光电二极管、肖特基二极管、雪崩光电二极管以及光电晶体管和光敏场效应管；第五章：半导体光电耦合器件，重点阐述了 CCD 器件的基本结构及其电荷的存储与转移、CCD 器件电荷的注入与检测、CCD 器件的性能参数、CCD 电极的基本结构与工艺、电荷耦合摄像器件以及

CMOS图像传感器；第六章：半导体发光器件，重点阐述了半导体发光二极管(LED)的结构、蓝光/白光LED结构及性能、LED封装与应用、半导体激光器的工作机制、工作条件和主要参数、异质结半导体激光器以及半导体激光器的应用。

本书由西安电子科技大学微电子学院的胡辉勇、郭辉、王斌和苏汉共同策划，由胡辉勇执笔完成。

在本书编写的过程中，西安电子科技大学微电子学院张鹤鸣教授在全书的体系架构、内容组成等方面给予了大量的帮助和建议，在此，向张鹤鸣教授表示真挚的谢意。同时，也向在本书编著过程中给予无私帮助的冯晓丽老师、万晶晶编辑表示衷心的感谢！

由于编者的水平有限，书中有不妥之处，敬请广大读者批评指正！

编　者

2020年10月

# 目　　录

# 第一章 半导体材料的光学性质与光电现象

半导体材料中原子、电子与光子的相互作用涉及半导体材料对光的透射、吸收及发光现象。半导体材料的光学性质与半导体材料的禁带宽度($E_g$)、材料中的杂质原子种类及状态等密切相关，导致各类半导体材料在光学性质上有很大差异。本章从光子特性入手，讨论半导体材料与光的相互作用机制，分析光子与电子相互作用过程，为后续光电器件研究奠定基础。

## 1.1 光子特性及半导体的光学参数

### 1.1.1 光子特性

光是由粒子组成的，这些粒子被称为光子。单光子静止质量为零，但其具有电磁能量和动量；也可以认为光子是光线中携带能量的粒子。同时，光子还具有波动性，光的干涉和衍射现象就是其波动性的表现。一个光子能量的多少正比于光波的频率大小，频率越高，能量越高。光子的粒子和波动特性，被称为光的波粒二象性。

光波是某一波段的电磁波，因此，光波在介质(包括半导体材料)中服从麦克斯韦方程：

$$\nabla\times\boldsymbol{E}=-\mu_0\frac{\partial\boldsymbol{H}}{\partial t}\tag{1-1-1}$$

$$\nabla\times\boldsymbol{H}=\sigma\boldsymbol{E}+\varepsilon_r\varepsilon_0\frac{\partial\boldsymbol{E}}{\partial t}\tag{1-1-2}$$

$$\nabla\cdot\boldsymbol{H}=0\tag{1-1-3}$$

$$\nabla\cdot\boldsymbol{E}=0\tag{1-1-4}$$

其中，$\varepsilon_0$、$\mu_0$分别为真空介电常数与磁导率；$\varepsilon_r$为介质相对介电常数。由式(1-1-1)、式(1-1-2)可得

$$\nabla\times\nabla\times\boldsymbol{E}=-\mu_0\frac{\partial}{\partial t}(\nabla\times\boldsymbol{H})=-\mu_0\left(\sigma\frac{\partial\boldsymbol{E}}{\partial t}+\varepsilon_r\varepsilon_0\frac{\partial^2\boldsymbol{E}}{\partial t^2}\right)$$

又

$$\nabla\times\nabla\times\boldsymbol{E}=\nabla(\nabla\cdot\boldsymbol{E})-\nabla^2\boldsymbol{E}=-\nabla^2\boldsymbol{E}$$

所以

$$\nabla^2 \boldsymbol{E}-\mu_0\sigma\frac{\partial \boldsymbol{E}}{\partial t}-\mu_0\varepsilon_r\varepsilon_0\frac{\partial^2 \boldsymbol{E}}{\partial t^2}=0 \tag{1-1-5}$$

其中，$\sigma$ 为介质材料的电导率。

光是一种横波，其传播方向与振动方向垂直，如图 1-1-1 所示。光波振动方向和前进方向构成的平面称为振动面。光的振动面只限于某一固定方向的光，称为平面偏振光或线偏振光。常见的自然光是平面偏振光的集合，其偏振面具有各种不同取向，并且相位随机分布，如图 1-1-2(a)所示。绝大多数光源都不发射线偏振光而发射自然光。还有一种光称为部分偏振光，是介于偏振光与自然光之间的一种光，该光波包含一切与传播方向垂直的可能方向的横向振动，但不同方向上振幅不等，在两个互相垂直的方向上振幅具有最大值和最小值，这种光称为部分偏振光，如图 1-1-2(b)所示。自然光是部分偏振光的一种特殊形式。

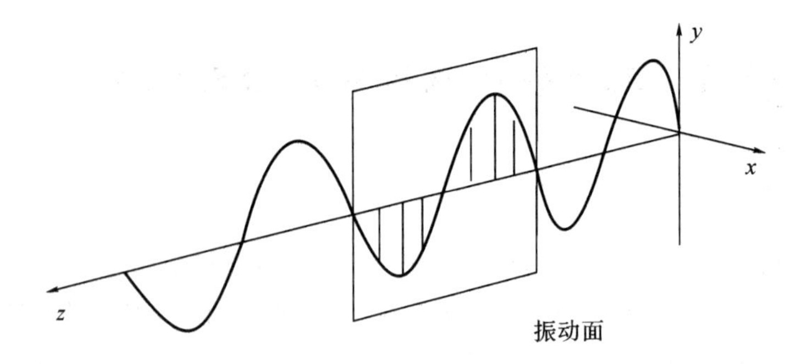


图 1-1-1　光的传播与振动示意图

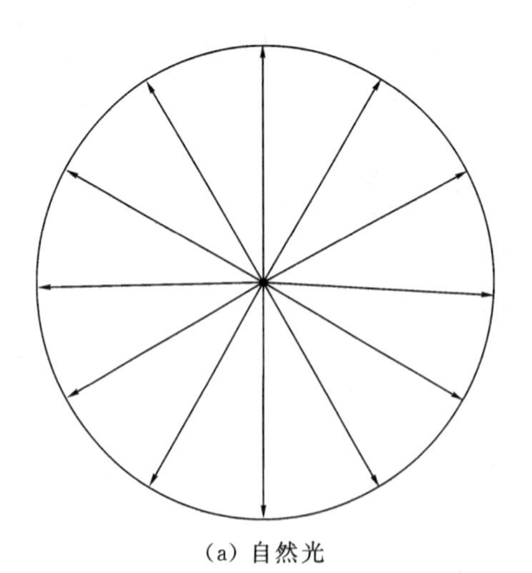

(a) 自然光

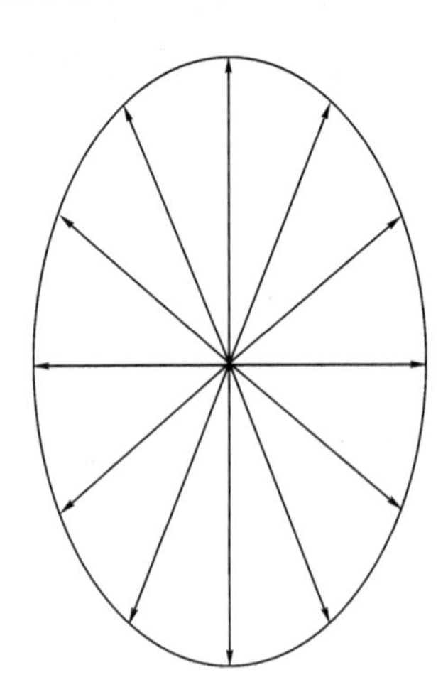

(b) 部分偏振光

图 1-1-2　光的分类

可以将一束光看成是由两个沿 $z$ 方向传播的平面波叠加而成的，即一个沿 $x$ 方向线形偏振的光和一个沿 $y$ 方向线形偏振的光的叠加。

假设沿 $z$ 方向传播的平面波电场在 $y$ 方向偏振，则波动方程(1-1-5)可变为

$$\nabla^2 E_y - \mu_0 \sigma \frac{\partial E_y}{\partial t} - \mu_0 \varepsilon_r \varepsilon_0 \frac{\partial^2 E_y}{\partial t^2} = 0 \tag{1-1-6}$$

其中，

$$E_y = E_0 \exp\left(\mathrm{j}\omega\left(t - \frac{z}{\nu}\right)\right) \tag{1-1-7}$$

将式(1-1-7)代入式(1-1-6)，则有

$$\frac{1}{\nu^2} = \mu_0 \varepsilon_0 \varepsilon_r - \frac{\mathrm{j}\sigma\mu_0}{\omega} \tag{1-1-8}$$

### 1.1.2　光子的动量和能量

如前所述，单光子静止质量为零，但其具有电磁能量和动量。光子的动量矢量可表示为

$$\boldsymbol{p} = \hbar \boldsymbol{k} \tag{1-1-9}$$

光子能量可表示为

$$E = h\nu = \hbar\omega \tag{1-1-10}$$

其中，$h = 6.63 \times 10^{-34}$ J·s，为普朗克常数；$\hbar = h/2\pi$；$k$ 为光子的波矢；$\nu$ 为光波频率；$\omega$ 为角频率；$E$ 的单位为 eV，1 eV$= 1.602 \times 10^{-19}$ J。

光子的波长和能量的关系为

$$\lambda = \frac{c}{\nu} = \frac{hc}{E} = \frac{1.24}{E} \quad (\mu\mathrm{m}) \tag{1-1-11}$$

其中。$c$ 为光波的传播速度(此处假设为在真空中)。

### 1.1.3　光的传播速度与折射率

根据式(1-1-6)至式(1-1-8)可得折射率为

$$N^2 = c^2 \left(\varepsilon_r - \frac{\mathrm{j}\sigma}{\omega\varepsilon_0}\right) \mu_0 \varepsilon_0 \tag{1-1-12}$$

对于真空，$N=1$，$\varepsilon_r = 1$，$\sigma = 0$，可得光波在真空中的传播速度为

$$c = \frac{1}{\sqrt{\mu_0 \varepsilon_0}} \tag{1-1-13}$$

将式(1-1-13)代入式(1-1-12)可得

$$N^2 = \varepsilon_r - \frac{\mathrm{j}\sigma}{\omega\varepsilon_0} \tag{1-1-14}$$

在介质中，显然$\sigma\neq0$，则

$$N=n-\mathrm{j}K \tag{1-1-15}$$

其中，$n=\sqrt{\mu_r\varepsilon_r}$为通常的折射率；$K$为消光系数。

在介质中光波的传播速度$v$为真空中的$\frac{1}{n}=\frac{1}{\sqrt{\mu_r\varepsilon_r}}$，其中，$\mu_r$为介质中的磁导率。光波在透明介质里的传播速度$v$小于真空中的传播速度$c$，$c$与$v$的比值是通常的折射率，即

$$n=\frac{c}{v}\quad 或 \quad v=\frac{c}{n} \tag{1-1-16}$$

将式(1-1-15)代入式(1-1-7)可得

$$E_y=E_0\exp\left(-\frac{\omega Kz}{c}\right)\exp\left(\mathrm{j}\omega\left(t-\frac{nz}{c}\right)\right) \tag{1-1-17}$$

由此可见，光波以$c/n$的传播速度沿$z$方向传播，其振幅按$\exp(-\omega Kz/c)$衰减。光振幅衰减是由于介质内存在自由电荷，光波的部分能量传播给自由电荷，激起传导电流而造成的。$K$为光波能量衰减的参量，是自由载流子吸收所引起的，称为消光系数(对于在$x$方向振动的磁场有相类似的形式与结果)。

### 1.1.4 光的折射与透射

当光波(电磁波)由一种介质照射到与另一种介质的交界面时，必然发生反射和折射现象，一部分光从界面反射；另一部分光则投射入介质。从能量守恒观点看，反射光波能量和投射光波能量之和等于入射光波能量。

**1. 斯涅耳(Snell)损耗**

光子从一种介质入射到另一种介质，因折射率不同，部分光子被反射回来的现象称为斯涅耳现象，这种现象造成的能量损耗称为斯涅耳损耗，如图1-1-3所示。其中，入射光和折射光位于同一个平面上，并且与界面法线的夹角满足如下关系(即斯涅耳公式)：

$$\bar{n}_s\sin\theta_s=\bar{n}_0\sin\theta_0 \tag{1-1-18}$$

其中，$n_0$和$n_s$分别是两个介质的折射率；$\theta_s$和$\theta_0$分别是入射光和折射光与界面法线的夹角，称为入射角和折射角。

当$\theta_0=90°$时，对应的$\theta_s$即为临界角$\theta_c$，则有

$$\theta_c=\arcsin\left(\frac{\bar{n}_0}{\bar{n}_s}\right) \tag{1-1-19}$$

当$\theta_s>\theta_c$时发生全反射，即菲涅耳现象。

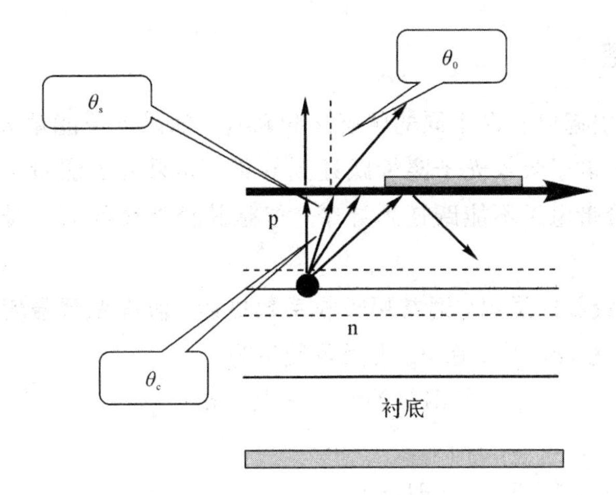


图 1-1-3　半导体中斯涅耳损耗与菲涅耳损耗的示意图

**2. 菲涅耳(Fresnel)损耗**

光子从折射率大的介质向折射率小的介质入射时，若入射角大于其临界角 $\theta_c$，则入射光从界面全反射回原介质的现象被称为菲涅耳现象，由此造成光能量的损耗被称为菲涅耳损耗。

根据斯涅耳损耗和菲涅耳损耗可以得到，光波在界面处的反射系数 $R$ 和投射系数 $T$ 分别为

$$R=\frac{(\bar{n}_s-\bar{n}_0)^2}{(\bar{n}_s+\bar{n}_0)^2} \tag{1-1-20}$$

$$T=1-R=1-\frac{(\bar{n}_s-\bar{n}_0)^2}{(\bar{n}_s+\bar{n}_0)^2}=\frac{4\,\bar{n}_s\bar{n}_0}{(\bar{n}_s+\bar{n}_0)^2} \tag{1-1-21}$$

## 1.2　半导体的光吸收机制

光子作用于半导体上有多种作用机制，如光子与杂质、施主或受主作用，与半导体内部的缺陷作用以及晶格作用，将光能转化为热能。最容易的是和价带电子作用，激发价电子跃迁到导带，形成非平衡(即非平衡态)载流子。

当光子作用在半导体上时，光子既可以被半导体吸收，也可以穿透半导体，这个过程主要取决于光子的能量和半导体的禁带宽度。

### 1.2.1 光吸收系数

光子的作用可以引起电子在不同的状态之间跃迁。如果光子能量大于半导体禁带宽度($E=h\nu>E_g$)，则价带电子吸收光子能量跃迁到导带；如果光子能量小于半导体禁带宽度($E=h\nu<E_g$)，虽然价带电子不能跃迁到导带，但是其仍能吸收光子能量从低能级跃迁至较高能级。

半导体对光能量吸收的强弱，通常用吸收系数描述。假设光照强度为 $I(x)$，单位距离的吸收系数为 $\alpha$(单位为 $cm^{-1}$)，在 $dx$ 内吸收能量为

$$dI(x)=-\alpha\cdot I(x)dx$$

即

$$\frac{dI(x)}{dx}=-\alpha\cdot I(x) \tag{1-2-1}$$

则半导体内部光强可表示为

$$I(x)=I(0)\cdot e^{-\alpha\cdot x} \tag{1-2-2}$$

其中，吸收系数 $\alpha$ 是光能量的函数，吸收系数对光能量(波长、波数或频率)的依赖关系称为吸收光谱。图 1-2-1 为常见半导体材料(如 Si、Ge、GaAs 等)的吸收光谱。

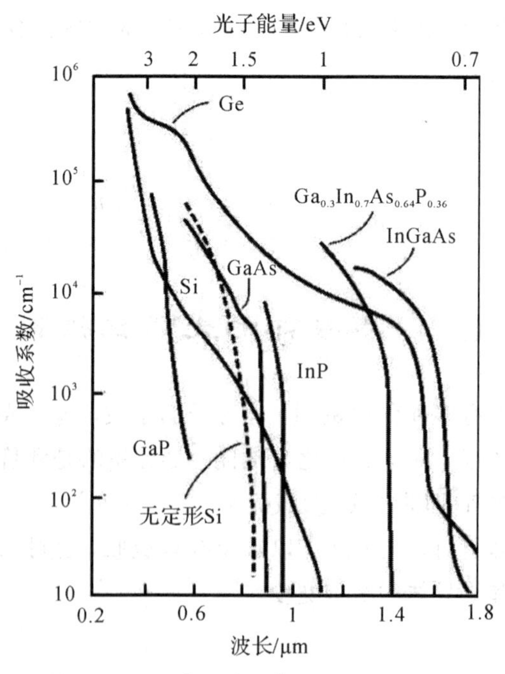


图 1-2-1 常见半导体材料的吸收光谱

从式(1-2-2)可知，入射光是按指数规律衰减的。光子在距表面 $1/\alpha$ 处，光照强度为原来的 $1/e$，可认为光能量基本被吸收。

半导体的光吸收系数是光能量和禁带宽度的函数，若光子能量大于半导体禁带宽度，则吸收系数上升得快；若光子能量小于半导体禁带宽度，则吸收系数就很小。

### 1.2.2　本征吸收

半导体吸收光子能量有两种机理：一是载流子吸收光子能量，使其从低能级跃迁至高能级；二是晶格振动吸收光子能量，光能转化为热能。基于这两种机理，有多种的吸收机制：本征吸收，杂质吸收，自由载流子吸收，激子吸收，晶格振动吸收等。本小节重点讨论本征吸收，其他的吸收机制将在下一小节讨论。

在本征半导体中，由于其内部没有杂质，本征载流子较少(室温下约为 $1.5\times10^{10}\ \text{cm}^{-3}$)，吸收主要是价电子由价带向导带跃迁所引起的，即当光入射到半导体上时，价带电子吸收足够的光子能量，越过禁带进入导带，成为可以自由移动的自由电子。同时，在价带中留下一个自由空穴，即生成电子-空穴对，这种现象称为本征吸收或基本吸收。半导体本征吸收的基本过程如图 1-2-2 所示。

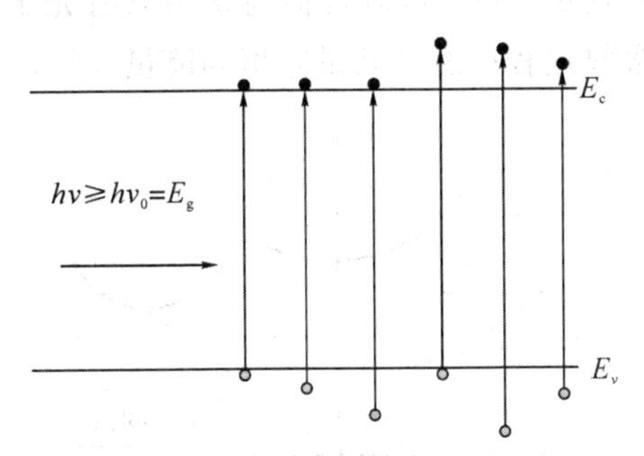


图 1-2-2　半导体本征吸收的基本过程

由于价带和导带之间隔着禁带，因此入射光子的能量必须大于或等于半导体的禁带宽度$E_g$($h\nu\geqslant E_g$)，才能使价带顶能级 $E_v$ 上的电子吸收足够的能量跃迁到导带底能级 $E_c$之上，即可以发生本征吸收的光波波长小于等于

$$h\nu=E_g=\frac{hc}{\lambda_0} \tag{1-2-3}$$

其中，$\lambda_0=\dfrac{1.24}{E_g}$(单位为 μm)被称为长波限。Si 的长波限 $\lambda_0\approx1.1\ \mu\text{m}$，GaAs 的长波限 $\lambda_0\approx0.867\ \mu\text{m}$。

长波限所对应的光波波长决定了能够引起半导体本征吸收最低限度的光子能量，对应于低频方面存在一个频率界限$\nu_0$，当频率低于$\nu_0$(或者波长大于$\lambda_0$)时，不可能产生本征吸收，吸收系数迅速下降，这个频率$\nu_0$(或者波长$\lambda_0$)称为半导体的本征吸收限。图 1-2-3 是 GaAs 材料本征吸收曲线。

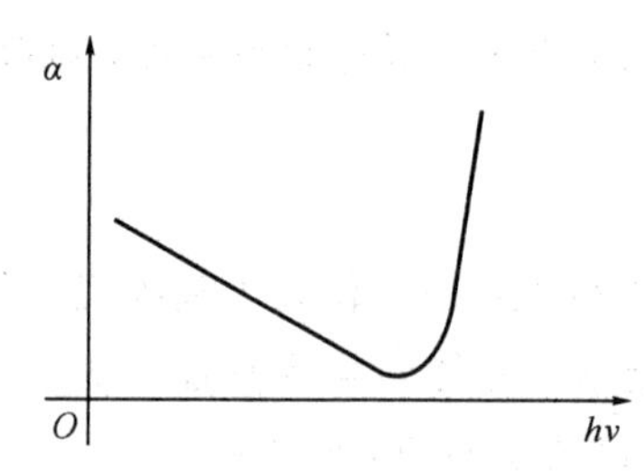


图 1-2-3　GaAs 材料本征吸收曲线

**1. 直接吸收**

价带顶和导带底能量对应相同的动量(波矢 $k$ 相同)的半导体称为直接带隙半导体，如 GaAs；否则称为间接带隙半导体，如 Si、Ge。对应于直接带隙半导体和间接带隙半导体的跃迁分别称为直接跃迁(吸收)和间接跃迁(吸收)，如图 1-2-4 所示。在图中波矢保持不变的为直接跃迁。在直接跃迁过程中，可以近似地认为只有光子和电子相互作用这一种情况发生。光子激发的本征吸收过程中遵循动量守恒和能量守恒。

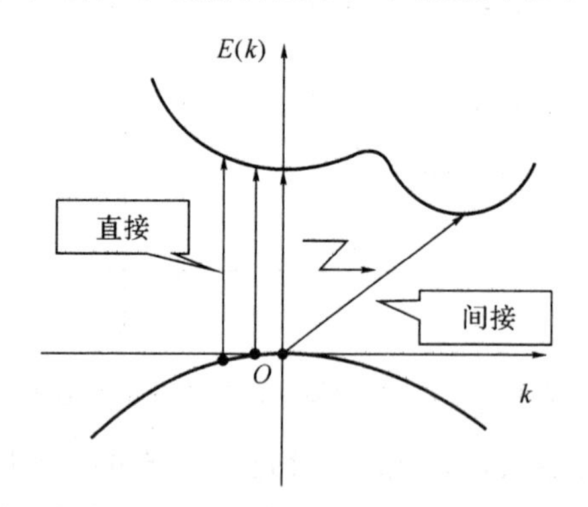


图 1-2-4　直接吸收和间接吸收示意图

直接吸收能量守恒为

$$h\nu=\Delta E$$

其中，$\Delta E$ 为电子跃迁前后的两个能级间的能量差。

直接吸收动量守恒为

$$hk'-hk=\text{光子动量}\approx 0\text{(光子动量远小于能带点的自动量)}$$

其中，$k'$为跃迁后波矢，$hk\gg$光子动量，则 $k'\approx k$，即电子跃迁保持波矢不变(直接跃迁)。

在直接跃迁过程中，如果对于任何 $k$ 值跃迁都是可以的，则吸收系数与光子的关系可表示为

$$\begin{cases} \alpha = C(h\nu - E_g)^{\frac{1}{2}} & h\nu \geqslant E_g \\ \alpha = 0 & h\nu < E_g \end{cases} \tag{1-2-4}$$

其中，$C$ 是与半导体的折射率、介电常数、载流子有效质量、光速等有关的量，近似为常数。

**2. 间接吸收**

对于 Si、Ge 等间接带隙半导体，其价带顶在 $k$ 空间原点，而导带底不在 $k$ 空间原点，如图 1-2-4 所示。这类半导体在本征吸收过程中，电子不仅仅吸收光子，还会与晶格交换一部分能量，放出或吸收一个声子。因此，间接跃迁过程是光子、电子、声子三者同时参与的过程。虽然此时有声子参与跃迁过程，但是仍然满足动量守恒和能量守恒。

间接吸收能量守恒为

$$h\nu \pm E_p = \Delta E \text{（能级间的能量差）}$$

$$E_p \sim 10^{-2}\,\text{eV} \text{（声子能量）}$$

$$h\nu \approx E_g \text{（跃迁导带底）}$$

$$h\nu \geqslant E_g \text{（含直接跃迁）}$$

间接吸收动量守恒为

$$(hk' - hk) \pm hk_p = \text{光子动量}$$

$$k' - k = \mp k_p \text{（声子动量）}$$

由理论分析可知，在 $h\nu > E_g + E_p$ 时，吸收和发射声子的跃迁皆可发生。此时，吸收系数为

$$\alpha = A\left[\frac{(h\nu - E_g + E_p)^2}{\exp\left(\frac{E_p}{k_0 T}\right)} + \frac{(h\nu - E_g - E_p)^2}{1 - \exp\left(-\frac{E_p}{k_0 T}\right)}\right] \tag{1-2-5}$$

在 $(E_g - E_p) < h\nu \leqslant (E_g + E_p)$ 时，只能发生吸收声子跃迁。此时，吸收系数为

$$\alpha = A\frac{(h\nu - E_g + E_p)^2}{\exp\left(\frac{E_p}{k_0 T}\right)} \tag{1-2-6}$$

在 $h\nu < (E_g - E_p)$ 时，跃迁不发生。此时，吸收系数 $\alpha = 0$。

### 1.2.3　其他吸收

半导体除了本征吸收以外，还有杂质吸收、激子吸收、自由载流子吸收等多种机制。

**1. 杂质吸收——杂质能级载流子跃迁**

完全纯净或本征半导体的导电能力很低，因为它们只含有很少的自由载流子。人为地

掺入杂质(如硼、磷、锑等)可以改变半导体的导电特性，但是由于杂质的掺入，会在半导体中形成杂质能级。束缚在杂质能级上的电子和空穴也可以引起光子吸收，并发生跃迁。杂质跃迁的过程如图 1-2-5 所示，包含以下几个过程：

(1) 施主能级电子→导带。

(2) 受主能级空穴→价带。

(3) 电离受主能级电子→导带。

(4) 电离施主能级空穴→价带。

由于束缚态没有一定的准动量，跃迁后状态不受波矢限制，可跃迁至任意能级，引起连续吸收光谱。

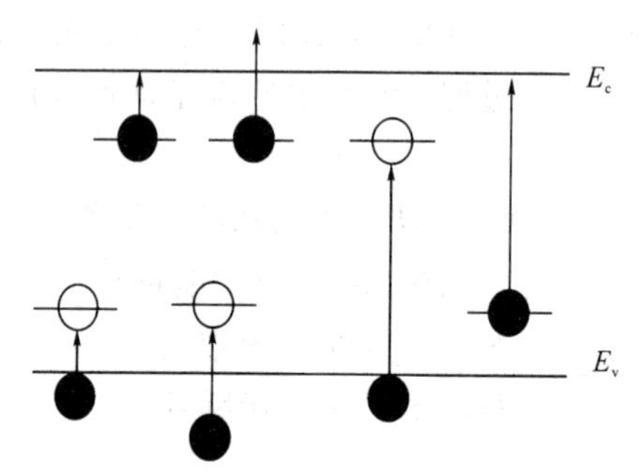


图 1-2-5　杂质跃迁过程示意图

引起“施主能级电子→导带”和“受主能级空穴→价带”这两个杂质吸收过程的光子能量 $h\nu$ 应该大于等于在施主能级上电子或者受主能级上空穴的电离能 $E_1$；而引起“电离受主能级电子→导带”和“电离施主能级空穴→价带” 这两个杂质吸收过程的光子能量 $h\nu$ 应该满足 $h\nu \geqslant E_g - E_1$。

在一般情况下，由于杂质吸收比较弱，尤其是对于浅能级，电离能 $E_1$ 较小。只能在低温下，当大部分杂质中心未被电离时，才能够观测到这种杂质的吸收。

**2. 激子吸收**

单个电子与空穴之间存在库仑力相互作用，可导致电子与空穴之间形成束缚状态，这种束缚态称为激子。对于半导体来说，价带中的电子吸收小于禁带宽度的光子能量可以离开价带，但因能量不够，还不能跃迁到导带成为自由电子，仍然受着空穴库仑场作用，与空穴形成一个电中性系统被称为激子。

激子在半导体中的某一处形成，并不停留在该处，而是可以在整个晶体中运动，由于呈电中性，因此在激子运动过程中并不形成电流。能产生激子的光吸收称为激子吸收，其特征为 $h\nu < E_g$。

**3. 自由载流子吸收**

对于一般半导体材料而言，当单个入射光子的能量不够高时，虽然不足以引起本征吸收或者激子吸收，但是仍然存在着强烈的吸收(如图1－2－6所示)，而且吸收强度随着波长的增大而增大。这是由导带中的自由载流子在同一带内的跃迁引起的，即导带中电子或价带中空穴在同一带中吸收光子能量所引起的，称为自由载流子吸收，如图1－2－7所示。

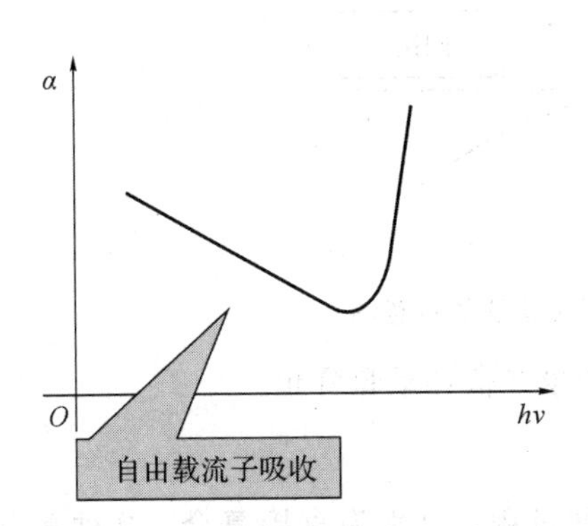


图1－2－6　Si材料的吸收曲线

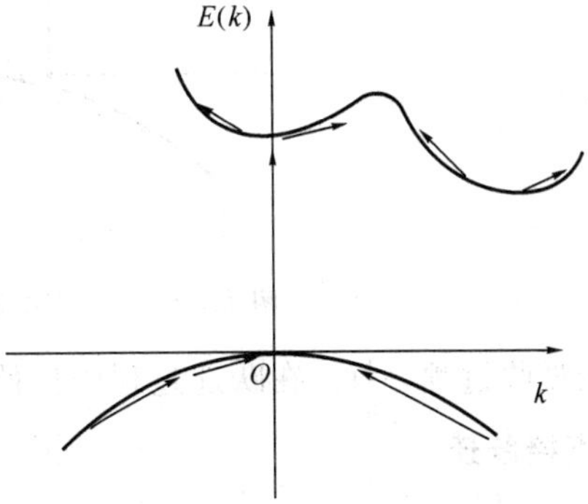

图1－2－7　自由载流子吸收的示意图

自由载流子吸收可以扩展到整个红外甚至到微波波段，此时吸收系数是电子(空穴)浓度的函数，金属材料中载流子(电子)浓度较高，因而在这一区域吸收谱线强度很大，甚至掩盖了其他吸收区光谱。

除了以上吸收以外，还有晶格吸收和子带吸收。在晶格吸收过程中，光子能量直接转化为晶格能量，对离子晶体或离子性较强的化合物，存在较强的晶格吸收。子带吸收主要是指在量子阱和超晶格中，载流子吸收光子能量，在分离的子能带之间产生跃迁的过程。

## 1.3　半导体的光发射机制

半导体中的电子可以吸收光子能量，从低能级跃迁至高能级，同样，处于激发态(高能级)的电子跃迁至基态(低能级)，能量以光辐射(光子)形式释放，称为半导体的发光现象。光辐射是光吸收的逆过程，与光吸收相对应。光辐射有多种的辐射机制。

### 1.3.1　本征跃迁与非本征跃迁

对应于本征吸收，本征跃迁指的是导带电子跃迁到价带与空穴复合放出光子的过程。由于半导体材料分为直接带隙半导体和间接带隙半导体，因此本征跃迁也分为直接跃迁和间接跃迁，如图 1－3－1 所示。

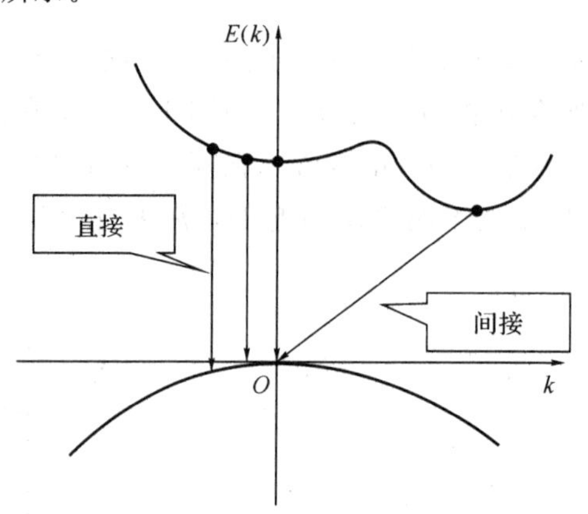


图 1－3－1　直接跃迁和间接跃迁的示意图

与光吸收过程一样，在跃迁过程中仍然遵循能量守恒和动量守恒。

**1. 直接跃迁**

直接跃迁过程是指电子与空穴结合放出光子的过程，也称为直接复合，这种复合最大的特点就是光辐射效率高。复合过程中遵循能量与动量守恒。

直接跃迁能量守恒为

$$h\nu = E_g$$

直接跃迁动量守恒为

$$hk' = hk$$

**2. 间接跃迁**

间接跃迁过程也称为间接复合，其最大的特点是有声子参与该过程，由于声子参与能量交换过程，其光辐射效率低，但是也遵循能量与动量守恒。

间接跃迁能量守恒为

$$h\nu \geqslant E_g - nE_p$$

间接跃迁动量守恒为

$$(hk' - hk) \pm hk_p = \text{光子动量}$$

其中，$n$ 为声子数。

**3. 非本征跃迁**

除了带间跃迁以外，电子从高能级跃迁到低能级的过程，包括电子从导带跃迁到杂质能级、杂质能级上的电子跃迁到价带、电子在杂质能级之间的跃迁都是非本征跃迁，如图 1－3－2 所示。非本征跃迁都可以引起发光。

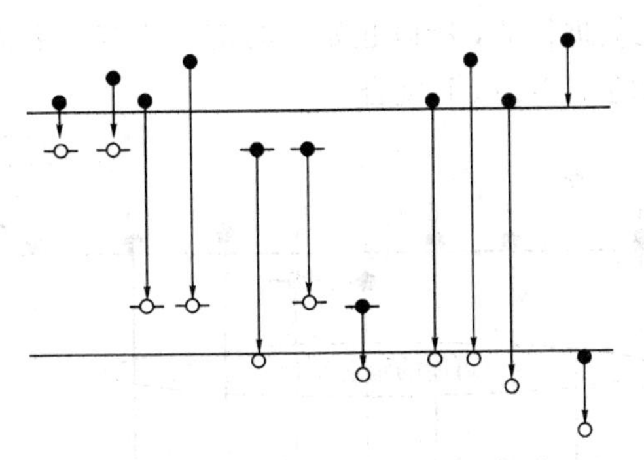

图 1-3-2　非本征跃迁的示意图

## 1.3.2　辐射复合

电子在能级之间跃迁时，伴随着一定能量的交换。如果电子从高能级跃迁到低能级，与低能级的空穴结合，失去一部分能量，并且该能量以光子的形式放出，则这种跃迁被称为辐射跃迁，也称为辐射复合，如图 1-3-3 所示。辐射复合多发生在直接带隙结构，放出能量与光子能量的关系为

$$\Delta E=h\nu=\frac{hc}{\lambda} \tag{1-3-1}$$

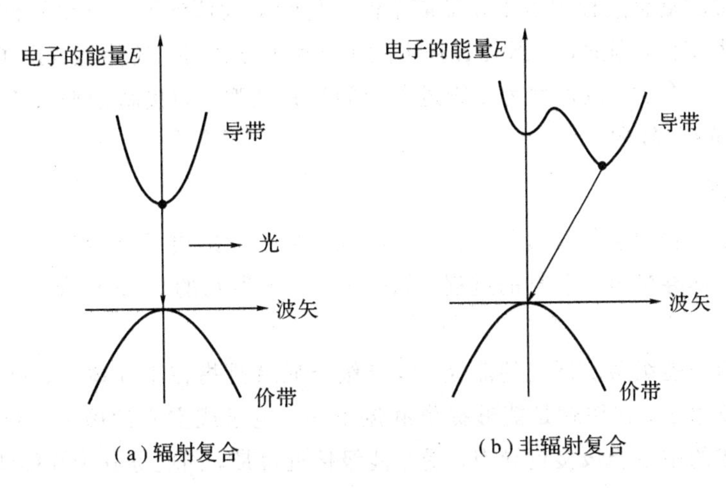


图 1-3-3　辐射复合与非辐射复合

辐射复合又分为带间复合、边缘发射、深能级复合、施主和受主的载流子复合、激子复合、等电子中心复合和等分子中心复合等方式。

**1. 带间复合**

带间复合指电子从导带直接跃迁到价带，同那里的空穴相复合，同时发射光子。由于

这种跃迁是在两个能带之间进行的，所以起始点与落点均有一定范围，因而发光具有一定谱带，如图 1-3-4 所示的 a、b、c、h 复合。

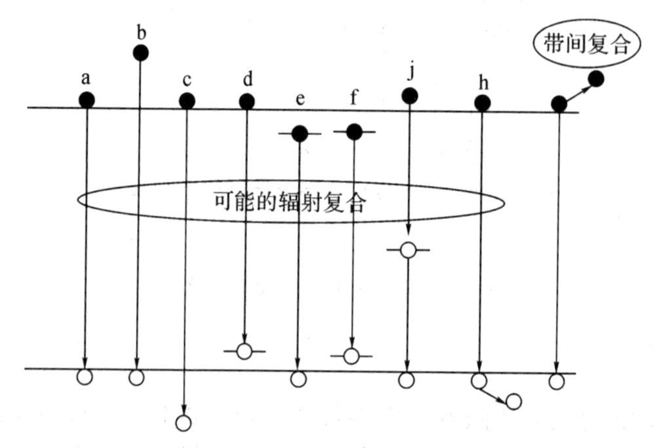


图 1-3-4　各种辐射复合过程

带间复合又分为直接带隙复合和间接带隙复合。在直接带隙复合过程中，由于导带极小值与价带极大值具有相同的波矢，故跃迁前后，电子波矢基本不变。这一过程只伴随着光子的产生。因此，直接带隙复合又称为一级过程或直接跃迁型，如图 1-3-3(a)所示。

而在间接带隙复合过程中由于导带最小值与价带最大值的波矢 $k$ 值不同，电子跃迁前后波矢发生较大变化，因此，在跃迁过程中除了产生光子以外，还伴随着声子跃迁过程。因为这种跃迁有声子参加，故被称为二级过程或间接跃迁型。间接跃迁型放出光子的概率较小，发光强度(光强)较弱。

**2. 边缘发射**

边缘发射是一种辐射复合过程，它是指浅施主所俘获的电子同价带空穴复合，或浅受主所俘获的空穴同导带电子复合的过程，如图 1-3-4 所示的 d、e 复合。边缘发射也称为浅能级复合。

浅能级是由浅能级杂质形成的能级。浅能级杂质就是指在半导体中、价电子受到束缚较弱的那些杂质原子，往往就是能够提供载流子——电子或空穴的施主、受主杂质；它们在半导体中形成的施主能级接近导带，受主能级接近价带，因此称其为浅能级杂质。

由于浅能级与导带底和价带顶比较接近，所以载流子跃迁范围同禁带宽度相差不多，但是浅能级的中间作用会影响发光效率。

**3. 深能级复合**

深能级是指靠近导带底的空穴束缚态，或能量很接近价带顶的电子束缚态。在这种复合中，跃迁距离远小于禁带宽度，故辐射光波波长较长，如图 1-3-4 所示的 j 复合。深能级会使发光效率降低。

**4. 施主和受主的载流子复合**

施主和受主杂质提供载流子并产生复合，如图1-3-4所示的f复合。在这种载流子的复合过程中，跃迁距离也小于禁带宽度。

**5. 激子复合**

激子是晶体中电子和空穴通过库伦力束缚形成的中性粒子，当它通过光子的形式释放出所储存的能量时，即为激子复合发光。激子引起的电子和空穴复合发光，能有效地提高发光效率。

**6. 等电子中心复合**

在元素半导体中，同价原子取代主原子，该原子被称为等电子体。由于两种原子序数不同，电子层数和电子结构不同，电负性不同，原子序数小的，电子亲和力大，易俘获电子成为负离子中心；原子序数大的，易俘获空穴成为正离子中心。该正、负离子中心被称为等电子中心。等电子中心再俘获相反类型的载流子复合发光，称为等电子中心复合。

**7. 等分子中心复合**

类似于等电子体，在化合物半导体中，一种分子取代主分子被称为等分子体。等分子中心的形成类似于等电子中心的形成。等分子中心再俘获相反类型的载流子复合放光，称为等分子中心复合。

### 1.3.3 非辐射复合

除了能够发射一定波长光子的辐射跃迁以外，还存在无光子辐射的非辐射跃迁。在电子与空穴复合过程中，多余能量如果不以光子的形式放出，则称为非辐射复合，又称为猝灭，多发生在间接带隙结构。例如，多声子跃迁、俄歇复合、表面复合或激发声子而变为热能，均属于非辐射复合过程。下面介绍其中的前两种。

**1. 多声子跃迁**

电子和空穴复合所放出的能量可以使晶格振动，产生声子，这一过程称为声子跃迁。当禁带中有许多杂质能级且可以在电子跃迁时，依次激发出许多声子，这一过程被称为多声子跃迁。声子跃迁的结果是使电子放出的能量转变为晶格振动能。

**2. 俄歇复合**

当晶体中的电子和空穴复合时，可把多余的能量传给第三个载流子。获得能量的载流子会产生声子跃迁，这种复合称为俄歇复合。

另外，还存在许多其他的非辐射复合过程，此处不再一一介绍。

### 1.3.4 发光效率

并不是所有的复合过程都有光辐射，好的半导体发光材料应该是光辐射复合占主导地位的材料。量子效率是表征发光的参量，即光辐射复合与总复合之比。其表达式为

$$\eta_q=\frac{R_r}{R} \tag{1-3-2}$$

其中，$R_r$ 为辐射复合率；$R$ 为过剩载流子的总复合率。由于复合率反比于载流子寿命，因此根据载流子寿命，我们可以把量子效率写为

$$\eta_q=\frac{\tau_{nr}}{\tau_{nr}+\tau_r} \tag{1-3-3}$$

其中，$\tau_{nr}$ 为非辐射寿命；$\tau_r$ 为辐射寿命。一个高的发光效率，非辐射寿命应该很大，即非辐射复合的可能性相对于辐射复合较小。

电子和空穴的复合率正比于电子数量及可提供的空状态(空穴)的数量。我们可以写为

$$R_r=Bnp \tag{1-3-4}$$

其中，$n$、$p$ 分别为半导体中电子和空穴的浓度；$B$ 为比例常数。直接带隙材料的 $B$ 值比间接带隙材料的 $B$ 值约高出 $10^6$ 倍。在间接带隙材料中，直接带间辐射复合跃迁是不大可能的。

在直接带隙材料中，光子的发射所遇到的问题是发射光子的再吸收。一般来说，发射光子的能量 $h\nu>E_g$，也就是说，对于这个能量，吸收系数不是零。为了从发光器件产生光输出，这个过程必须在表面附近发生。对于再吸收问题，有效地解决方法是使用异质 pn 结(即异质结)。

## 1.4 半导体中光子与电子相互作用的物理过程

### 1.4.1 半导体中光子和电子相互作用的物理过程

半导体中光子和电子相互作用的物理过程主要有三个：光的自发辐射、光的受激辐射和光的受激吸收。

**1. 光的自发辐射**

对于上下两个能级 $E_2$ 和 $E_1$，处于上能级 $E_2$ 的电子，不需要借助外来光子的激发，有一定概率“自发的”跃迁到下能级 $E_1$，与空穴复合，同时放出能量为 $h\nu=E_2-E_1$ 的光子，称为光的自发辐射，如图 1-4-1 所示。

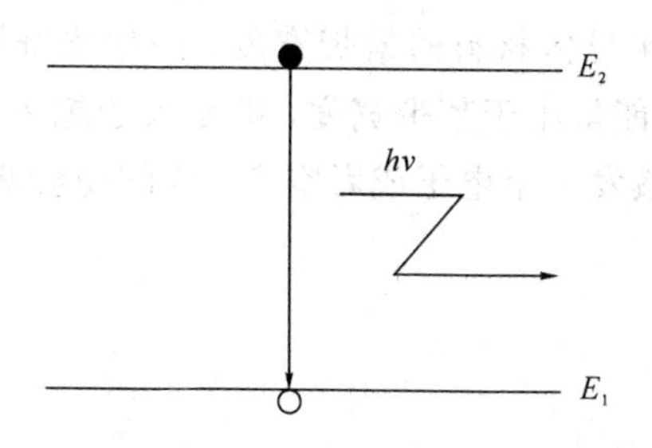


图 1-4-1　光的自发辐射示意图

光的自发辐射的特点是产生的光为非相干光，是发光二极管的物理基础。

**2. 光的受激辐射**

在能量为 $h\nu=E_2-E_1$ 的光子的作用下，电子由上能级 $E_2$ 跃迁到下能级 $E_1$，发射出一个与入射光子具有相同的频率、传播方向、偏振和相位光子的过程，称为光的受激辐射。其示意图如图 1-4-2 所示。

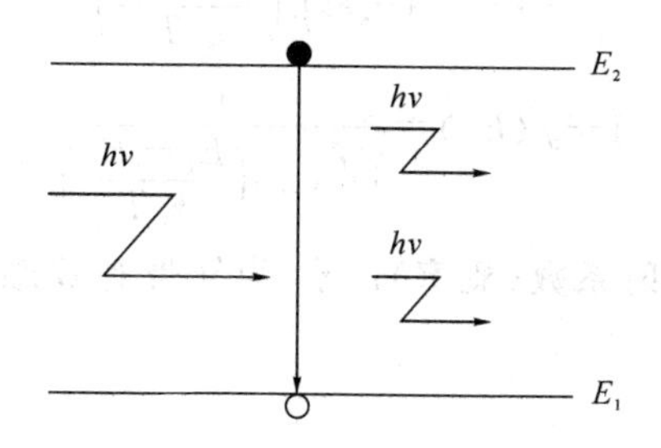


图 1-4-2　光的受激辐射示意图

光的受激辐射的特点是产生的光为相干光，即发射的光子与入射光子具有相同的频率、传播方向、偏振和相位，是激光器的物理基础。

**3. 光的受激吸收**

在能量为 $h\nu\geqslant E_2-E_1$ 的光子作用下，电子由下能级 $E_1$ 跃迁到上能级 $E_2$ 的过程，称为光的受激吸收。其示意图如图 1-4-3 所示。

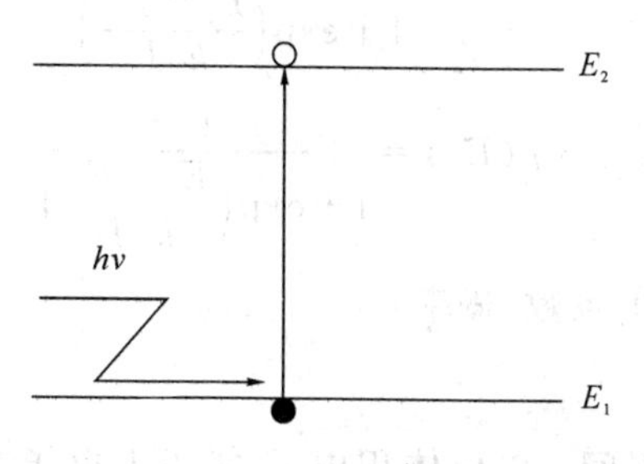


图 1-4-3　光的受激吸收示意图

若光子能量大于或等于半导体材料的禁带宽度，产生本征跃迁，则每一个光子可激发出一个电子-空穴对。若光子能量小于禁带宽度，但是大于施主和受主杂质电离能量，产生非本征跃迁，则每个光子只激发一个电子或者空穴。光的受激吸收是太阳能电池、光电导、光电探测器的物理基础。

### 1.4.2 爱因斯坦关系

#### 1. 自发发射(辐射)速率

自发发射(辐射)速率是指单位时间、单位体积内$E_2$能级跃迁到$E_1$能级的电子数。它与电子占据$E_2$能级概率$f(E_2)$、未占据$E_1$能级概率$1-f(E_1)$成正比。其表达式为

$$r_{21}(sp)=A_{21}N_C f(E_2)N_V[1-f(E_1)] \tag{1-4-1}$$

其中

$$f(E_2)=\frac{1}{1+\exp\left(\frac{E_2-E_F}{k_0 T}\right)}$$

$$1-f(E_1)=\frac{1}{1+\exp\left(\frac{E_F-E_1}{k_0 T}\right)}$$

其中，$A_{21}$为爱因斯坦自发辐射系数(概率)；$N_C$为导带有效态密度；$N_V$为价带有效态密度；$E_F$为杂质费米能级。

#### 2. 受激发射(辐射)速率

受激发射(辐射)速率是指单位时间、单位体积内在能量($h\nu$)大于等于$E_2-E_1$的光子作用下，$E_2$能级跃迁到$E_1$能级的电子数。它与电子占据$E_2$能级概率$f(E_2)$、未占据$E_1$能级概率$1-f(E_1)$、光子流(光子密度)密度$\rho_\nu$成正比。其表达式为

$$r_{21}(st)=B_{21}N_C f(E_2)N_V(1-f(E_1))\rho_\nu \tag{1-4-2}$$

其中

$$f(E_2)=\frac{1}{1+\exp\left(\frac{E_2-E_F}{k_0 T}\right)}$$

$$1-f(E_1)=\frac{1}{1+\exp\left(\frac{E_F-E_1}{k_0 T}\right)}$$

其中，$B_{21}$为爱因斯坦受激发射系数(概率)。

#### 3. 受激吸收速率

受激吸收速率是指单位时间、单位体积内$E_1$能级上电子在能量($h\nu$)大于等于$E_2-E_1$

的光子作用下跃迁到$E_2$能级的电子数。它与电子占据$E_1$能级概率$f(E_1)$、未占据$E_2$能级概率$1-f(E_2)$、光子流(光子密度)密度$\rho_\nu$成正比。其表达式为

$$r_{12}^{a}(st)=B_{12}N_{\mathrm{V}}f(E_1)N_{\mathrm{C}}[1-f(E_2)]\rho_\nu \tag{1-4-3}$$

其中

$$f(E_1)=\frac{1}{1+\exp\left(\dfrac{E_1-E_{\mathrm{F}}}{k_0T}\right)}$$

$$1-f(E_2)=\frac{1}{1+\exp\left(\dfrac{E_{\mathrm{F}}-E_2}{k_0T}\right)}$$

其中，$B_{12}$为爱因斯坦受激吸收系数(概率)。

**4. 爱因斯坦关系**

在平衡(即平衡态)条件下，总发射速率等于总吸收速率，即

$$r_{21}(sp)+r_{21}(st)=r_{12}^{a}(st) \tag{1-4-4}$$

其中，$r_{21}(sp)$为自发辐射光子速率；$r_{21}(st)$为受激辐射光子速率；$r_{12}^{a}(st)$为受激吸收光子速率，则

$$\rho_\nu=\frac{A_{21}f(E_2)[1-f(E_1)]}{B_{12}f(E_1)[1-f(E_2)]-B_{21}f(E_2)[1-f(E_1)]}$$

$$\rho_\nu=\frac{A_{21}}{B_{21}}\frac{1}{\left\{\dfrac{B_{12}}{B_{21}}\dfrac{f(E_1)[1-f(E_2)]}{f(E_2)[1-f(E_1)]}-1\right\}} \tag{1-4-5}$$

其中

$$\frac{f(E_1)[1-f(E_2)]}{f(E_2)[1-f(E_1)]}=\exp\left(\frac{E_2-E_1}{k_0T}\right)$$

那么

$$\rho_\nu=\frac{A_{21}}{B_{21}}\frac{1}{\left[\dfrac{B_{12}}{B_{21}}\exp\left(\dfrac{E_2-E_1}{k_0T}\right)-1\right]} \tag{1-4-6}$$

而光子按能量分布的密度为

$$\rho_\nu=\frac{8\pi N^3\ (E_2-E_1)^2}{h^3c^3}\frac{1}{\left[\exp\left(\dfrac{E_2-E_1}{k_0T}\right)-1\right]} \tag{1-4-7}$$

比较式(1-4-6)和式(1-4-7)，当受激发射与受激吸收速率相等且$f(E_1)=f(E_2)$时，则$B_{12}=B_{21}$，可得如下的爱因斯坦关系：

$$A_{21}=\frac{8\pi N^3\ (E_2-E_1)^2}{h^3c^3}B_{21}=ZB_{21} \tag{1-4-8}$$

其中，$Z=\dfrac{8\pi N^3\ (E_2-E_1)^2}{h^3c^3}$。

## 习　　题

1. 光波在介质中的传播速度和真空中的传播速度是否一样？为什么？

2. 折射率的物理意义是什么？有何实际用处？

3. 已知一个脉冲激光器输出的波长为1.06 μm，输出脉冲能量为150 mJ，请问一个脉冲包含有多少个光子？

4. 已知蓝宝石和金刚石的折射率分别为1.70和2.40，试求波长为420 nm的蓝光分别在这两种材料中的波长、速度和频率，在这两种材料中该光波是否还为蓝光？

5. 半导体材料中有哪几种与光有关的跃迁？利用这些光跃迁能够实现哪些光电子器件？

6. 在稳定光照下，半导体中载流子浓度及分布保持恒定不变，但为什么说半导体处于非平衡态？

7. 直接复合与间接复合的物理意义有什么异同点？

8. 基于光子与电子相互作用机制推导爱因斯坦关系。

# 第二章　半导体光电子器件的物理基础

半导体光电子器件是实现光和电转换的半导体器件，按功能可分为三类：

(1) 将电能转换成光辐射的电致发光器件，如发光二极管和固态激光器。

(2) 通过电过程探测光信号的器件，如光电导和光电探测器。

(3) 将光辐射能量转换成电能的器件，如太阳能电池。

以上光电子器件都是由半导体材料制备而成的，而且组成器件的基本结构与半导体电子器件相同，因此器件性能和很多规律与电子器件相似。

本章主要讨论与半导体光电子器件相关的物理基础。

## 2.1　pn 结的物理基础

pn 结是指采用某种技术在半导体材料内分别形成 p 型区（简称 p 区）和 n 型区（简称 n 区），其两者界面及两侧少数载流子（即少子）在扩散长度范围内的区域。pn 结是构成半导体光电子器件最基本的结构之一。

本节主要分析同质 pn 结（即同质结）的形成、载流子分布、自建电场等基础物理与电学特性。pn 结的 p 型区和 n 型区可以是同一种半导体材料，也可以是两种不同的半导体材料，前者称为同质 pn 结，后者称为异质 pn 结。本章将对异质 pn 结进行专门讨论，其余部分只涉及同质 pn 结。

### 2.1.1　pn 结的形成

形成 pn 结的方法有多种，常用的主要有离子注入、扩散、化学气相淀积、硅片直接键合等方法。针对不同的工艺技术或对 pn 结电性能的不同要求，pn 结界面处 p 型区和 n 型区杂质分布或近似突变，称之为突变结，或者向两侧逐渐提高，称之为缓变结。将 pn 结材料表面到 pn 结界面的距离称为 pn 结的结深，一般用 $x_j$ 表示。图 2-1-1(a)、(b)分别为突变结和缓变结杂质分布示意图。图中 $N_A$ 和 $N_D$ 分别表示 p 型区和 n 型区杂质的浓度，称为掺杂浓度。

对于突变结，如果一边掺杂浓度远高于另一边掺杂浓度，则将该 pn 结称为单边突变结，分别用 $p^+n(N_A \gg N_D)$ 或 $pn^+(N_D \gg N_A)$ 表示。对于缓变结，若结深附近杂质浓度分布梯度可以用线性近似，则称为线性缓变 pn 结（简称为线性缓变结）。理论上为方便分析问题，通常将 pn 结按突变结或线性缓变结近似处理。

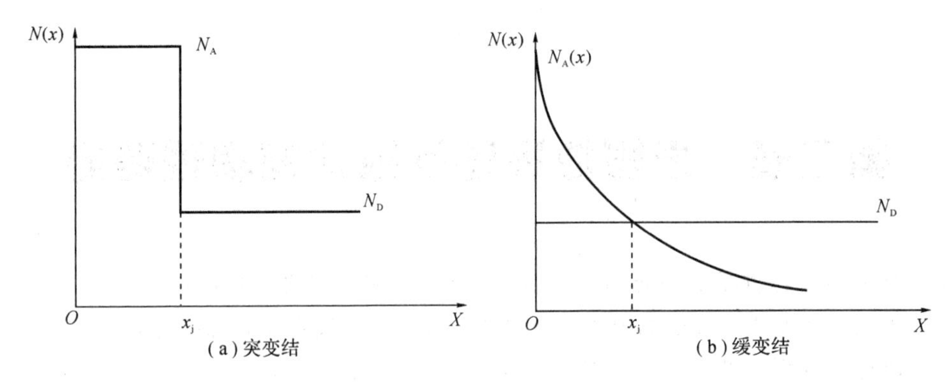


图 2-1-1　pn 结杂质分布示意图

## 2.1.2　平衡 pn 结的空间电荷区与自建电场

### 1. 空间电荷区

对于孤立的 p 型和 n 型半导体材料，p 型材料中的多子-空穴浓度远高于 n 型材料中少子-空穴浓度，n 型材料中的多子-电子浓度远高于 p 型材料中的少子-电子浓度，并且材料呈电中性。在 pn 结形成时，由于界面两侧存在载流子浓度差，必然导致 p 型区和 n 型区的多子分别向对方区域扩散。因而，在界面处 p 型区一侧留下不可移动的离化受主负电荷，在 n 型区一侧留下不可移动的离化施主正电荷，该正、负电荷被称为空间电荷，而存在正、负空间电荷的区域则被称为空间电荷区，如图 2-1-2 所示。图中 $p_p$ 和 $n_p$ 分别为空间电荷区 p 区一侧

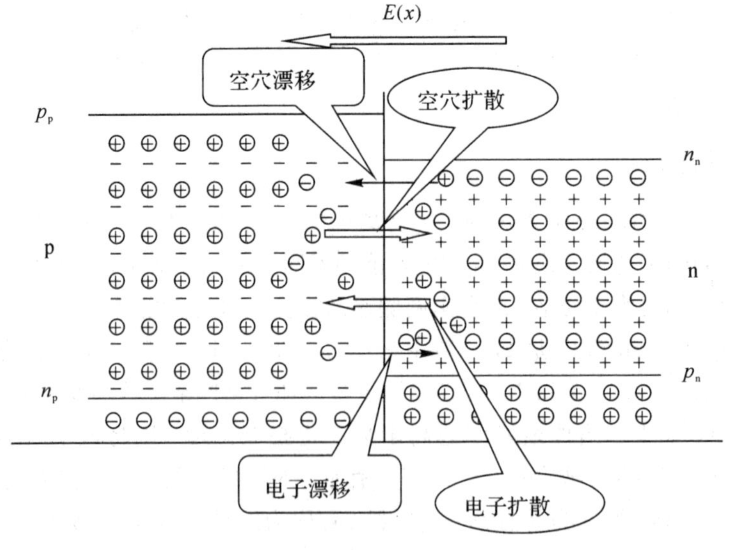


图 2-1-2　pn 结空间电荷区的形成

边界多子和少子浓度；$n_n$ 和 $p_n$ 分别为空间电荷区 n 区一侧边界多子和少子浓度。

在空间电荷区内，由于离化空间电荷的存在，必然产生一个由 n 型区一侧离化正电荷指向 p 型区一侧离化负电荷的电场 $E(x)$，该电场被称为自建电场。自建电场将使空间电荷区内电子和空穴产生与它们扩散运动(形成扩散电流，简称扩散流)相反方向的漂移运动(形成漂流电流，简称漂移流)。随着扩散运动的进行，空间电荷区内正、负离化电荷量逐渐增加，正、负空间电荷区逐渐变宽，自建电场随之增强，电子和空穴的漂移运动也不断加强。当电子和空穴由各自浓度梯度引起的扩散运动与由自建电场引起的漂移运动相抵消时，正、负空间电荷量，正、负空间电荷区宽度，自建电场以及空间电荷区内电子和空穴分布达到动态平衡，形成稳定分布，此时称为平衡态。另外，电中性也决定了空间电荷区内正、负空间电荷量始终相等。平衡 pn 结的空间电荷区与自建电场(以突变结为例)如图 2-1-3 所示。图中 p 型区掺杂杂质一般为 B(硼)，称为受主杂质；n 型区掺杂杂质一般为 P(磷)和 Sb(锑)，称为施主杂质；$x_m$ 为空间电荷区宽度，$x_p$ 和 $x_n$ 分别为空间电荷区在 p 型区一侧和 n 型区一侧的宽度。

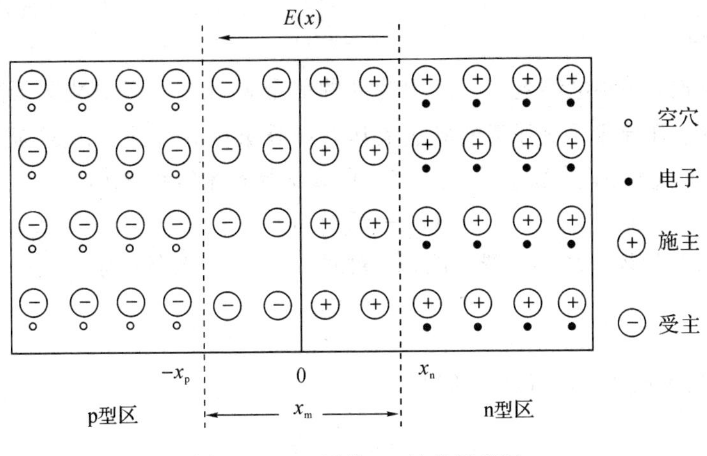


图 2-1-3　平衡 pn 结的示意图

**2. 自建电场**

在平衡态下，pn 结空间电荷区内电子和空穴各自的扩散流与漂移流大小相等方向相反，净电子流或净空穴流密度分别等于 0。空间电荷区内空穴流密度为

$$J_p = q\mu_p p(x)E(x) - qD_p \frac{\mathrm{d}p(x)}{\mathrm{d}x} = 0 \qquad (2-1-1)$$

其中，$\mu_p$ 和 $D_p$ 分别为空穴迁移率与扩散系数；$p(x)$ 为空穴浓度分布；$E(x)$ 为空间电荷区内自建电场强度，可表示为

$$E(x)=\frac{k_0 T}{q}\frac{1}{p(x)}\frac{\mathrm{d}p(x)}{\mathrm{d}x} \tag{2-1-2}$$

类似于空穴，空间电荷区内电子流密度为

$$J_n=q\mu_n n(x)E(x)-qD_n\frac{\mathrm{d}n(x)}{\mathrm{d}x}=0 \tag{2-1-3}$$

其中，$\mu_n$ 和 $D_n$ 分别为电子迁移率与扩散系数；$n(x)$为空穴浓度分布。

**3. 接触电势差**

由于自建电场的存在，在空间电荷区内产生了由 p 区一侧负电荷区到 n 区一侧正电荷区逐渐上升的电势分布，使 n 区中性区相对于 p 区中性区为“正”，n 区一侧与 p 区一侧的电位差称为 pn 结接触电势差，用 $V_D$ 表示。

在空间电荷区边界，多子和少子浓度与相应中性区相等，对电场表达式(2-1-2)积分即可得到接触电势差为

$$V_D=-\int_{-x_p}^{x_n}E(x)\mathrm{d}x=\frac{k_0 T}{q}\ln\frac{p_p}{p_n}=\frac{k_0 T}{q}\ln\frac{n_n}{n_p} \tag{2-1-4}$$

**4. 能带结构**

对于能带结构，接触电势差使 n 区中性区的能带相对于 p 区中性区下降 $qV_D$，在空间电荷区内导带底、价带顶及本征费米能级依其电势分布从 p 区到 n 区逐渐下降。设空间电荷区内电势分布为 $\psi(x)$，并取 $\psi(-x_p)=0$，那么本征费米能级 $E_i(x)$为

$$E_i(x)=E_{ip}-q\psi(x) \tag{2-1-5}$$

其中，$E_{ip}$为空间电荷区 p 区本征费米能级。对式(2-1-5)微分，有

$$\frac{1}{q}\frac{\mathrm{d}E_i(x)}{\mathrm{d}x}=-\frac{\mathrm{d}\psi(x)}{\mathrm{d}x}=E(x) \tag{2-1-6}$$

将式(2-1-6)代入式(2-1-1)中，同时利用

$$p(x)=n_i\exp\left[\frac{E_i(x)-E_F}{k_0 T}\right]$$

其中，$n_i$ 与 $E_F$ 分别为本征半导体载流子浓度和空间电荷区内费米能级，可得

$$\begin{aligned}J_p&=q\mu_p p(x)\left\{\frac{1}{q}\frac{\mathrm{d}E_i(x)}{\mathrm{d}x}-\frac{1}{q}\left[\frac{\mathrm{d}E_i(x)}{\mathrm{d}x}-\frac{\mathrm{d}E_F}{\mathrm{d}x}\right]\right\}\\&=\mu_p p(x)\frac{\mathrm{d}E_F}{\mathrm{d}x}=0\end{aligned} \tag{2-1-7}$$

显然有

$$\frac{\mathrm{d}E_F}{\mathrm{d}x}=0 \tag{2-1-8}$$

式(2-1-8)表明空间电荷区内费米能级为常数，即平衡 pn 结费米能级处处相等。由

此可得到平衡 pn 结的能带结构，如图 2-1-4 所示。

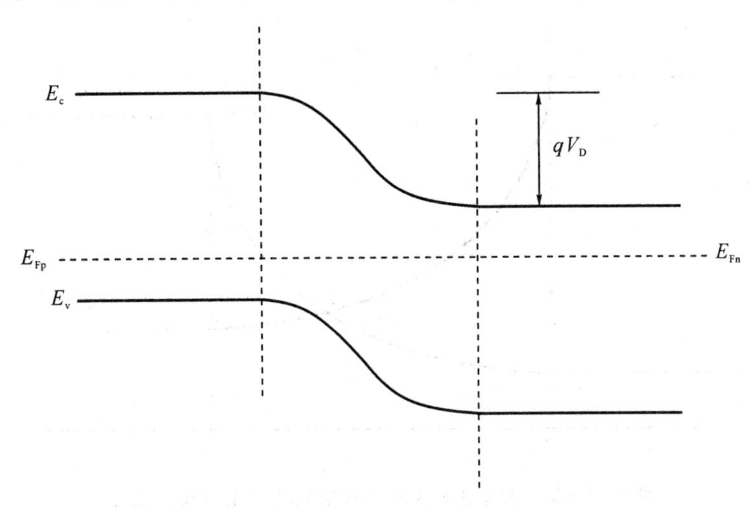


图 2-1-4　平衡 pn 结的能带结构示意图

**5. 载流子分布**

对于平衡 pn 结，空间电荷区内任一点 $x$ 处空穴和电子的浓度分布分别为

$$p(x)=n_i\exp\left[\frac{E_i(x)-E_F}{k_0T}\right]=n_i\exp\left[\frac{E_{ip}-E_F}{k_0T}\right]\cdot\exp\left[-\frac{q\psi(x)}{k_0T}\right]=p_p e^{-q\psi(x)/k_0T} \tag{2-1-9}$$

$$n(x)=n_i\exp\left[\frac{E_F-E_i(x)}{k_0T}\right]=n_i\exp\left[\frac{E_F-E_{ip}}{k_0T}\right]\cdot\exp\left[\frac{q\psi(x)}{k_0T}\right]=n_p e^{q\psi(x)/k_0T} \tag{2-1-10}$$

另外，将式(2-1-9)与式(2-1-10)相乘，有

$$p(x)\cdot n(x)=p_p e^{-q\psi(x)/k_0T}\cdot n_p e^{q\psi(x)/k_0T}=n_i^2 \tag{2-1-11}$$

式(2-1-11)说明平衡 pn 结空间电荷区电子和空穴浓度的积与中性区一样，仍为本征载流子浓度的平方。

**6. 耗尽层近似**

空间电荷区内电子和空穴的浓度分布如图 2-1-5 所示。从式(2-1-9)和式(2-1-10)可以看到，空穴和电子在空间电荷区按指数规律分布，在边界内侧下降极为迅速，使绝大部分空间电荷区内载流子浓度与中性区相应的多子浓度相比可以忽略，载流子近似于全部耗尽，其浓度在空间电荷区边界突变为 0，因此，空间电荷区又被称为耗尽区或耗尽层。该过程被称为耗尽层近似(或耗尽近似)。另外，从如图 2-1-4 所示的能带结构可见，p 区电子能量比 n 区高 $qV_D$，n 区空穴能量比 p 区高 $qV_D$，多子进入对方需要越过高度为 $qV_D$ 的势垒，因此，空间电荷区又被称为势垒区。

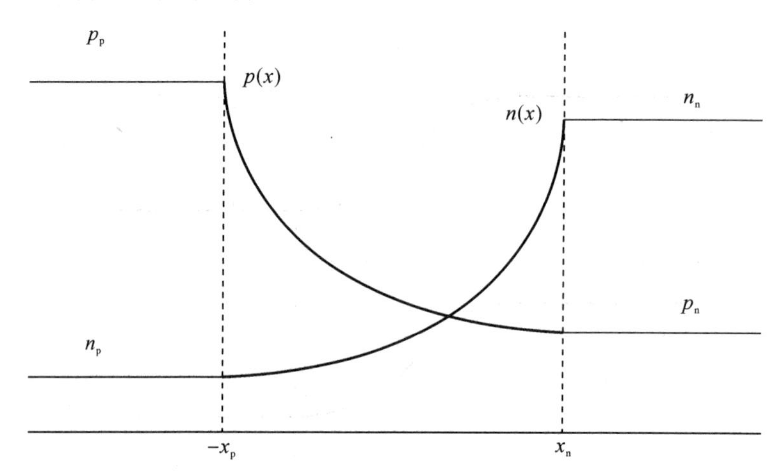


图 2-1-5　空间电荷区电子和空穴的浓度分布示意图

# 2.2　非平衡 pn 结

当对 pn 结施加外部电压时，产生的电场将打破原来的平衡态，此时 pn 结处于非平衡态，被称为非平衡 pn 结。将 p 区置为高电位、n 区置为低电位的偏置电压称为正向偏置；反之称为反向偏置。在非平衡态下，空间电荷区内的电场发生变化，是外加偏置电压在空间电荷区内形成的电场与平衡态自建电场的叠加，改变了平衡 pn 结空间电荷区内原有的载流子行为和分布，形成动态平衡。此时，空间电荷区内物理参数和特性也随之发生变化，同时，也产生新的物理现象。

## 2.2.1　非平衡突变 pn 结电场分布

在正向偏置条件下，空间电荷区内自建电场强度被削弱，空间电荷量减小，空间电荷区宽度随之变窄。在反向偏置时，空间电荷区内自建电场强度增强，空间电荷量增加，空间电荷区变宽。它们之间的关系可由泊松方程描述。在耗尽近似条件下，空间电荷区内自由载流子全部耗尽，正、负空间电荷区内泊松方程分别为

$$\frac{\mathrm{d}E(x)}{\mathrm{d}x}=-\frac{qN_A}{\varepsilon_0\varepsilon_s},\qquad -x_p<x<0 \tag{2-2-1}$$

$$\frac{\mathrm{d}E(x)}{\mathrm{d}x}=\frac{qN_D}{\varepsilon_0\varepsilon_s},\qquad 0<x<x_n \tag{2-2-2}$$

根据边界条件 $E(-x_p)=E(x_n)=0$，可得

$$E(x)=-\frac{qN_{\mathrm{A}}}{\varepsilon_0\varepsilon_{\mathrm{s}}}(x_{\mathrm{p}}+x),\qquad -x_{\mathrm{p}}<x<0 \tag{2-2-3}$$

$$E(x)=-\frac{qN_{\mathrm{D}}}{\varepsilon_0\varepsilon_{\mathrm{s}}}(x_{\mathrm{n}}-x),\qquad 0<x<x_{\mathrm{n}} \tag{2-2-4}$$

从式(2-2-3)和式(2-2-4)可见，突变 pn 结空间电荷区电场分布示意图如图 2-2-1 所示。式中的“－”号表示电场方向与所设坐标方向相反。电场强度在 $x=0$ 处最高，其大小可表示为

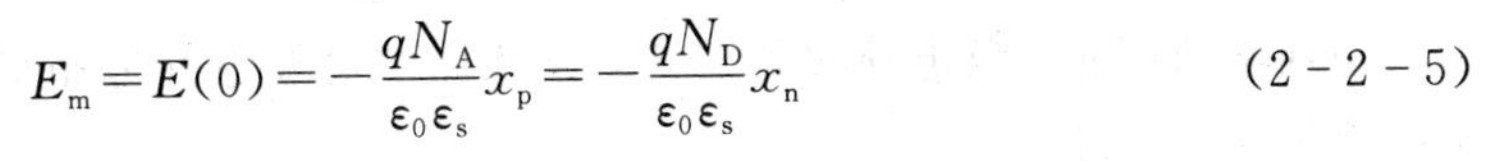

$$E_{\mathrm{m}}=E(0)=-\frac{qN_{\mathrm{A}}}{\varepsilon_0\varepsilon_{\mathrm{s}}}x_{\mathrm{p}}=-\frac{qN_{\mathrm{D}}}{\varepsilon_0\varepsilon_{\mathrm{s}}}x_{\mathrm{n}} \tag{2-2-5}$$

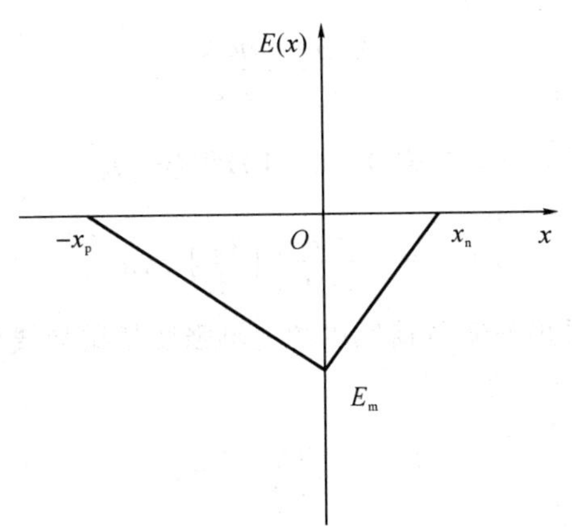


图 2-2-1　突变 pn 结空间电荷区电场分布示意图

### 2.2.2　非平衡突变 pn 结空间电荷区宽度

设 pn 结外加偏压为 $U_{\mathrm{A}}$，$U_{\mathrm{A}}>0$ 为正向偏置，$U_{\mathrm{A}}<0$ 为反向偏置。图 2-2-1 所示电场分布曲线下所围面积为空间电荷区两侧边界间电势差。对式(2-2-3)、式(2-2-4)积分，有

$$V_{\mathrm{D}}-U_{\mathrm{A}}=-\int_{-x_{\mathrm{p}}}^{x_{\mathrm{n}}}E(x)\mathrm{d}x=\frac{1}{2}|E_{\mathrm{m}}|(x_{\mathrm{n}}+x_{\mathrm{p}})=\frac{1}{2}|E_{\mathrm{m}}|x_{\mathrm{m}} \tag{2-2-6}$$

其中，$x_{\mathrm{m}}=x_{\mathrm{n}}+x_{\mathrm{p}}$。求解式(2-2-6)可得

$$x_{\mathrm{m}}=\left[\frac{2\varepsilon_0\varepsilon_{\mathrm{s}}}{q}\cdot\frac{N_{\mathrm{A}}+N_{\mathrm{D}}}{N_{\mathrm{A}}\cdot N_{\mathrm{D}}}\cdot(V_{\mathrm{D}}-U_{\mathrm{A}})\right]^{\frac{1}{2}} \tag{2-2-7}$$

从式(2-2-7)得到，pn 结掺杂浓度越低，空间电荷区越宽，并且对单边突变结，空间电荷区主要扩展在低掺杂一侧。另外，与平衡 pn 结相比，正向偏置时空间电荷区变窄，并且正向偏置越高空间电荷区越窄；反之，反向偏置时空间电荷区变宽，偏压绝对值越大，空

间电荷区越宽。

### 2.2.3 非平衡线性缓变 pn 结电场分布

对于线性缓变 pn 结，界面附近施主、受主杂质浓度分布为

$$N(x)=\alpha_j|x| \tag{2-2-8}$$

其中，$\alpha_j$ 为杂质浓度分布梯度，取正值。在耗尽近似条件下，空间电荷内正、负电荷密度为

$$\rho(x)=q\alpha_j x \tag{2-2-9}$$

空间电荷区正、负电荷对称分布，其杂质浓度及电荷分布如图 2-2-2(a)所示。那么，根据泊松方程，有

$$\frac{dE(x)}{dx}=\frac{q\alpha_j x}{\varepsilon_0\varepsilon_s} \tag{2-2-10}$$

应用边界条件 $E\left(\pm\frac{x_m}{2}\right)=0$，对式(2-2-10)积分，有

$$E(x)=-\frac{q\alpha_j}{2\varepsilon_0\varepsilon_s}\left[\left(\frac{x_m}{2}\right)^2-x^2\right] \tag{2-2-11}$$

从式(2-2-11)可以看出空间电荷区内的电场强度呈抛物线分布，如图 2-2-2(b)所示。电场强度的最大值在 $x=0$ 处，为

$$E_m=-\frac{q\alpha_j}{2\varepsilon_0\varepsilon_s}\left(\frac{x_m}{2}\right)^2 \tag{2-2-12}$$

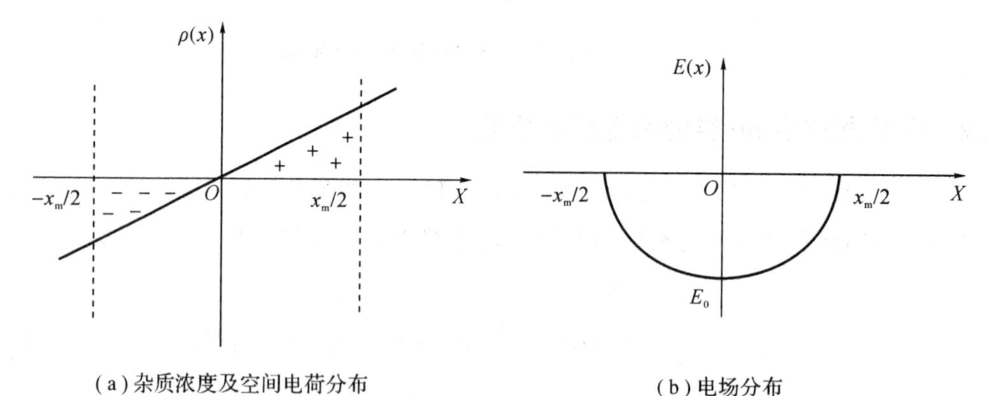


(a) 杂质浓度及空间电荷分布　　(b) 电场分布

图 2-2-2　线性缓变结空间电荷及电场分布示意图

### 2.2.4 线性缓变 pn 结空间电荷区宽度

同样，设 pn 结外加偏压为 $U_A$，$U_A>0$ 为正向偏置，$U_A<0$ 为反向偏置。将式(2-2-11)在空间电荷区内积分，可求得空间电荷区宽度为

$$x_m=\left[\frac{12\varepsilon_0\varepsilon_s}{q\alpha_j}(V_D-U_A)\right]^{\frac{1}{3}} \tag{2-2-13}$$

线性缓变 pn 结空间电荷区宽度 $x_m$ 与偏置电压 $U_A$ 及掺杂浓度梯度 $\alpha_j$ 的关系同突变结相似，差别在于正、负空间电荷区宽度对称分布。

# 2.3　非平衡 pn 结的能带结构和载流子分布

## 2.3.1　非平衡 pn 结的能带结构

与平衡 pn 结相比，当 pn 结正向偏置且偏置电压为 $U_F(U_F>0)$ 时，n 区中性区能带相对于 p 区中性区上移，势垒高度下降 $qU_F$。当 pn 结反向偏置且偏置电压为 $U_R(U_R<0)$ 时，n 区中性区能带相对 p 区中性区下降，势垒高度上升 $q|U_R|$。非平衡 pn 结势垒高度的变化，使空间电荷区内费米能级不再连续，电子和空穴也没有统一的费米能级，通常用 $E_F^n$ 和 $E_F^p$ 分别表示电子与空穴的准费米能级，$L_n$ 和 $L_p$ 分别表示电子和空穴的扩散长度，正向偏置与反向偏置状态下非平衡 pn 结的能带结构如图 2-3-1 所示。在扩散长度边界，空穴和电子的准费米能级分别逐渐下降到 n 区中性区和 p 区中性区的费米能级。

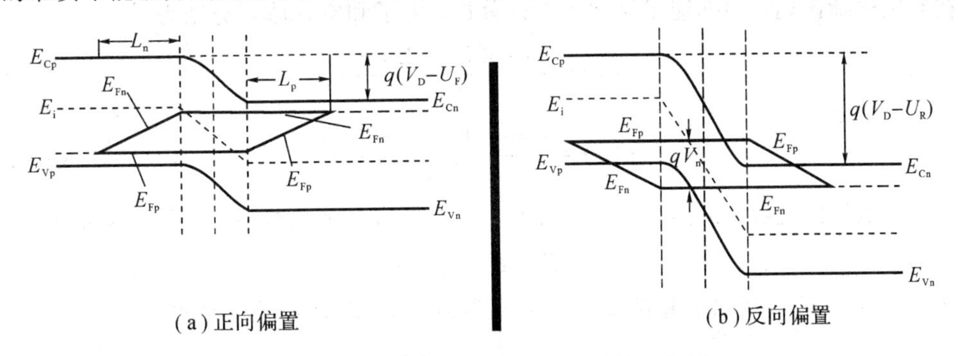


图 2-3-1　非平衡 pn 结的能带结构示意图

## 2.3.2　非平衡 pn 结的载流子分布

pn 结在正向偏置时，空间电荷区内自建电场被削弱，载流子扩散运动大于漂移运动。因此，使载流子浓度在空间电荷区及边界高于其平衡值(即平衡态载流子浓度)，也即空间电荷区 p 区一侧边界电子浓度高于平衡态电子浓度，n 区一侧边界空穴浓度高于平衡态空穴浓度。这样在空间电荷区 p 区一侧边界和 n 区一侧边界则分别形成了非平衡少子-电子和少子-空穴的积累。那么，空间电荷区边界积累的非平衡少子必然向体内扩散，并且边扩散边与多子复合，最终在少子扩散长度处，少子浓度近似下降到平衡少子浓度。pn结在反向偏置时，空间电荷区的自建电场被加强，载流子漂移运动大于扩散。因此，载流子浓度在空间电荷区及边界低于其平衡值，引起空间电荷区外侧平衡少子向空间电荷区内扩散，使扩散长度范围内少子浓度低于其平衡值。当扩散进空间电荷区内的载流子与在扩散长度范围内产生的载流子动态平衡时，载流子达稳定分布。正向偏置与反向偏置状态下非平衡pn结的载流子分布如图2-3-2所示。图中，$p_{p0}$和$n_{p0}$分别为p区平衡多子-空穴浓度和少子-电子浓度；$n_{n0}$和$p_{n0}$分别为n区平衡多子-电子浓度和少子-空穴浓度。

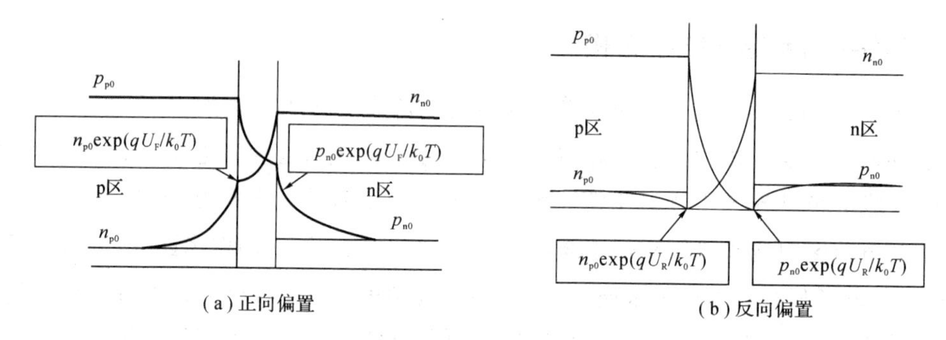


图2-3-2　非平衡pn结的载流子分布示意图

在空间电荷区内，根据能带结构和上述分析，电子和空穴浓度分别为

$$n(x)=\frac{n_i\exp[E_F^n-E_i(x)]}{k_0T} \tag{2-3-1}$$

$$p(x)=\frac{n_i\exp[E_i(x)-E_F^p]}{k_0T} \tag{2-3-2}$$

在空间电荷区边界，由图2-3-1可见，$-x_p$处准费米能级与外加偏压关系为

$$E_F^n=E_F^p+qU_A \tag{2-3-3}$$

而且$E_i(-x_p)=E_{ip}$。所以，由式(2-3-1)可得到$-x_p$处少子-电子浓度为

$$n(-x_p)=n_p\exp\left(\frac{qU_A}{k_0T}\right) \tag{2-3-4}$$

同理，由式(2-3-2)可得到$x_n$处少子-空穴浓度为

$$p(x_n)=p_n\exp\left(\frac{qU_A}{k_0T}\right) \tag{2-3-5}$$

从式(2-3-4)和式(2-3-5)可见，空间电荷区边界少子浓度在正向偏置时高于其平衡值；在反向偏置时低于其平衡值。

将表示空间电荷区内电子与空穴浓度的式(2-3-1)和式(2-3-2)相乘，并且将空间电荷区边界少子浓度的式(2-3-4)和式(2-3-5)分别与相应空间电荷区边界多子浓度相

乘，可得到空间电荷区及边界电子与空穴浓度的积为

$$n(x)\cdot p(x)=n(-x_p)\cdot p(x_n)=n_i^2\exp\left(\frac{qU_A}{k_0T}\right) \tag{2-3-6}$$

由式(2－3－6)可得，非平衡 pn 结空间电荷区及边界电子与空穴浓度的积相等，并且是偏置电压的指数函数。

# 2.4　pn 结的直流电学特性

## 2.4.1　pn 结的电流-电压($I-U$)方程

pn 结在正向偏置时，空间电荷区内载流子的动态平衡被打破，扩散运动大于漂移运动，形成净的电子和空穴扩散流。在扩散流中，空穴从 p 区经空间电荷区扩散进入 n 区，电子则相反，此时电流从 p 区流向 n 区形成 pn 结正向电流。在反向偏置时，空间电荷区载流子漂移运动大于扩散运动，形成从 n 区流向 p 区的反向电流。

在正向偏置时，空间电荷区内及边界电子和空穴浓度高于其平衡值，电子从空间电荷区边界扩散进 p 区，空穴从空间电荷区边界扩散进 n 区，分别形成非平衡少子，该过程称为非平衡态少子注入。注入的非平衡少子边扩散边复合，在扩散长度内逐渐转换成多子流，并形成一个稳定分布，非平衡少子扩散并被复合的区域称为非平衡少子扩散区。在反向偏置时，空间电荷区边界两侧扩散长度范围内少子浓度低于其平衡值，有电子和空穴的产生。产生的多子在外电场作用下漂移向相应的电极，少子则扩散进空间电荷区，并在电场作用下漂移到对方区域，形成反向漂移电流。正向偏置和反向偏置状态下 pn 结的电流及载流子输运过程如图 2－4－1 所示。

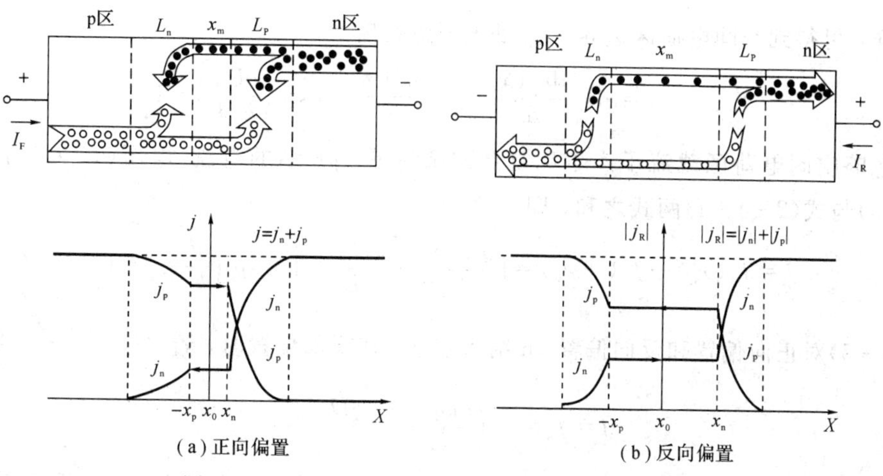


图 2－4－1　pn 结的电流及载流子输运过程示意图

在pn结空间电荷区和扩散区中，通过任一截面的空穴流密度与电子流密度不一定相等，但任一截面的空穴流密度与电子流密度之和却相等，即pn结中总电流处处相等。因此，只要分别求出流过pn结空间电荷区某一边界的空穴流密度和电子流密度，二者之和就是pn结的电流密度。

假设外加偏置电压都降落在了pn结空间电荷区上，即pn结空间电荷区以外无电场，分别求解非平衡少子在其扩散区的载流子连续性方程，可得到非平衡少子在其扩散区的分布函数。再假设，空间电荷区内不存在载流子的产生和复合，即空间电荷区两侧边界电子流密度与空穴流密度分别相等。那么，pn结的电流则可用p区一侧边界电子流与n区一侧边界空穴流密度之和表示。

根据如图2-4-1所示的正向偏置和反向偏置pn结载流子分布，将坐标零点选在空间电荷区界面处。那么，空穴在其扩散区内连续性方程为

$$\frac{\mathrm{d}^2 p_\mathrm{n}(x)}{\mathrm{d}x^2}-\frac{p_\mathrm{n}(x)-p_\mathrm{n0}}{L_\mathrm{p}}=0 \tag{2-4-1}$$

其中，$p_\mathrm{n0}$为n区平衡少子-空穴浓度；$L_\mathrm{p}$为非平衡少子-空穴扩散长度。应用边界条件$p_\mathrm{n}(\infty)=p_\mathrm{n0}$，$p_\mathrm{n}(x_\mathrm{n})=p_\mathrm{n0}\exp\left(\frac{qU_\mathrm{A}}{k_0T}\right)$，解方程(2-4-1)，则有

$$p_\mathrm{n}(x)-p_\mathrm{n0}=p_\mathrm{n0}\left[\exp\left(\frac{qU_\mathrm{A}}{k_0T}\right)-1\right]\mathrm{e}^{-(x-x_\mathrm{n})/L_\mathrm{p}} \tag{2-4-2}$$

那么，空间电荷区边界$x_\mathrm{n}$处空穴流密度为

$$J_\mathrm{p}(x_\mathrm{n})=-qD_\mathrm{p}\frac{\mathrm{d}p_\mathrm{n}(x)}{\mathrm{d}x}\Big|_{x_\mathrm{n}}=\frac{qD_\mathrm{p}p_\mathrm{n0}}{L_\mathrm{p}}\left[\exp\left(\frac{qU_\mathrm{A}}{k_0T}\right)-1\right] \tag{2-4-3}$$

同样，可得到空间电荷区边界$-x_\mathrm{p}$处电子流密度为

$$J_\mathrm{n}(-x_\mathrm{p})=qD_\mathrm{n}\frac{\mathrm{d}n_\mathrm{p}(x)}{\mathrm{d}x}\Big|_{x_\mathrm{p}}=\frac{qD_\mathrm{n}n_\mathrm{p0}}{L_\mathrm{n}}\left[\exp\left(\frac{qU_\mathrm{A}}{k_0T}\right)-1\right] \tag{2-4-4}$$

在忽略空间电荷区载流子产生和复合的条件下，pn结的电流-电压($I-U$)方程为式(2-4-3)与式(2-4-4)两式之和，即

$$J=J_\mathrm{p}(x_\mathrm{n})+J_\mathrm{n}(-x_\mathrm{p})=\left(\frac{qD_\mathrm{p}p_\mathrm{n0}}{L_\mathrm{p}}+\frac{qD_\mathrm{n}n_\mathrm{p0}}{L_\mathrm{n}}\right)\left[\exp\left(\frac{qU_\mathrm{A}}{k_0T}\right)-1\right] \tag{2-4-5}$$

式(2-4-5)对正向偏置和反向偏置pn结都成立。在反向偏置时，若$|U_\mathrm{A}|\gg\frac{k_0T}{q}$，则

$$J=J_\mathrm{s}=-\left(\frac{qD_\mathrm{p}p_\mathrm{n0}}{L_\mathrm{p}}+\frac{qD_\mathrm{n}n_\mathrm{p0}}{L_\mathrm{n}}\right) \tag{2-4-6}$$

从式(2-4-5)可以得到反向电流趋于饱和，此电流称为反向饱和电流，用$J_\mathrm{s}$表示。则

式(2-4-4)可表示为

$$J=|J_s|\left[\exp\left(\frac{qU_A}{k_0T}\right)-1\right] \tag{2-4-7}$$

pn结的伏安特性曲线($I-U$)如图2-4-2所示。

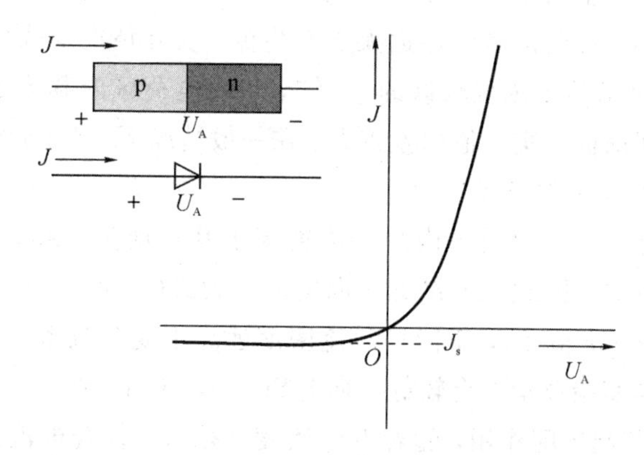


图2-4-2　pn结的伏安特性曲线

式(2-4-7)是在$W_p \gg L_n$和$W_n \gg L_p$条件下获得的，$W_p$和$W_n$分别为p区和n区宽度。在$W_p \ll L_n$和$W_n \ll L_p$时，非平衡少子在扩散区的复合可以忽略，同时由于在电极接触处载流子复合速度极高，非平衡少子浓度近似为零。因此，式(2-4-5)可变为

$$J=J_p(x_n)+J_n(-x_p)=\left(\frac{qD_p p_{n0}}{W_p}+\frac{qD_n n_{p0}}{W_n}\right)\left[\exp\left(\frac{qU_A}{k_0T}\right)-1\right] \tag{2-4-8}$$

以上是在理想情况下pn结的电流-电压($I-U$)方程。

## 2.4.2　pn结注入电流比

考虑pn结空穴流密度与电子流密度之比，对于满足$W_p \gg L_n$和$W_n \gg L_p$的结构与对于满足$W_p \ll L_n$和$W_n \ll L_p$的结构，由式(2-4-2)、式(2-4-3)和式(2-4-8)可得

$$\frac{I_p}{I_n}=\frac{\mu_p N_A L_n}{\mu_n N_D L_p} \tag{2-4-9}$$

$$\frac{I_p}{I_n}=\frac{\mu_p N_A W_n}{\mu_n N_D W_p} \tag{2-4-10}$$

由式(2-4-9)和式(2-4-10)可见，pn结的注入电流比主要取决于p区与n区掺杂浓度比。如果$N_A \gg N_D$，那么pn结的电流主要是空穴流；反之，$N_D \gg N_A$，则主要是电子流。$p^+n$结和$n^+p$结就是这种情况。

### 2.4.3 非理想 pn 结电流-电压($I-U$)方程

在反向偏置状态下，空间电荷区载流子浓度低于其平衡值，载流子的产生率高于复合率，空间电荷区内存在产生电流(产生流)。因此，pn 结的反向电流应是反向扩散流与产生流之和。对于 Ge pn 结，反向扩散流远远大于产生流，实际情况与式(2-4-4)符合较好。对于 Si 和 GaAs 等本征载流子浓度较低的 pn 结，空间电荷区内载流子产生流在反向电流中起支配作用，所以理论值与实验值相差较大。在一般情况下，Si pn 结和 GaAs pn 结的反向电流要比 Ge pn 结小几个数量级。

在正向偏置状态下，空间电荷区内少子浓度高于其平衡值，载流子的复合高于产生，复合电流(复合流)占优势。因此，pn 结的正向电流应为式(2-4-4)的正向扩散流与空间电荷区复合流之和。对于 Ge pn 结，正向扩散流密度远高于复合流密度，在正向电流密度不是很大时，理论曲线与实验数量符合较好。对于 Si 和 GaAs pn 结，在电流较小时，复合电流的 影响不可忽略，其起支配作用，随着电流密度的增大，复合电流的影响减小，理论与实验逐渐相符。

但在较大电流密度下，实验曲线偏离理论曲线的指数关系。随正向偏压的增大，电流增加得越来越缓慢。这种现象与 pn 结扩散区之外的体电阻及大注入效应有关。

pn 结在正向偏置条件下，由 p 区经空间电荷区注入 n 区的非平衡少子-空穴在 n 区积累，由 n 区注入 p 区的非平衡少子-电子在 p 区积累，它们分别破坏了 p 区和 n 区的电中性。此时，为维持电中性，在 p 区和 n 区的少子扩散区内必然要有与非平衡少子相应同样浓度以及同样浓度梯度的非平衡多子积累。非平衡多子要做扩散运动，方向与非平衡少子扩散方向相同，多子扩散后留下与其符号相反的电荷，并且扩散的多子与该电荷形成电场，反过来该电场又使多子产生与扩散方向相反的漂移，并最终使扩散与漂移动态平衡，电场达稳定状态。该电场由非平衡多子扩散引起，但由外加电压维持。

在小电流密度下，注入扩散区的少子浓度远低于平衡多子浓度，因此，非平衡多子及其产生的电场可以忽略。上述求解电流-电压方程就是基于这种情况，所以又称为小注入。然而，如果电流密度较高，注入扩散区的非平衡少子浓度接近甚至超过平衡多子浓度，简称为大注入，在这种情况下，非平衡多子产生的电场不可忽略，它对外加电压形成了分压。另外，pn 结扩散区之外的中性区存在体电阻，在电流密度较高时，该体电阻上产生的欧姆压降不可忽略，也对外加偏压形成了分压。大注入自建电场和欧姆压降使 pn 结空间电荷区内的压降低于了外加偏压，因此使实验曲线偏离理论曲线。图 2-4-3 是 Si pn 结的理论曲线和实验曲线。

pn 结正向电流包含其正向扩散电流和复合电流，反向电流包含反向扩散流与产生电流，这些电流都是本征载流子浓度的函数。本征载流子浓度强烈地依赖于温度，因此，无论是正向偏置还是反向偏置，电流都随温度的升高而增大。

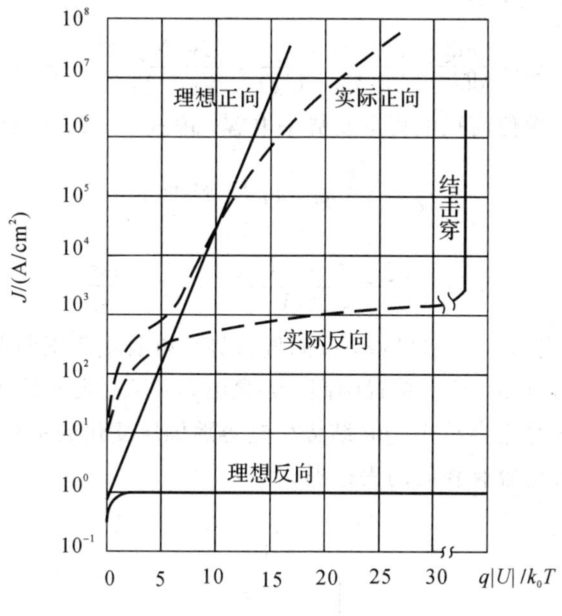


图 2-4-3　Si pn 结的理论曲线和实验曲线

## 2.5　pn 结电容

pn 结具有整流效应，但是它又包含着破坏整流特性的因素，这个因素就是 pn 结电容。pn 结电容包括势垒电容和扩散电容两部分。

### 2.5.1　pn 结势垒电容

pn 结空间电荷区宽度随外加偏压变化，即空间电荷区内正、负空间电荷量随外加偏压变化而变化。当正向偏压上升时，空间电荷区变薄，需电子从 n 区流入空间电荷区补偿离化的固定施主正电荷，空穴从 p 区流入，补偿离化的固定受主负电荷。当正向电压下降时，空间电荷区展宽，空间电荷区边界外侧 p 区和 n 区分别释放出空穴和电子，使正、负空间电荷区展宽，电荷量增加。正、负空间电荷量随外加偏置电压同时、等量变化。pn 结在反向偏置时情况类似。空间电荷区电荷量随外加偏压的变化，体现为电容效应，称为 pn 结势垒电容。pn 结单位面积势垒电容用 $C_T$ 表示。

对于突变结，单位面积正、负电荷量相等，同为

$$Q=qN_{A}x_{p}=qN_{D}x_{n}=q\frac{N_{A}N_{D}}{N_{A}+N_{D}}x_{m} \tag{2-5-1}$$

所以突变结单位面积势垒电容为

$$C_{T}=\frac{dQ}{dU_{A}}=\left[\frac{q\varepsilon_{0}\varepsilon_{s}}{2(V_{D}-U_{A})}\cdot\frac{N_{A}N_{D}}{N_{A}+N_{D}}\right]^{\frac{1}{2}}=\frac{\varepsilon_{0}\varepsilon_{s}}{x_{m}} \tag{2-5-2}$$

对于线性缓变结，单位面积电荷量及势垒电容，由式(2-2-9)有

$$Q=\int_{0}^{\frac{x_{m}}{2}}q\alpha_{j}x\mathrm{d}x=\frac{q\alpha_{j}x_{m}{}^{2}}{8} \tag{2-5-3}$$

$$C_{T}=\frac{dQ}{dU_{A}}=\left[\frac{q\alpha_{j}(\varepsilon_{0}\varepsilon_{s})^{2}}{12(V_{D}-U_{A})}\right]^{\frac{1}{3}}=\frac{\varepsilon_{0}\varepsilon_{s}}{x_{m}} \tag{2-5-4}$$

由式(2-5-3)、式(2-5-4)可得，反向偏置势垒电容小于正向偏置势垒电容，并且反向偏置越高，势垒电容越小，正向偏置越高，势垒电容越大；突变结掺杂浓变越低，缓变结杂质分布梯度越小，势垒电容越小。pn结势垒电容随偏压变化的示意图如图2-5-1所示。另外，势垒电容与平板电容有相同的表达形式。

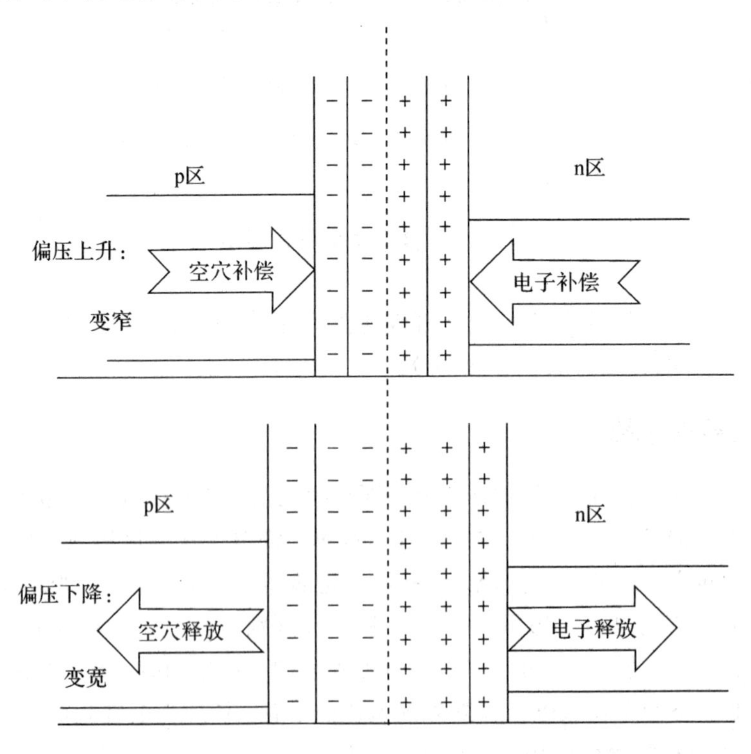


图2-5-1 pn结势垒电容随偏压变化示意图

上述势垒电容是在空间电荷区载流子耗尽近似条件下导出的，因此，势垒电容又称为耗尽层电容。

## 2.5.2　pn 结扩散电容

pn 结扩散区积累的非平衡少子的数量随外加偏置电压的变化而变化，载流子带有电荷，因此这种现象表现为电容效应。当正向偏压提高时，根据式(2-3-1)和式(2-3-2)，空间电荷区边界非平衡少子浓度提高，扩散区积累的非平衡少子电荷量增加，相当于电容充电；反之，积累的少子电荷量减少，相当于电容放电。该现象发生在扩散区，其等效电容称为扩散电容，用 $C_D$ 表示。同理，反向偏置 pn 结也存在扩散电容。另外，由于 p 区非平衡少子-电子和 n 区非平衡少子-空穴随偏置电压同时变化，因此，pn 结扩散电容是 p 区少子扩散电容和 n 区少子-空穴扩散电容的并联。pn 结扩散电容随偏压变化的示意图如图 2-5-2 所示。

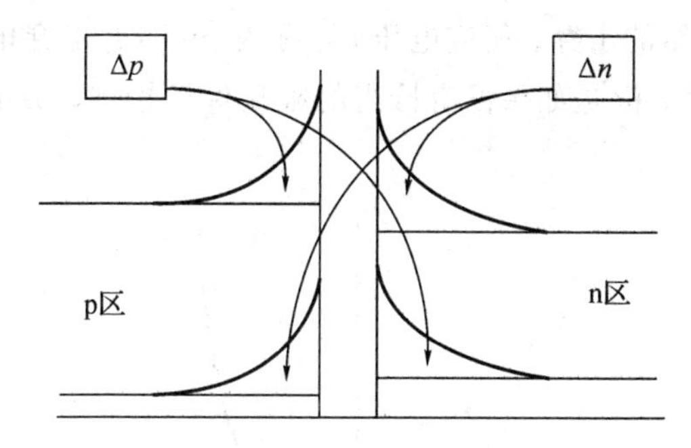


图 2-5-2　pn 结扩散电容随偏压变化的示意图

设 n 区扩散区单位面积积累的非平衡少子-空穴电荷为 $Q_p$，那么，由式(2-4-2)有

$$Q_p = q\int_{x_n}^{\infty}[p_n(x) - p_{n0}]\mathrm{d}x = q\int_{x_n}^{\infty}p_{n0}\left[\exp\left(\frac{qU_A}{k_0T}\right) - 1\right]\mathrm{e}^{-(x-x_n)/L_p}\mathrm{d}x$$

$$= qL_p p_{n0}\left[\exp\left(\frac{qU_A}{k_0T}\right) - 1\right] \tag{2-5-5}$$

根据电容的定义，由式(2-5-5)可得 n 区单位面积空穴扩散电容为

$$C_{Dp} = \frac{\mathrm{d}Q_P}{\mathrm{d}U_A} = \frac{q^2L_p p_{n0}}{k_0T}\exp\left(\frac{qU_A}{k_0T}\right) \tag{2-5-6}$$

同理，可得 p 区电子扩散电容为

$$C_{Dn} = \frac{\mathrm{d}Q_n}{\mathrm{d}U_A} = \frac{q^2L_n n_{p0}}{k_0T}\exp\left(\frac{qU_A}{k_0T}\right) \tag{2-5-7}$$

那么，pn 结扩散电容为

$$C_D=\frac{q^2}{k_0T}(L_p p_{n0}+L_n n_{p0})\exp\left(\frac{qU_A}{k_0T}\right) \tag{2-5-8}$$

由此可见，在正向偏置时，扩散电容随偏压增大指数增加。在反向偏置时，非平衡少子随反向偏置变化量很小，扩散电容极小，一般可以不考虑。利用式(2-4-3)、式(2-4-4)和式(2-5-8)，扩散电容还可以近似表示为

$$C_D=\frac{qI_{Fp}}{k_0T}\tau_p+\frac{qI_{Fn}}{k_0T}\tau_n \tag{2-5-9}$$

其中，$I_{Fp}$和$I_{Fn}$分别为正向空穴扩散流和电子扩散流；$\tau_p$、$\tau_n$分别是空穴和电子的寿命。

## 2.6 pn 结击穿

pn结反向电流很小，但是当反向电压增大到某一值$U_B$时，电流急剧上升，如图2-6-1所示，这种现象称为pn结的击穿。相应电压$U_B$称为pn结的击穿电压。击穿是pn的本征现象，本身不具有破坏性，但是如果没有恰当的限流保护措施，pn结则会因功耗过大而被热损坏。

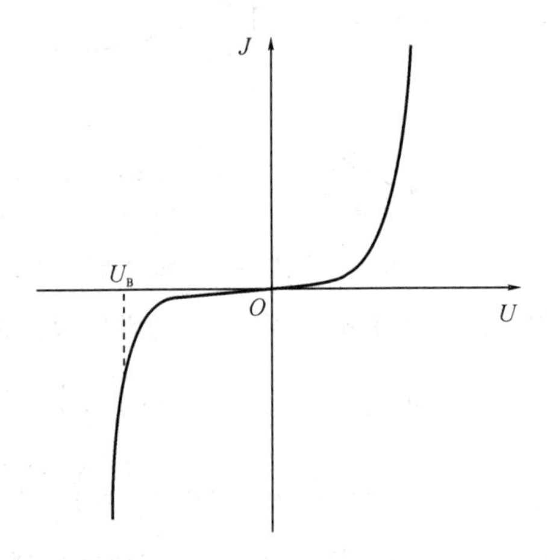


图2-6-1 pn结击穿示意图

pn结击穿基本上有三种击穿机制，即热击穿、隧道击穿和雪崩击穿。

### 2.6.1 pn结热击穿

pn结的反向电流有扩散流和产生流两个分量。将反向扩散流的表达式(式(2-4-5))中的$p_{n0}$和$n_{p0}$分别用$\frac{n_i^2}{N_D}$和$\frac{n_i^2}{N_A}$表示，可见反向扩散流与本征载流子浓度$n_i^2$成正比。由分析

表明，空间电荷区产生电流 $J_G=\frac{qx_m n_i}{\tau}$，$\tau$ 为载流子寿命。因此，无论反向电流中起支配作用的是扩散流还是产生流，反向电流都密切依赖于本征载流子浓度，而 $n_i^2 \propto T^3 \exp\left(-\frac{E_{g0}}{k_0 T}\right)$，$E_{g0}$ 为在绝对温度 $T=0$ 时的禁带宽度。由此可见，pn 结反向电流随温度的升高，依指数关系迅速上升。随 pn 结反向偏压的增大，功耗增大，而功耗将转换成热能，如果热能不能及时散发出去，将引起 pn 结温度上升，反向电流增大。电流增大又促使温度进一步上升，如此循环，当电压增至 $U_B$ 时，反向电流变得很大，视为击穿。

## 2.6.2　pn 结隧道击穿

电子具有波动性，它可以一定几率穿过能量很高的势垒区，这种现象称为隧道效应。pn 结在反向偏置时，p 区价带顶可以高于 n 区导带底，那么 p 区价带电子可以借助隧道效应穿过禁带到达 n 区。当反向偏压达到 $U_B$ 时，隧穿电子密度相当高，形成的隧道电流相当大，这种现象通常称为隧道击穿，又称为齐纳击穿。隧道击穿与热击穿类似，反向电流没有急剧变化的转折点，通常规定电流达某一值时的电压为击穿电压。

根据量子力学理论，电子隧穿的概率为

$$\rho=\exp\left(-\frac{4\sqrt{2m^* E_g}}{3\hbar}d\right) \tag{2-6-1}$$

其中，$m^*$ 为电子有效质量；$d$ 为空间电荷区禁带水平距离，即隧道长度。由式(2-6-1)可见，对一定的半导体材料，隧道长度 $d$ 越短，隧道击穿的概率越大，击穿电压越低。

图 2-6-2(a)为隧道击穿的示意图。由图可见，导带或价带能量的变化率为

$$\frac{q(V_D-U_A)}{x_m}=\frac{E_g}{d} \tag{2-6-2}$$

将空间电荷区宽度表达式(式(2-2-7))代入，有

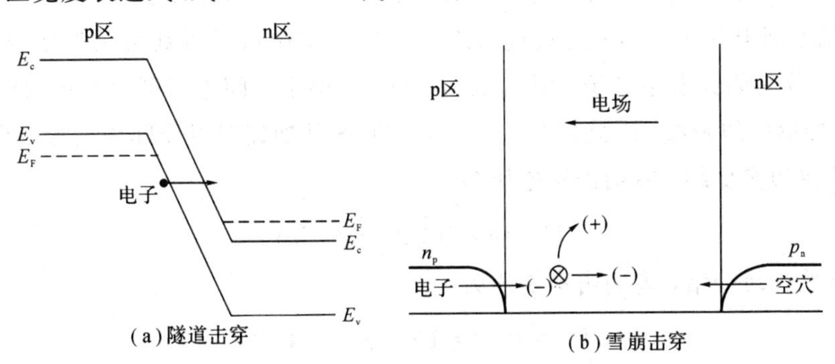


图 2-6-2　pn 结击穿机制示意图

$$d=\frac{E_g}{q}\left[\frac{2\varepsilon_0\varepsilon_s(N_A+N_D)}{q(V_D-U_A)\cdot N_A\cdot N_D}\right]^{\frac{1}{2}} \tag{2-6-3}$$

从式(2-6-3)可得，掺杂浓度越高，$d$ 越小，式(2-6-1)表示的隧道击穿的概率 $\rho$ 越大，越易发生隧道击穿。

### 2.6.3 pn 结雪崩击穿

反向偏置时空间电荷区电场较强，构成反向电流的电子和空穴可以在电场的作用下获得较大的动能。随反向偏置电压的提高，空间电荷区内的电场不断增强，电子和空穴获得的动能不断增大。若该动能在与晶格原子碰撞时足以将价带电子激发到导带，则产生电子-空穴对，称为碰撞电离。产生的电子-空穴对从电场获取足够能量，与原子撞碰又产生第二代电子-空穴对。如此继续下去，使构成反向电流的载流子数量剧增，这种现象称为雪崩倍增效应。由该效应引起反向电流的急剧增大，称为雪崩击穿。雪崩击穿的示意图如图 2-6-2(b)所示。

载流子碰撞产生电子-空穴对的能力用电离率表示。它的物理意义是载流子在电场作用下漂移单位距离产生电子-空穴对的数目。不同半导体材料载流子的电离率不同，电离率是依赖于电场的一个复杂函数。在实际应用中，为了简化计算，常取电子与空穴的电离率相等。设击穿前反向电流为 $J_0$，击穿后为 $J$，那么击穿前后电流之比$\frac{J_0}{J}\to\infty$。根据空间电荷区雪崩倍增效应载流子的产生及输运过程，很容易证明发生雪崩击穿时的电离率应满足的条件：

$$\int_0^{x_m}\alpha(\varepsilon)\,\mathrm{d}x\to 1 \tag{2-6-4}$$

其中，$\alpha(\varepsilon)$为电子和空穴的电离率。从式(2-6-4)可得到，在电场作用下，一个载流子在空间电荷区内只要碰撞电离产生一个电子-空穴对，即发生雪崩击穿。

将 pn 结空间电荷区电场表达式代入式(2-6-4)，则可以得到满足雪崩击穿条件的最大电场强度，称为临界击穿电场，用 $\varepsilon_{cr}$ 表示。另外，由于空间电荷区存在最大电场强度 $\varepsilon_m$，并且其是外加偏压的函数，因此再令 $\varepsilon_m=\varepsilon_{cr}$，此时的外加偏置电压即为击穿电压 $U_B$。

对于 Si 单边突变结，雪崩击穿电压为

$$U_B=6\times10^{13}N_B^{-\frac{3}{4}}\quad(\mathrm{V}) \tag{2-6-5}$$

对于 Si 线性缓变结，雪崩击穿电压为

$$U_B=10.4\times10^{9}\times\alpha_j^{-\frac{2}{5}}\quad(\mathrm{V}) \tag{2-6-6}$$

对于其他半导体材料所构成的 pn 结，其雪崩击穿电压可采用下述经验公式：

对于单边突变结，有

$$U_B = 60\left(\frac{E_g}{1.1}\right)^{\frac{3}{2}} \cdot \left(\frac{N_B}{10^{16}}\right)^{-\frac{3}{4}} \text{(V)} \tag{2-6-7}$$

对于线性缓变结，有

$$U_B = 60\left(\frac{E_g}{1.1}\right)^{\frac{6}{5}} \cdot \left(\frac{\alpha_j}{3\times 10^{20}}\right)^{-\frac{2}{5}} \text{(V)} \tag{2-6-8}$$

其中，$N_B$ 为突变结低掺杂侧杂质浓度；$a_j$ 为线性缓变结杂质浓度梯度。

很明显，宽禁带材料击穿电压高。突变结低掺杂侧杂质浓度越低，击穿电压越高。杂质浓度梯度小，击穿电压高。该结论对突变结和缓变结都适用。

对于采用扩散技术形成的pn结的击穿电压，可以采用突变结或线性缓变结来近似计算，也可以通过查相关参数图获取。图2-6-3中(a)、(b)、(c)分别是突变结、线性缓变结、扩散结击穿电压与掺杂之间的关系。

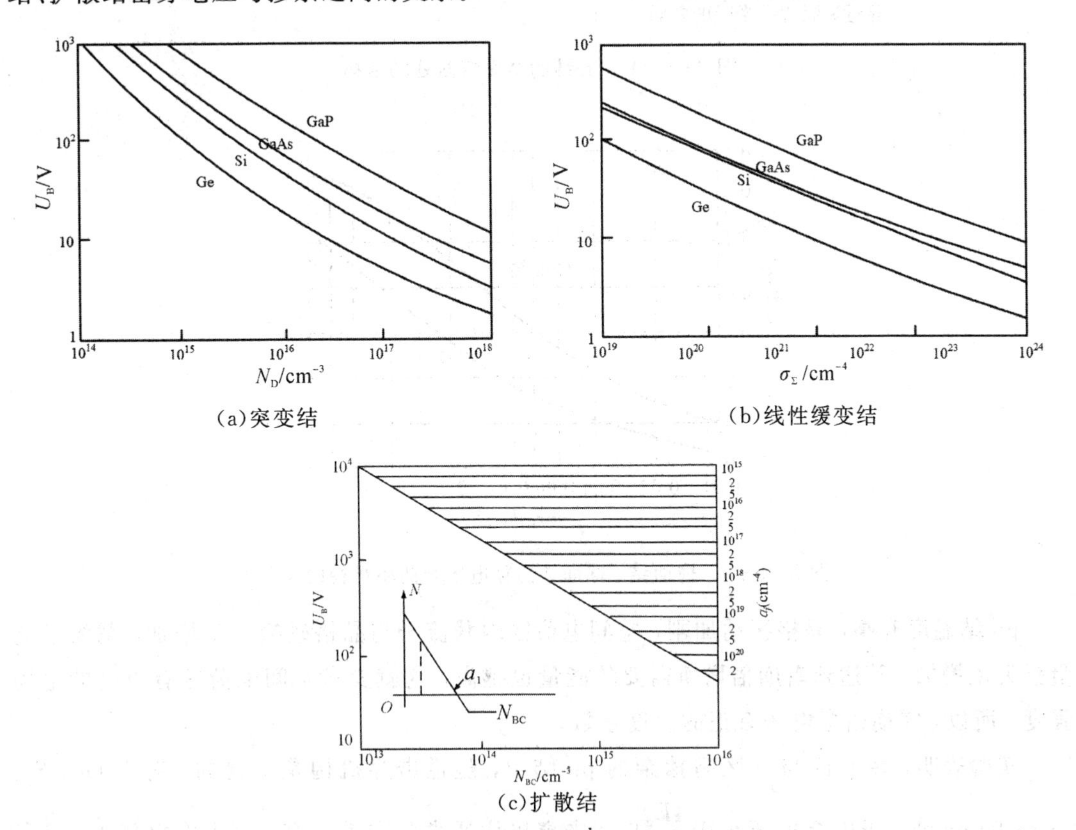


图2-6-3　pn结的击穿电压与掺杂关系

上述击穿电压表达式及击穿电压关系图适用于平面结(用 BD 表示)，并且都是在理想条件下获得的。事实上，对于平面工艺的 pn 结，由于在 pn 结的终端处往往呈现非平面化(即弯曲化)，pn 结的击穿电压受结面弯曲处(其结构如图 2-6-4 所示)的曲率半径影响极为严重。其结面弯曲处，电场集中，击穿电压低。图 2-6-5 为柱面结(用 CY 表示)、球面结(用 SP 表示)击穿电压与曲率半径 $r_j$ 的关系。在击穿电压设计中要考虑曲率半径等因素的影响，在器件设计中常采用终端技术。

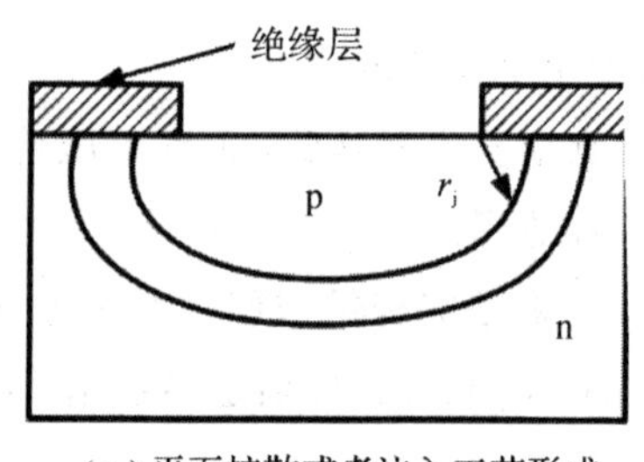


(a) 平面扩散或者注入工艺形成靠近掩膜边缘半径的曲面

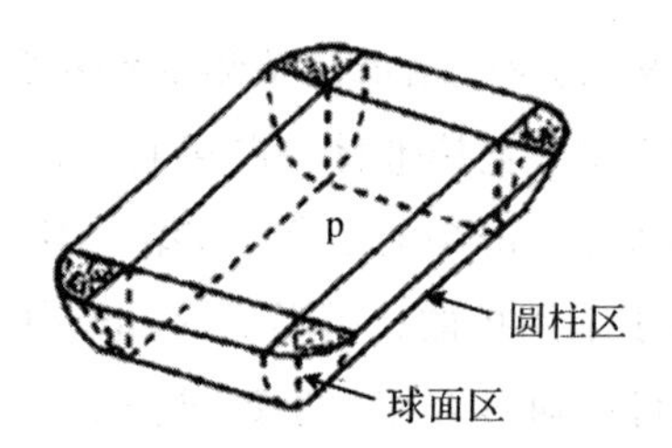


(b) 角处球形区域的三维结曲面

图 2-6-4　pn 结的结面弯曲处的结构

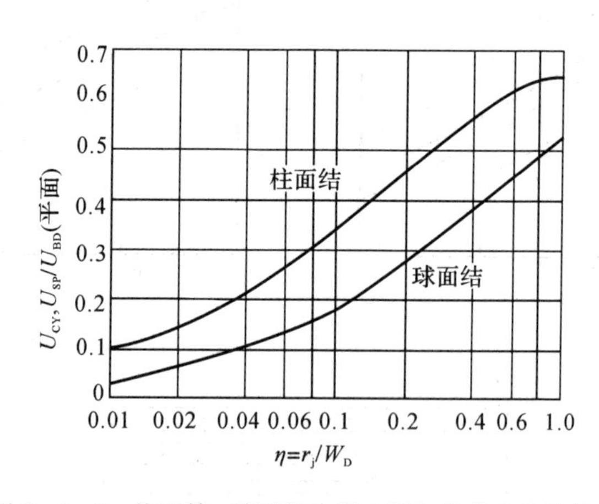


图 2-6-5　柱面结、球面结击穿电压与曲率半径的关系

pn 结温度升高，晶格振动加剧，空间电荷区内载流子与晶格碰撞几率增加，载流子能量损失也增加，其达到雪崩倍增所需要的能量也越高，这就要求空间电荷区有更高的电场强度。所以，雪崩击穿电压有正的温度系数。

实验表明，在 p 区与 n 区高掺杂的 pn 结中，隧道击穿机构是主要的。对于 Ge、Si、GaAs 的 pn 结，当击穿电压小于 $\frac{4E_g}{q}$ 时，击穿机构通常是隧道击穿。当击穿电压大于 $\frac{6E_g}{q}$

时，通常为雪崩击穿。当击穿电压介于$\frac{4E_g}{q}$与$\frac{6E_g}{q}$之间时，两种击穿机制并存。

## 2.7　金半接触

由金属和半导接触形成的结构称为金半接触，金属半导体接触作为器件的重要组成部分，其不仅被广泛地应用于直流、微波等领域，在光电器件方面也得到了广泛应用，已被用于制备太阳能电池、光电探测器等。

金半接触还可以根据半导体中掺杂浓度的不同，形成肖特基接触和欧姆接触两种接触情况，本节将分别讨论这两种情况的形成机制。

### 2.7.1　金半接触的能带结构

功函数是真空能级和费米能级之间的能量差，其大小标志着电子在材料中被束缚的强弱。如图 2-7-1(a)所示，金属的功函数为金属费米能级与真空能级之差，即

$$W_m = E_0 - (E_F)_m = q\Phi_m \tag{2-7-1}$$

其中，$E_0$ 为真空能级；$(E_F)_m$ 为金属费米能级；$\Phi_m$ 为金属费米能级到真空能级的电势差，简称金属电势。

如图 2-7-1(b)所示，半导体的功函数为半导体费米能级与真空能级之差，即

$$W_s = E_0 - (E_F)_s = q(\chi + \Phi_n) \tag{2-7-2}$$

其中，$(E_F)_s$ 为半导体费米能级；$q\chi$ 为半导体的电子亲和能；$q\Phi_n$ 为半导体中 $E_c$ 和费米能级之间的能量差。

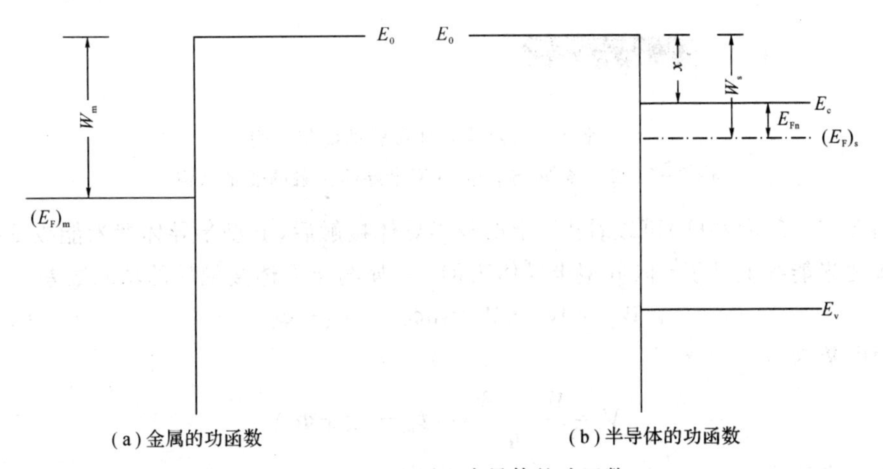


图 2-7-1　金属和半导体的功函数

假设金属与半导体有相同的真空能级，并且金属功函数大于半导体功函数，把它们相接触形成一个统一的电子系统。该系统内部半导体中的电子在功函数差的作用下流向金属，使金属表面带负电，半导体表面带正电，负电与正电电荷数值相等，整个系统呈电中性，并且具有统一的费米能级，如图 2-7-2 所示。图中，$\Phi_s=W_s/q$；$q\Phi_p$ 为半导体中 $E_v$ 和费米能级之间的能量差，$q\Phi_{ps}=qV_D+qV_p$，$q\Phi_{ns}=qV_D+q\Phi_n$。

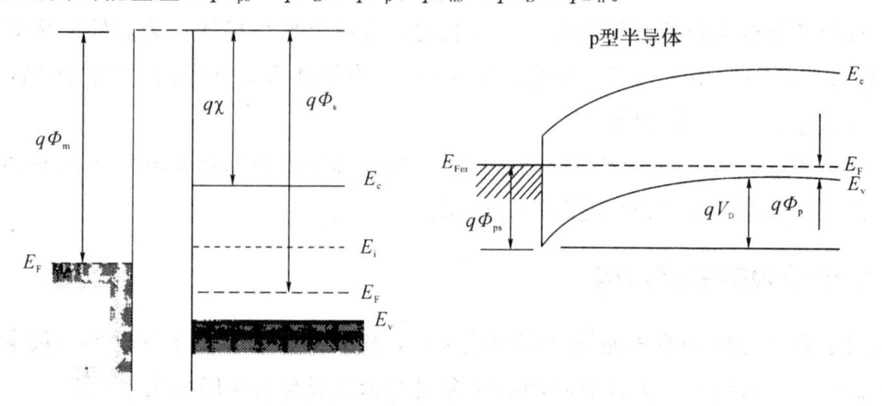


(a) 金属与 p 型半导体接触的能带结构

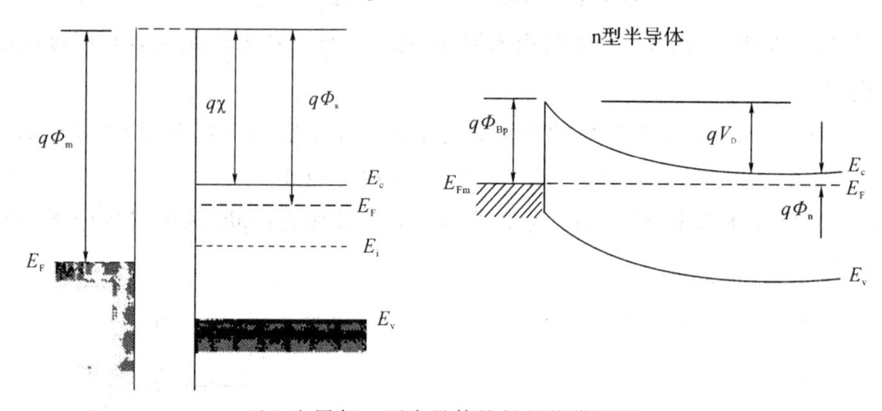


(b) 金属与 n 型半导体接触的能带结构

图 2-7-2　金属与 p 型/n 型半导体接触的能带结构

从图 2-7-2(a)和(b)可以看出，金属与半导体接触后，n 型半导体费米能级下降了，p 型半导体费米能级上升了。以 n 型半导体为例，金属与半导体接触后的功函数差为

$$W_{ms}=W_m-W_s=q\Phi_m-q(\chi+\Phi_n) \tag{2-7-3}$$

表面电势为

$$V_s=\frac{W_m-W_s}{q}=\Phi_m-(\chi+\Phi_n) \tag{2-7-4}$$

对于势垒高度：

半导体一侧为

$$qV_D = -qV_s = W_m - W_s \tag{2-7-5}$$

金属一侧为

$$q\Phi_{ns} = qV_D + E_{Fn} = -qV_s + E_{Fn} = W_m - \chi \tag{2-7-6}$$

金属在与n型半导体接触时，若 $W_m > W_s$，则在半导体表面形成一个正的空间电荷区，主要由电离施主正电荷构成，其电场方向指向体内，形成势垒，它是一个高阻的区域，常称为阻挡层，这类接触被称为肖特基接触。若 $W_m < W_s$，则在半导体表面形成一个负的空间电荷区，其电场方向指向体外，这个区域电子浓度大于体内，是一个低阻区，形成反阻挡层，这类接触被称为欧姆接触。

金属在与p型半导体接触时，若 $W_m > W_s$，形成反阻挡层；若 $W_m < W_s$，形成阻挡层。

## 2.7.2　肖特基接触的伏安特性

对于肖特基接触，当在金属上外加偏压 $U$，偏压主要落在阻挡层，此时电子势垒高度为 $-q(V_s + U)$，该势垒即为肖特基势垒。$U$ 与原来表面电势符号相同，肖特基势垒提高；否则势垒下降，其能带结构如图2-7-3所示。图中，$U_F$ 为正向偏置电压，$U_R$ 为反向偏置电压。

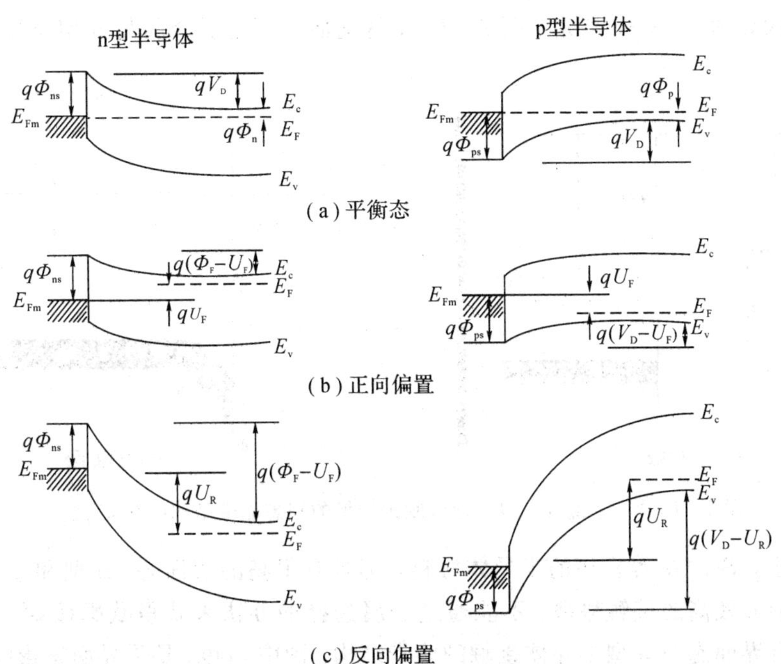


图2-7-3　金属与半导体接触平衡态、正向偏置和反向偏置的能带结构

肖特基接触界面存在一个肖特基势垒，具有与 pn 结类似的伏安特性。因此，金半接触也具有整流作用。类似于 pn 结，其电流主要由 $\exp\left(\frac{qU}{k_0 T}\right)-1$ 决定。当 $U>0$ 且 $qU \gg k_0 T$ 时，有

$$J=J_{SD}\exp\left(\frac{qU}{k_0 T}\right) \tag{2-7-7}$$

其中，$J_{SD}=\frac{q^2 D_n N_c}{k_0 T}\left[-\frac{2qN_D}{\varepsilon_0\varepsilon_r}(V_s-U)\right]^{\frac{1}{2}}\exp\left(-\frac{q\Phi_{ns}}{k_0 T}\right)$

## 2.7.3 欧姆接触

欧姆接触是指在接触处没有势垒，可以看成是一个纯电阻，并且该电阻越小越好，相对于器件总电阻而言可以忽略，而且其伏安特性是线性关系。接触电阻的大小直接影响器件的性能指标，因此，每一个半导体器件都必须具有良好的欧姆接触，尤其是在超高频和大功率器件中，欧姆接触是设计和制造过程中的关键。

常见的欧姆接触有两种：一种是非势垒接触；另一种是利用隧道效应在半导体上形成欧姆接触。非势垒接触是当金属的功函数小于等于半导体的功函数($q\Phi_m \leqslant q\Phi_s$)时，即在接触面的势垒为 0 或为负值的情况下，形成良好的欧姆接触。金属与 n 型半导体欧姆接触的理想能带结构如图 2-7-4 所示。图 2-7-5 是施加偏压之后金属与 n 型半导体欧姆接触的能带结构。

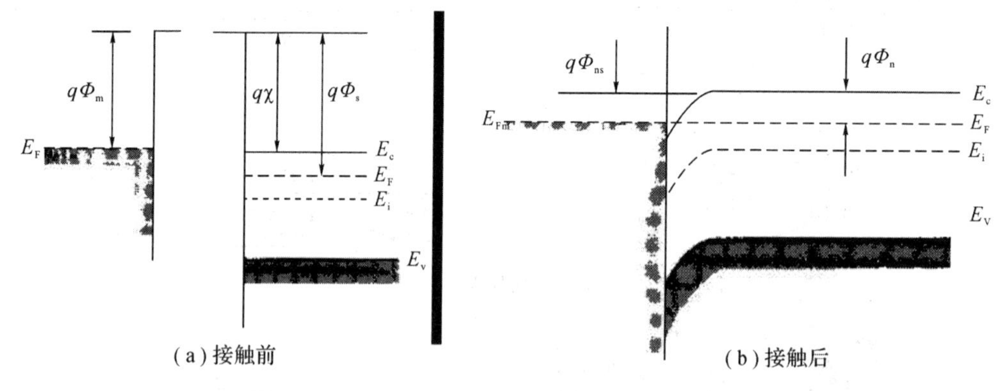


图 2-7-4 金属与 n 型半导体欧姆接触的理想能带结构($q\Phi_m \leqslant q\Phi_s$)

然而，对于 Si、Ge 等常用的半导体材料，都具有很高的表面态，n 型和 p 型材料与金属接触都会形成较高的接触势垒，不能通过金属选择的办法来获得欧姆接触。图 2-7-6 为金属与具有界面态的 n 型半导体接触的能带结构。图中，$q\Phi_{ns0}$ 是受界面态影响后的 $q\Phi_{ns}$，$Q_M$ 是半导体耗尽层中的电荷量以及在金属中感应出的数量相同但极性相反的电荷量。从

图中可以发现，虽然金属的功函数小于半导体的功函数，但是由于界面态的存在，仍然在接触后形成了一个势垒，阻挡了载流子的传输。

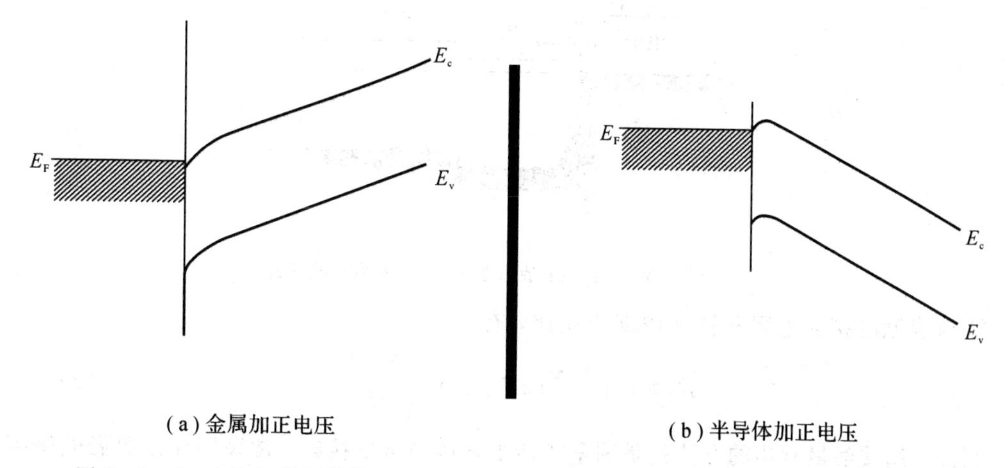


(a) 金属加正电压　　(b) 半导体加正电压

图 2-7-5　在施加偏压的情况下金属与 n 型半导体欧姆接触的能带结构($q\Phi_m \leqslant q\Phi_s$)

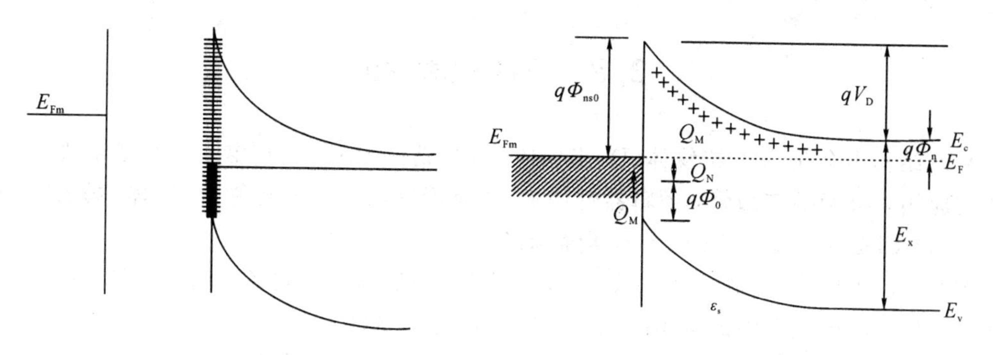


图 2-7-6　金属与具有界面态的 n 型半导体接触的能带结构

一般表面态在半导体表面禁带中形成一定的分布，表面处存在一个距离价带顶为 $q\Phi_0$ 的能级，当电子正好填满 $q\Phi_0$ 以下的所有表面态时，表面呈电中性。当 $q\Phi_0$ 以下的表面态空着时，表面带正电，呈现施主型。当 $q\Phi_0$ 以上的表面态被电子填充时，表面带负电，呈现受主型，其填充电荷量为 $Q_N$。对于大多数半导体，$q\Phi_0$ 约为禁带宽度的三分之一。

金半接触的空间电荷区宽度与半导体掺杂浓度相关，掺杂浓度越高，空间电荷区越薄。随着掺杂浓度的提高，隧道效应就会增强，如图 2-7-7 所示。当电子通过隧道效应贯穿势垒产生的隧穿电流大于热电子发射电流时，接触电阻会随着隧穿电流的增大而减小，而且与半导体器件电阻相比可小到忽略不计，可以用于欧姆接触。因此，半导体在重掺杂时，与金属形成的接触可以形成理想的欧姆接触。

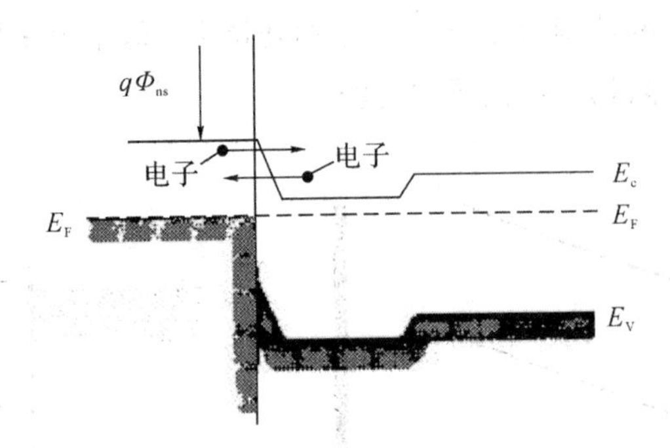


图 2-7-7 金属与重掺杂 n 型半导体接触的能带结构

欧姆接触的接触电阻和掺杂浓度成反比，有

$$R_C \propto \exp\left[\frac{4\pi}{h}(m_n^* \varepsilon_0 \varepsilon_r)^{\frac{1}{2}}\left(\frac{V_D}{N_D^{\frac{1}{2}}}\right)\right] \tag{2-7-8}$$

制备欧姆接触最常用的方法就是用重掺杂半导体与金属接触。常采用在需要做欧姆接触的地方制作一个 n 型或 p 型的重掺杂区域，之后再与金属接触，这样金属的选择也较为自由。

## 2.8 MIS 结构

MIS 结构由金属(M)-绝缘体(I)-半导体(S)组成。MIS 结构在电子和光子器件中具有重要的应用，如 MIS 二极管，逻辑器件中的 MOSFET(金属-氧化物-半导体-场效应晶体管)、CCD(Charge Coupled Devices，电荷耦合器件)。

图 2-8-1 是一个典型的 Si MIS 结构。其中，衬底为 n 型或者 p 型 Si。Si 上面是一层绝缘层，在 CMOS 工艺中最常用的绝缘层为二氧化硅($SiO_2$)；在亚 100 nm 工艺以下，为抑制栅上漏电流，多采用高介电常数(高 K)绝缘层，如二氧化铪($HfO_2$)、三氧化二铝($Al_2O_3$)、四氮化三硅($Si_3N_4$)等；在绝缘层上是铝(Al)、镍(Ni)、钛(Ti)、铂(Pt)、金(Au)等金属及其合金。

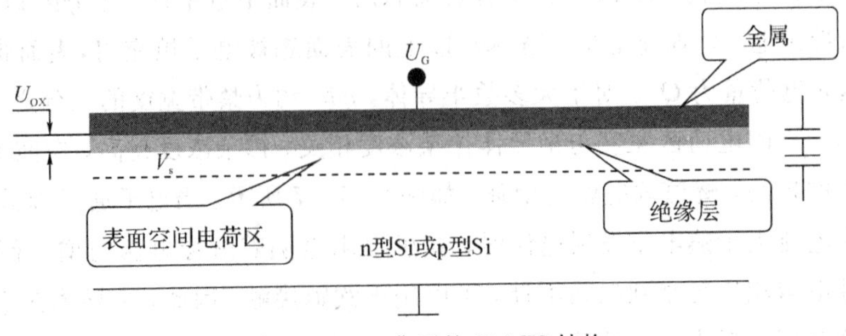


图 2-8-1 典型的 Si MIS 结构

由于金属和半导体存在一个功函数差，根据功函数差的正、负，类似于金半接触，其会在MIS结构中的半导体表面形成一个耗尽层或电荷堆积区。

### 2.8.1　表面态

如果半导体表面层中原子排列的对称性与体内原子完全相同，称为理想表面，理想表面不附着任何原子或分子。一般在制备器件和电路时用的半导体材料表面都是非理想的，表面晶格并非完整的周期性排列，从而导致势场的周期性受到破坏，在禁带中产生附加能级，此能级被称为达姆能级。

由于晶格在表面处终止，构成半导体材料的最外层原子都会有一个或多个未配对的电子，即有一个或多个未饱和键，被称为悬挂键，与之对应的电子能态就是表面态。例如Si，表面每个Si原子有一个未配对电子，即有一个悬挂键。按每平方厘米表面有$10^{15}$个原子计算，Si表面每平方厘米有$10^{15}$个悬挂键。当Si表面被氧化后，Si表面的悬挂键大部分被氧原子饱和，由于Si和$SiO_2$存在晶格失配，总有一部分悬挂键没有被饱和。因此，表面态密度并不会减小到0，一般在$10^{10}/cm^2 \sim 10^{12}/cm^2$之间。

除此之外，表面处还存在由于晶体缺陷或吸附原子等原因引起的表面态，这种表面态的大小与表面处理的方式有很大的关联性。表面态的大小对器件性能有很大的影响，是影响半导体器件性能的一个重要因素。

### 2.8.2　MIS的能带结构

在非理想情况下，MIS结构中有自建电场存在。产生自建电场的原因有多种，如金属与半导体之间的功函数差、界面态以及绝缘层中的电荷等。因此，能带结构受很多因素影响，也会变得很复杂。本节先考虑理想情况下的能带结构变化。

在理想情况下满足以下条件：

(1) 金属与半导体的功函数差为0。

(2) 在绝缘层内没有任何电荷且绝缘层完全不导电。

(3) 绝缘层与半导体界面处不存在任何界面状态。

在理想情况下，如图2-8-1所示，在MIS结构上施加一个偏压。MIS结构等效于一个平板电容，施加电压实际上就是对MIS电容充电。以p型半导体为例，让金属上的电压从负变为正，分析不同偏压下，MIS结构中电荷的分布与能带结构的变化，如图2-8-2所示。

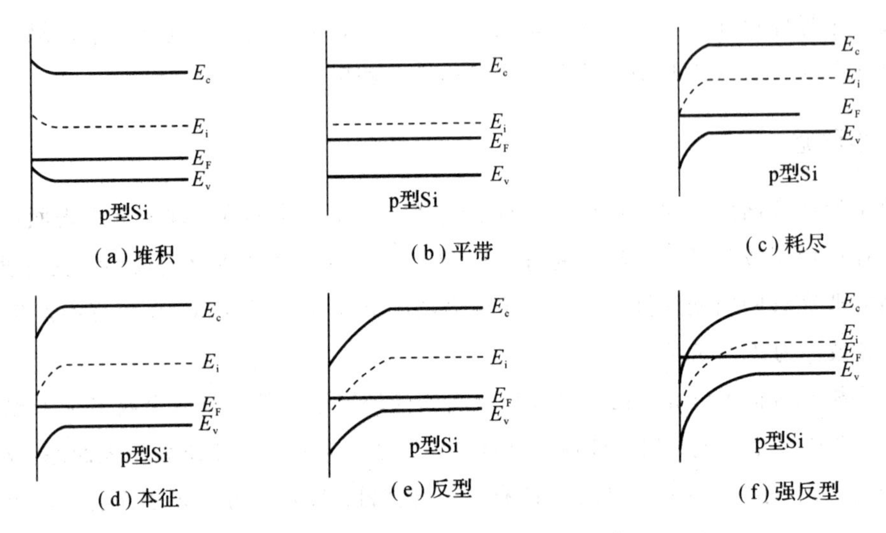


图 2-8-2　MIS结构随电压变化示意图

**1. 多数载流子堆积状态**

当在金属表面施加负电压，表面电势为负值，能带向上弯曲，如图 2-8-2(a)所示。表面电场指向金属，多子-空穴在表面处堆积，越接近表面浓度越大，而且浓度随着电压绝对值的增加而增大。

此时，表面电场强度 $E_s$、表面电荷 $Q_s$ 以及微分电容 $C_s$ 分别为

$$E_s=-\frac{2k_0T}{qL_D}\exp\left(-\frac{qV_s}{2k_0T}\right) \tag{2-8-1}$$

$$Q_s=\frac{2\varepsilon_0\varepsilon_r k_0T}{qL_D}\exp\left(-\frac{qV_s}{2k_0T}\right) \tag{2-8-2}$$

$$C_s=\left|\frac{\partial Q_s}{\partial V_s}\right|=\frac{\varepsilon_0\varepsilon_r}{x_m}\exp\left(-\frac{qV_s}{2k_0T}\right) \tag{2-8-3}$$

其中，$V_s$ 为表面电势。

**2. 平带状态**

当金属表面的电压绝对值下降，能带弯曲量减少，表面多子浓度下降，当表面电势为0时，能带不再弯曲，变成平的，称为平带状态，如图 2-8-2(b)所示。

当 $V_s$ 接近于0时，微分电容为

$$C_s=\frac{\varepsilon_0\varepsilon_r}{x_m}\frac{\left[1-\frac{qV_s}{2k_0T}+\frac{n_{p0}}{p_{n0}}\left(1+\frac{qV_s}{2k_0T}\right)\right]}{\frac{1}{\sqrt{2}}\left(1+\frac{n_{p0}}{p_{n0}}\right)^{\frac{1}{2}}} \tag{2-8-4}$$

当接近平带状态时，$V_s$ 趋近于 0，此时电容为

$$C_{FBS}=\frac{\sqrt{2}\varepsilon_0\varepsilon_r}{x_m}\left(1+\frac{n_{p0}}{p_{n0}}\right)^{\frac{1}{2}} \tag{2-8-5}$$

在 p 型半导体中，$p_{n0}\gg n_{p0}$，可得

$$C_{FBS}=\frac{\sqrt{2}\varepsilon_0\varepsilon_r}{x_m} \tag{2-8-6}$$

**3. 多数载流子耗尽状态**

当在金属表面施加正电压，表面电势为正值，能带向下弯曲，如图 2-8-2(c)所示。表面电场指向半导体，在电场作用下一部分多子-空穴被赶到半导体内部，此时半导体表面的空穴浓度小于体内空穴浓度，表面处的负电荷浓度基本上等于电离受主杂质浓度，这种状态称为耗尽状态。此时，表面电场强度、表面电势、表面电荷以及微分电容分别为

$$E_s=\frac{2}{x_m}\left(\frac{k_0T}{q}\right)^{\frac{1}{2}}(V_s)^{\frac{1}{2}} \tag{2-8-7}$$

$$V_s=\frac{qN_Ax_d^2}{2\varepsilon_0\varepsilon_r} \tag{2-8-8}$$

$$C_s=\frac{\varepsilon_0\varepsilon_r}{x_d} \tag{2-8-9}$$

$$Q_s=-qN_Ax_d \tag{2-8-10}$$

其中，$x_d$ 为耗尽层宽度，也可用 $W$ 表示。

**4. 本征状态**

当电压继续升高，表面电场增强，能带向下弯曲量增大，表面空穴在电场作用下浓度继续减小。当表面空穴浓度与本征载流子浓度相同，即表面空穴与电子浓度相等时，表面达到本征，称为本征状态，如图 2-8-2(d)所示。此时，能带弯曲量与费米电势相同，即

$$\Phi_f=\frac{k_0T}{q}\ln\left(\frac{N_A}{n_i}\right) \tag{2-8-11}$$

**5. 少数载流子反型状态**

当电压继续升高，表面电场继续增强，能带向下弯曲量将大于费米电势，如图 2-8-2(e)所示。此时，表面少子-电子浓度大于多子-空穴浓度，表面形成与原半导体导电类型相反的一个区域，称为反型层。反型层形成在衬底表面，反型层到衬底内部还有一层(耗尽层)。在这种情况下，半导体空间电荷区的负电荷由两部分组成：一部分是反型层中的电子；另一部分是耗尽层中固定的受主负电荷。

当电压再继续升高，能带向下弯曲量等于 $2\Phi_f$ 时，如图 2-8-2(f)所示，反型层中的少

子-电子浓度与衬底中的多子-空穴浓度相等，称为强反型。在MISFET(金属-绝缘体-半导体场效应晶体管)中，此状态意味着器件沟道的完全开启，此时的电压称为阈值电压。

当 $V_s=2\Phi_f$ 时，临界强反型电场和表面电荷为

$$E_s=\frac{2k_0T}{qL_D}\left(\frac{qV_s}{k_0T}\right)^{\frac{1}{2}} \tag{2-8-12}$$

$$Q_s=-\frac{2\varepsilon_0\varepsilon_r k_0T}{qL_D}\exp\left(\frac{qV_s}{2k_0T}\right)=-(2\varepsilon_0\varepsilon_r qV_sN_A)^{\frac{1}{2}}=-(4\varepsilon_0\varepsilon_r qN_A\Phi_f)^{\frac{1}{2}} \tag{2-8-13}$$

当电压大于阈值电压时，能带向下弯曲量大于 $2q\Phi_f$，反型层中的少子-电子浓度大于衬底中的多子-空穴浓度。

当 $V_s\geqslant 2\Phi_f$ 时，临界强反型电场和表面电荷为

$$E_s=\frac{2k_0T}{qL_D}\left(\frac{n_{p0}}{p_{n0}}\right)^{\frac{1}{2}}\left(\frac{qV_s}{2k_0T}\right)^{\frac{1}{2}}=\left(n_s\frac{2k_0T}{\varepsilon_r\varepsilon_0}\right)^{\frac{1}{2}} \tag{2-8-14}$$

$$Q_s=-\frac{2\varepsilon_0\varepsilon_r k_0T}{qL_D}\left(\frac{n_{p0}}{p_{n0}}\right)^{\frac{1}{2}}\exp\left(\frac{qV_s}{2k_0T}\right)=-(2k_0T\varepsilon_0\varepsilon_r n_s)^{\frac{1}{2}} \tag{2-8-15}$$

$$C_s=\frac{\varepsilon_0\varepsilon_r}{L_D}\left[\frac{n_{p0}}{p_{n0}}\exp\left(\frac{qV_s}{k_0T}\right)\right]^{\frac{1}{2}}=\frac{\varepsilon_0\varepsilon_r}{L_D}\left(\frac{n_s}{p_{n0}}\right)^{\frac{1}{2}} \tag{2-8-16}$$

其中，$n_s$ 为表面电荷密度。

一旦达到强反型，耗尽层宽度就达到了一个极大值 $x_{dm}$，不再随外加电压的增加而增加。这是因为反型层中积累的电子屏蔽了外电场的作用。耗尽层极大值为

$$x_{dm}=\left(\frac{4\varepsilon_0\varepsilon_r\Phi_f}{qN_A}\right)^{\frac{1}{2}}=\left[\frac{4\varepsilon_0\varepsilon_r k_0T}{q^2N_A}\ln\left(\frac{N_A}{n_i}\right)\right]^{\frac{1}{2}} \tag{2-8-17}$$

### 2.8.3 深耗尽状态

MIS结构有多种的形式，最常用的是MOS(金属-氧化物-半导体)结构，下面就以MOS结构来说明深耗尽状态。MOS结构在处于多子积累和耗尽状态时，是多子在工作，响应速度快。以p型半导体为例，当MOS还没有处于反向偏置时，MOS结构中几乎没有少子；当MOS处于反向偏置时，需要大量的少子在表面平衡栅电荷的变化，但是少子电子的产生过程相当缓慢，需要几秒到数百秒的时间，此时这些少量的少子不足以平衡栅电荷，只能依靠电离受主电荷来补偿，因此耗尽区会进一步展宽，这种通过耗尽区展宽补偿少子以平衡栅电荷的现象称为深耗尽。与缺少少子的情况不同，如果完全没有少子，则被称为完全深耗尽，即当MOS处于反向偏置时，非平衡的半导体表面完全缺乏少子的一种极端情况。

MOS结构深耗尽状态示意图如图2-8-3所示。

缺少的
空穴
$x_m$
$W>x_m$
(a)深耗尽

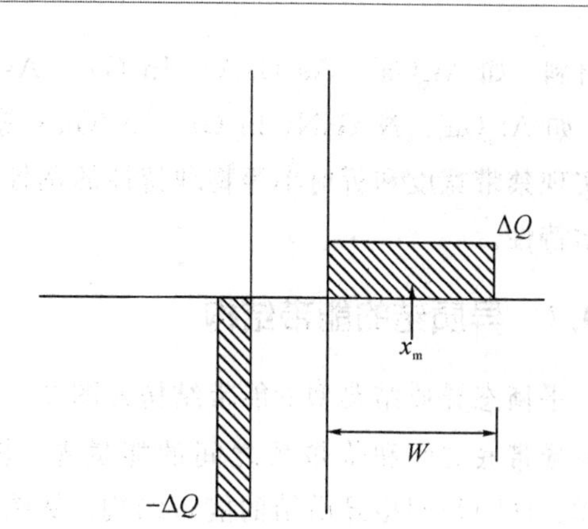

(b)完全深耗尽

图 2-8-3　MOS结构深耗尽状态示意图

仍以p型半导体为例，深耗尽时，表面电势非常大，在半导体表面会形成一个很深的电子势阱，这是一个不稳定的状态。随着时间的推移，电子产生的越来越多，在表面越堆越多；随着表面电子浓度的增加，电离受主电荷的需要量也越来越少，耗尽层宽度慢慢变薄，达到强反型时最大耗尽层宽度。

MIS结构可用于多种器件结构中，其作用主要取决于绝缘层的厚度：

(1) 绝缘层的厚度足够薄(对于 $SiO_2$ 层，大约为1 nm)，绝缘层基本上不起绝缘的作用，此时可形成肖特基二极管。

(2) 绝缘层的厚度不是很薄、也不是很厚(对于 $SiO_2$ 层，大约为1～7 nm)，载流子有较大的几率通过隧道效应而贯穿绝缘层，此时可形成MIS隧道二极管。

(3) 绝缘层的厚度足够大(对于 $SiO_2$ 层，大于7 nm)，则绝缘层基本上不导电，这时可形成MIS电容、MISFET等。

除此之外，MIS结构还具有许多用途，如MIS太阳电池、MIS开关管、MIM隧道二极管、MIMIM隧道晶体管等。

## 2.9　异　质　结

两种不同半导体材料接触形成的结，被称为异质结。按材料的导电类型，异质结可分为异型异质结和同型异质结。异型异质结是指导电类型不同的两种材料形成的结。同型异质结是指导电类型相同的两种材料形成的结。异质结应用于光电子器件，可提高器件的光电转换效率等。这主要得益于异质结两个区域的禁带宽度和折射率等的不同，并且还有可以通过材料的选取或组分变化进行调整的优点。目前，应用较多的异质结材料主要有GaAs

基材料，如 $Al_xGa_{1-x}As/GaAs$、$In_xGa_{1-x}As/GaAs$；Si 基材料，如 $Si_{1-x}Ge_x/Si$；GaN 基材料，如 $Al_xGa_{1-x}N/GaN$、$In_xGa_{1-x}N/GaN$ 等。其中，$x$ 表示该元素的百分比组分，改变 $x$ 可实现禁带宽度和折射率等物理特性的调控。本节主要介绍异型异质结的主要物理特性和电学特性。

### 2.9.1 异质结的能带结构

平衡态异质结典型的能带结构如图 2-9-1 所示。图中 $\Delta E_c$ 和 $\Delta E_v$ 分别是异质结两侧材料导带底之间和价带顶之间的能量差。图 2-9-1(a)是异型异质结的能带结构，图 2-9-1(b)是同型异质结的能带结构。从图 2-9-1 中可见，平衡态异质结界面两侧的导带底与价带顶形成尖峰或凹谷。异质结对微电子器件和光电子器件的贡献就在于能带的尖峰和凹谷。

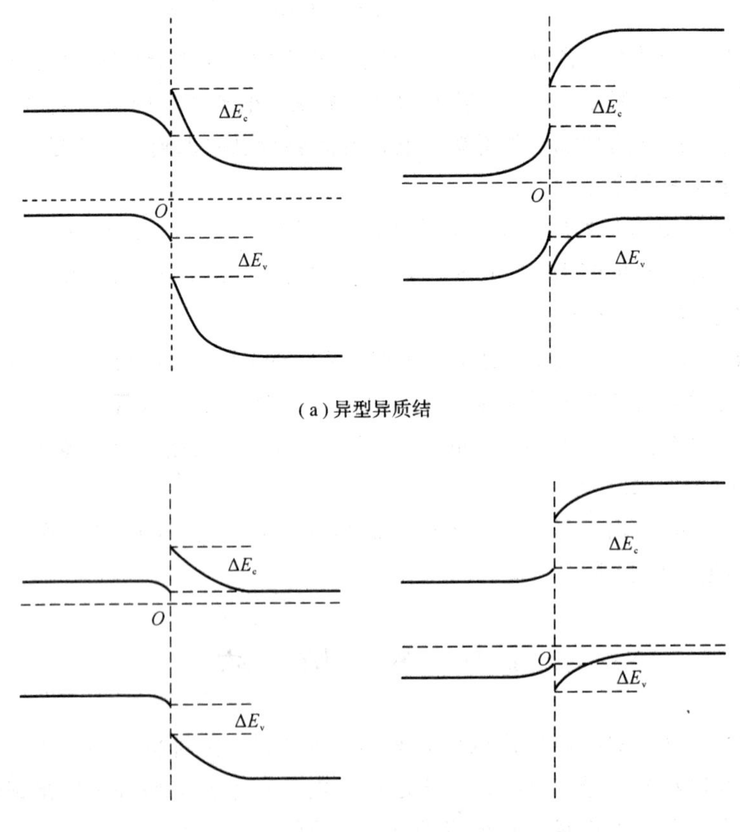


图 2-9-1 平衡态异质结典型的能带结构

尖峰和凹谷的势垒高度由异质结材料的掺杂浓度决定。它们的势垒高度分别是异质结正、负空间电荷区电势差，两者之和是异质结的接触电势差。界面两侧间尖峰与凹谷的相对位置由能带的相对位置即电子亲和势和掺杂浓度决定。另外，从图中还可见，异质结两侧多子进入对方渡越的势垒高度不同。该特征决定了异质结半导体器件具有光学、电学特性优势。异质结的晶格失配及其他缺陷会在结的界面处形成界面态，影响异质结的光学、电学特性。

### 2.9.2　异质结接触电势差与势垒电容

通过求解异质结空间电荷区泊松方程可以了解异质结基本的物理特性，方法步骤与求解同质突变结泊松方程相同，求解时需要注意异质结两侧材料的介电常数不相等。设 p 区和 n 区的掺杂浓度分别为 $N_A$ 和 $N_D$，介电常数分别为 $\varepsilon_{ps}$ 和 $\varepsilon_{ns}$，$x_0$ 为结界面，p 区一侧的负空间电荷区边界为 $-x_p$，n 区一侧的正空间电荷区边界为 $x_n$。

**1. 异质结电场分布**

若设 p 区一侧的负空间电荷区和 n 区一侧的正空间电荷区电场分别用 $E_p(x)$ 和 $E_n(x)$ 表示，那么有

$$E_p(x)=-\frac{qN_A}{\varepsilon_{ps}}(x_p+x) \qquad -x_p<x<0 \tag{2-9-1}$$

$$E_n(x)=-\frac{qN_D}{\varepsilon_{ns}}(x_n-x) \qquad 0<x<x_n \tag{2-9-2}$$

电场在正、负空间电荷区线性分布，与同质突变结相同。但是，不同的是电场在界面处不连续，而是电位移矢量连续，如图 2-9-2 所示。

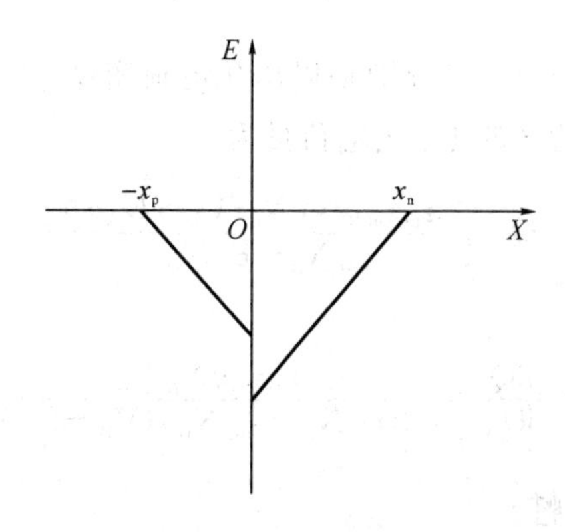


图 2-9-2　异质结空间电荷区电场分布

**2. 异质结接触电势差**

异质结接触电势差 $V_D$ 以及正、负空间电荷区电势差 $V_{Dp}$、$V_{Dn}$ 分别为

$$V_D=V_{Dp}+V_{Dn}=\left(\frac{q}{2\varepsilon_{ps}\varepsilon_{ns}}\right)\left[\varepsilon_{ns}N_A\left(\frac{N_D x_m}{N_A+N_D}\right)^2+\varepsilon_{ps}N_D\left(\frac{N_A x_m}{N_A+N_D}\right)^2\right] \quad (2-9-3)$$

$$V_{Dp}=\frac{\varepsilon_{ns}N_D V_D}{\varepsilon_{ps}N_A+\varepsilon_{ns}N_D} \quad (2-9-4)$$

$$V_{Dn}=\frac{\varepsilon_{ps}N_A V_D}{\varepsilon_{ps}N_A+\varepsilon_{ns}N_D} \quad (2-9-5)$$

将式(2-9-4)与式(2-9-5)相除，则有$\frac{V_{Dp}}{V_{Dn}}=\frac{\varepsilon_{ns}N_D}{\varepsilon_{ps}N_A}$，可得正、负空间电荷区电势差与掺杂浓度间的关系。

**3. 异质结空间电荷区宽度**

异质结空间电荷区宽度 $x_m$，以及正、负空间电荷区宽度 $x_{mp}$ 和 $x_{mn}$ 分别为

$$x_m=\left[\frac{2\varepsilon_{ps}\varepsilon_{ns}(N_A+N_D)^2V_D}{qN_AN_D(\varepsilon_{ns}N_D+\varepsilon_{ps}N_A)}\right]^{\frac{1}{2}} \quad (2-9-6)$$

$$x_{mp}=\left[\frac{2\varepsilon_{ps}\varepsilon_{ns}N_D V_D}{qN_A(\varepsilon_{ps}N_A+\varepsilon_{ns}N_D)}\right]^{\frac{1}{2}} \quad (2-9-7)$$

$$x_{mn}=\left[\frac{2\varepsilon_{ps}\varepsilon_{ns}N_A V_D}{qN_D(\varepsilon_{ps}N_A+\varepsilon_{ns}N_D)}\right]^{\frac{1}{2}} \quad (2-9-8)$$

将式(2-9-4)～式(2-9-8)中的 $V_D$ 替换为$(V_D-U_A)$，则是非平衡态异质结各相应的物理参数。$U_A$ 是外加偏置电压，$U_A>0$，表示正向偏置；$U_A<0$，表示反向偏置。

**4. 异质结势垒电容**

将式(2-9-7)和式(2-9-8)分别乘以离化电荷密度 $qN_D$ 和 $qN_A$，并将式中 $V_D$ 用$(V_D-U_A)$替换，则空间电荷区的正、负电荷量为

$$Q=\left[\frac{2\varepsilon_{ps}\varepsilon_{ns}qN_AN_D(V_D-U_A)}{\varepsilon_{ps}N_A+\varepsilon_{ns}N_D}\right]^{\frac{1}{2}} \quad (2-9-9)$$

那么，单位面积势垒电容为

$$C_T=\frac{dQ}{dU_A}=\left[\frac{\varepsilon_{ps}\varepsilon_{ns}qN_AN_D}{2(\varepsilon_{ps}N_A+\varepsilon_{ns}N_D)(V_D-U_A)}\right]^{\frac{1}{2}} \quad (2-9-10)$$

## 2.9.3 异质结的伏安特性

描述异质结电流输运的模型有：扩散模型、热电子发射模型、隧道模型及复合模型等。

但没有一种模型能够较好反映异质 pn 结的电流-电压($I-U$)特性。为了揭示异质 pn 结电流输运的一些基本规律，下边以扩散模型为例分析讨论 n 区为宽禁带、p 区为窄禁带的异质 pn 结的$I-U$ 特性。

扩散模型认为载流子以扩散方式通过势垒。对于 n 区为宽禁带、p 区为窄禁带的异质结能带有如图 2-9-3(a)、(b)和(c)所示的三种基本结构形式。在异质结制备过程中，通过工艺控制，可使禁带在界面处非突变，称为连续过渡，如图 2-9-3(c)所示。通常将图 2-9-3(a)和(b)所示的异质结称为突变异变结，以上讨论即基于这种情况；图 2-9-3(c)所示的异质结构称为渐变异质结。对于图 2-9-3(a)和(c)所示的异质结，电子从 n 区导带渡越到 p 区导带跨越的势垒高度为 $qV_D-\Delta E_c$，空穴从 p 区价带到 n 区价带跨越的势垒高度为 $qV_D+\Delta E_v$。对于图 2-9-3(b)所示的异质结，电子从 n 区导带到 p 区导带跨越 $qV_{Dp}$ 的势垒高度，空穴从 p 区到 n 区跨越的势垒高度仍为 $qV_D+\Delta E_v$。很明显对于图 2-9-3 中所示的异质结，电子从 n 区到 p 区渡越的势垒高度低于空穴从 p 区到 n 区的势垒高度。因此，在 n 区为宽禁带、p 区为窄禁带的异质结中，电子流与空穴流的注入比可以远大于同质结，即通过势垒的主要是电子流。对于 p 区为宽禁带、n 区为窄禁带的异质结，相同的理论分析可以得到：空穴流与电子流的注入比可以远大于同质结，通过势垒的主要是空穴流。

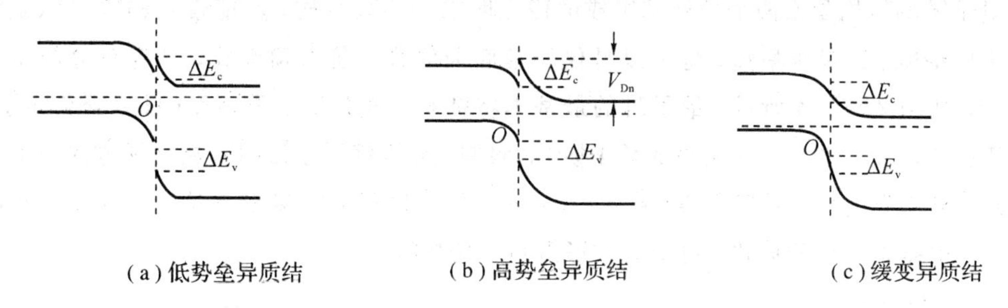

(a)低势垒异质结　(b)高势垒异质结　(c)缓变异质结

图 2-9-3　异质结能带结构三种基本形式

由于能带结构不同，载流子渡越的势垒不同，因而 $I-U$ 特性也不相同。通过求解载流子连续性方程，对于如图 2-9-3(a)所示的突变异质结和如图 2-9-3(c)所示的渐变(缓变)异质结，从 n 区注入 p 区的电子流和从 p 区注入 n 区的空穴流分别为

$$J_n=\frac{qD_nN_D}{L_n}\exp\left(-\frac{qV_D-\Delta E_c}{k_0T}\right)\left[\exp\left(\frac{qU_A}{k_0T}\right)-1\right]=\frac{qD_nn_{p0}}{L_n}\left[\exp\left(\frac{qU_A}{k_0T}\right)-1\right] \tag{2-9-11}$$

$$J_p=\frac{qD_pN_A}{L_p}\exp\left(-\frac{qV_D+\Delta E_v}{k_0T}\right)\left[\exp\left(\frac{qU_A}{k_0T}\right)-1\right]=\frac{qD_pp_{n0}}{L_p}\left[\exp\left(\frac{qU_A}{k_0T}\right)-1\right] \tag{2-9-12}$$

对于如图 2-9-3(b)所示的突变异质结，电子流和空穴流分别为

$$J_n = \frac{qD_n N_D}{L_n} \exp\left(-\frac{qV_{Dn}}{k_0 T}\right)\left[\exp\left(\frac{qU_n}{k_0 T}\right) - \exp\left(-\frac{U_p}{k_0 T}\right)\right]$$
$$= \frac{qD_n n_{p0}}{L_n}\left[\exp\left(\frac{qU_n}{k_0 T}\right) - \exp\left(-\frac{U_p}{k_0 T}\right)\right] \tag{2-9-13}$$

$$J_p = \frac{qD_p N_A}{L_p} \exp\left(-\frac{qV_D + \Delta E_V}{k_0 T}\right)\left[\exp\left(\frac{qU_n}{k_0 T}\right) - \exp\left(-\frac{U_p}{k_0 T}\right)\right]$$
$$= \frac{qD_p p_{n0}}{L_p}\left[\exp\left(\frac{qU_n}{k_0 T}\right) - \exp\left(-\frac{U_p}{k_0 T}\right)\right] \tag{2-9-14}$$

在上述关系式中，$U_A$ 是正向偏置电压；$U_p$ 和 $U_n$ 分别为正向偏置电压在 p 区和 n 区的分压，其余各参数物理意义与前面各节中相同。

若将相应脚标置换，则表示 p 区为宽禁带、n 区为窄禁带的异质结特性。

## 2.9.4 量子阱与超晶格

### 1. 量子阱

量子阱的结构是由两个异质结组成的像三明治一样的结构，其能带结构既可以是中间层导带底最低、价带顶最高，也可以是仅导带底最低或仅价带顶最高，具有明显的量子限制效应，如图 2-9-4 所示。量子阱的最基本特征是，由于量子阱宽度(只有当其足够小，即小于德布罗意波长时，才能形成量子阱)的限制，导致载流子波函数在一维方向上的局域化。量子阱的高度称为势阱深度(阱深)或势垒。量子阱根据势阱的深度，可分为无限阱和有限阱；根据量子阱的形状，可分为方形阱和三角形阱。

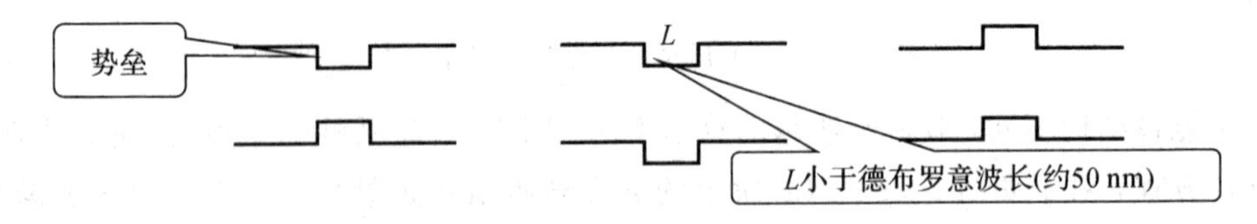


图 2-9-4　量子阱的结构示意图

在多个异质结结构中，如果势垒层(也称为垒层)足够厚，以致相邻势阱之间载流子波函数之间耦合很小，则多层结构将形成许多分离的量子阱，称为多量子阱，如图 2-9-5 所示。在这样的量子阱中，粒子的能量在垂直于界面的方向上是量子化的，即一系列分立的能级 $E_1$、$E_2$、…、$E_n$，它们和势阱的宽度和深度以及电子和空穴的有效质量有关。无限高势阱中分立能级可表示为

$$E_n=\frac{\hbar^2\pi^2n^2}{2m^*a^2} \tag{2-9-15}$$

其中，$\hbar$ 为约化普朗克常数；$n$ 为从势阱底部向上数第 $n$ 个分立的能级；$a$ 为势阱的宽度；$m^*$ 为粒子的有效质量。

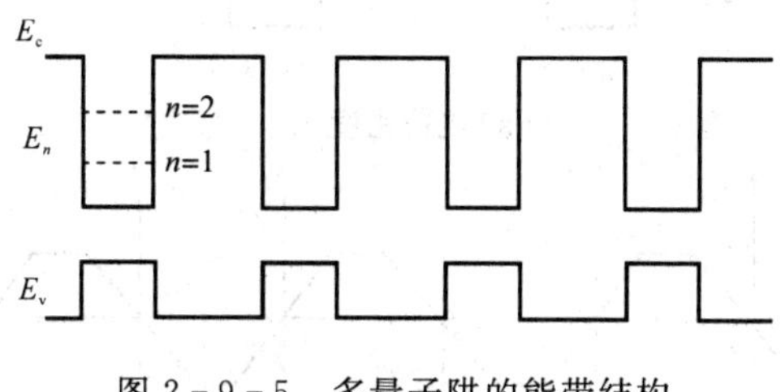


图 2－9－5　多量子阱的能带结构

量子阱在光电子器件中主要用来提高复合效率，量子阱越多复合效率也越高，但也不能太多。

**2. 超晶格**

超晶格的概念是 1968 年美国 IBM 实验室的江崎和朱兆祥提出的，并于 1970 年首次在 GaAs 材料上制备成功。用两种晶格匹配很好的材料交替地生长周期性结构，形成多量子阱，如果势垒层很薄(可与电子的德布罗意波长相比)，相邻量子阱之间的耦合很强，原来在各量子阱中分立的能级 $E_n$ 将扩展成能带(微带)，能带的宽度和位置与势阱的深度、宽度及势垒的厚度有关，这样的多层结构称为超晶格，其相关参数分别如图 2－9－6 和图 2－9－7 所示。具有超晶格特点的结构有时也称为耦合的多量子阱。

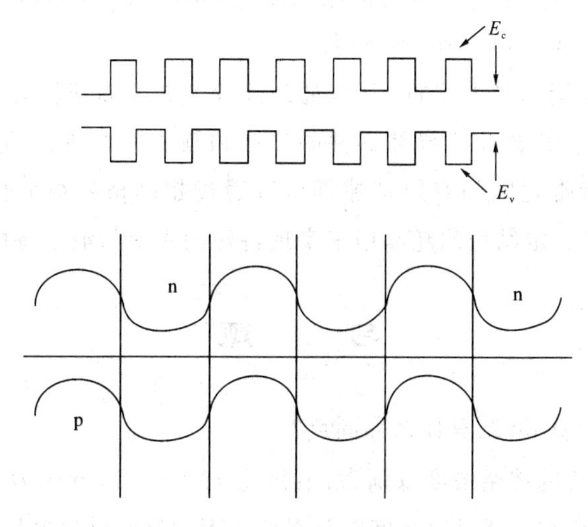


图 2－9－6　超晶格结构与周期形势场

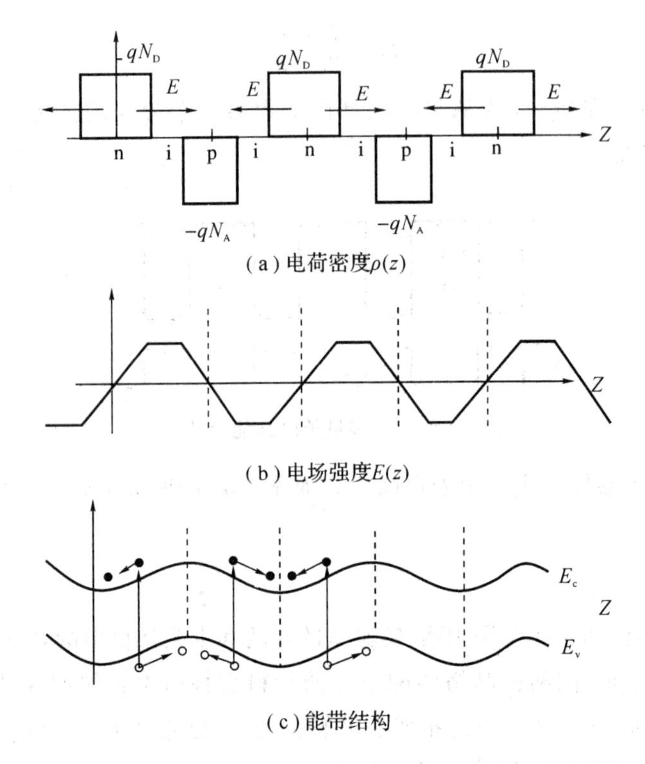


图 2-9-7　超晶格结构的电荷密度、电场强度与能带结构

半导体超晶格从生长结构上划分，有同质超晶格和异质超晶格两种，又称为掺杂超晶格和成分超晶格。异质超晶格又可分为晶格匹配超晶格(如 AlGaAs/GaAs)和晶格失配超晶格(如 SiGe/Si、InGaAs/GaAs)两种类型。

由于超晶格的一维周期是可控的，所以通过改变或调节周期将会引起半导体能带结构的变化。因此，超晶格的出现将半导体器件的设计和制造引入到了"能带工程"的层面。其中，微带的宽度以及微带之间的有效带隙都可以通过超晶格的组成材料层厚度来进行调节，从而可以设计制备一定结构的超晶格来实现特殊的光学与电学特性。

## 习　　题

1. 同质 pn 结与异质 pn 结有什么异同点？

2. 硅突变结二极管的掺杂浓度分别为：p 区为 $10^{15}$ $cm^{-3}$，n 区为 $10^{20}$ $cm^{-3}$。试计算室温下，该 pn 结的自建电势、耗尽层宽度以及零偏压下的最大自建电势。

3. 试画出 pn 结施加正向偏压和反向偏压时的能带结构示意图。

4. 试推导 pn 结注入电流比，并说明提高电流注入比的方法。

5. 分析势垒电容和扩散电容的产生机制，两者的主要区别是什么？

6. pn 结击穿的机制有哪些？击穿是否意味着损坏？为什么？

7. pn 结的击穿电压与哪些因素有关？

8. 什么是势垒接触和非势垒接触？如何形成欧姆接触？

9. 试分析 MIS 结构的能带随栅压变化而变化的规律。

10. 什么是 MIS 结构的深耗尽状态？并分析其产生的机制。

# 第三章　半导体太阳能电池

1886—1887 年，赫兹在证实电磁波的存在和麦克斯韦电磁理论的实验过程中发现：当两个电极当中的任意一个受到紫外光照射时，两个电极之间出现了放电现象。直到发现电子后，人们才知道这是由于紫外光的照射使大量电子从金属表面逸出的缘故。这种电子在光的作用下从金属表面逸出的现象称为光电效应，逸出电子称为光电子。

光电效应可分为光电子发射、光电导效应和光生伏特效应。半导体太阳能电池(简称太阳能电池)发电的原理是基于光生伏特效应。光生伏特效应是指光照使不均匀半导体或半导体与金属结合的不同部位之间产生电势差的现象，也称为光伏效应。

20 世纪 50 年代初，研究人员就发现了半导体 pn 结型晶体管在光照条件下具有光电转换性能。1954 年，美国贝尔实验室研制出了单晶 Si pn 结太阳能电池，其转换效率为 6%。从此，开始了现代太阳能电池的研究。1960 年，太阳能电池发电首次并入电网；1990 年，太阳能电池发电开始应用在民用发电领域。

随着全球气候变暖和生态环境的恶化，可持续发展越来越受到世界各国的重视，绿色可再生能源的发展受到了各国的共同关注。而太阳能电池具有清洁、安全、寿命长、维护简单等优点，并且太阳能取之不尽，用之不竭，已成为各国研究和发展的重点。

## 3.1　太阳光谱与大气光学质量

太阳光是地球上能量的主要来源，分析太阳光谱和半导体光伏效应是了解和掌握半导体太阳能电池工作机制的基础。

### 3.1.1　太阳光谱

太阳的中心部分不断地进行着剧烈的热核聚变反应，温度高达 $1.56\times10^{6}$ K，对外持续地辐射能量，这些能量主要是以电磁波的形式向外传递(也包含一部分粒子流)，太阳辐射所传递的能量，被称太阳辐射能。太阳辐射能是地面能量的主要来源，也是大气中一切物理现象和物理过程的基本动力。

太阳辐射到地球大气层的能量仅为其总辐射能量的 $2.2\times10^{10}$ 分之一，但已高达 $1.73\times10^{17}$ W，也就是说太阳每秒钟照射到地球上的能量为 $4.994\times10^{11}$ J，相当于 $5\times10^{9}$ kg 标准煤(我国把含热 29 307 kJ/kg 的煤定为标准煤)燃烧所发出的能量。

太阳表层是气态的，太阳可近似地被看成是吸收系数为 1 的黑体辐射源(黑体辐射源为一种在任何条件下，对任何波长的外来辐射完全吸收的理想辐射源，理论上黑体会放射频谱上所有波长的电磁波)。太阳发出的电磁波的构成如图 3－1－1 所示。

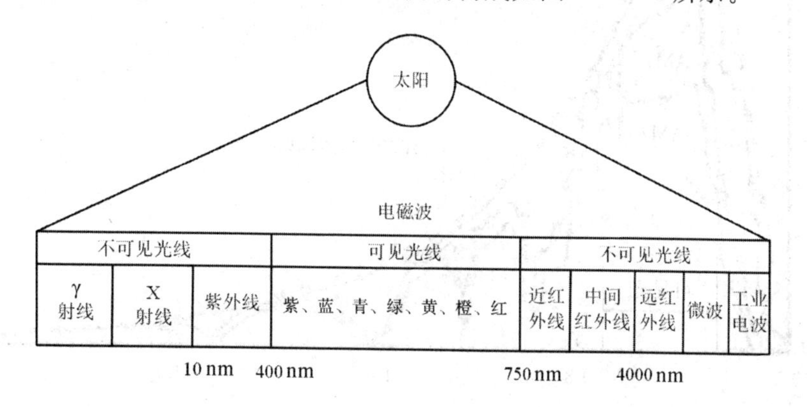


图 3－1－1　太阳发出的电磁波的构成

图 3－1－2(a)、(b)分别是 5500 K 和 5800 K 的黑体辐射、太阳光谱和功率谱。从图

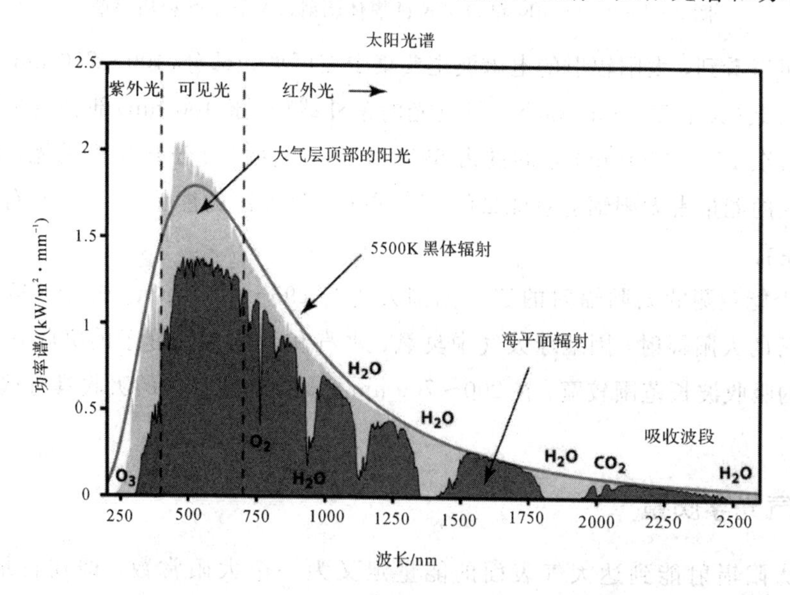


(a) 5500K 的黑体辐射、太阳光谱和功率谱

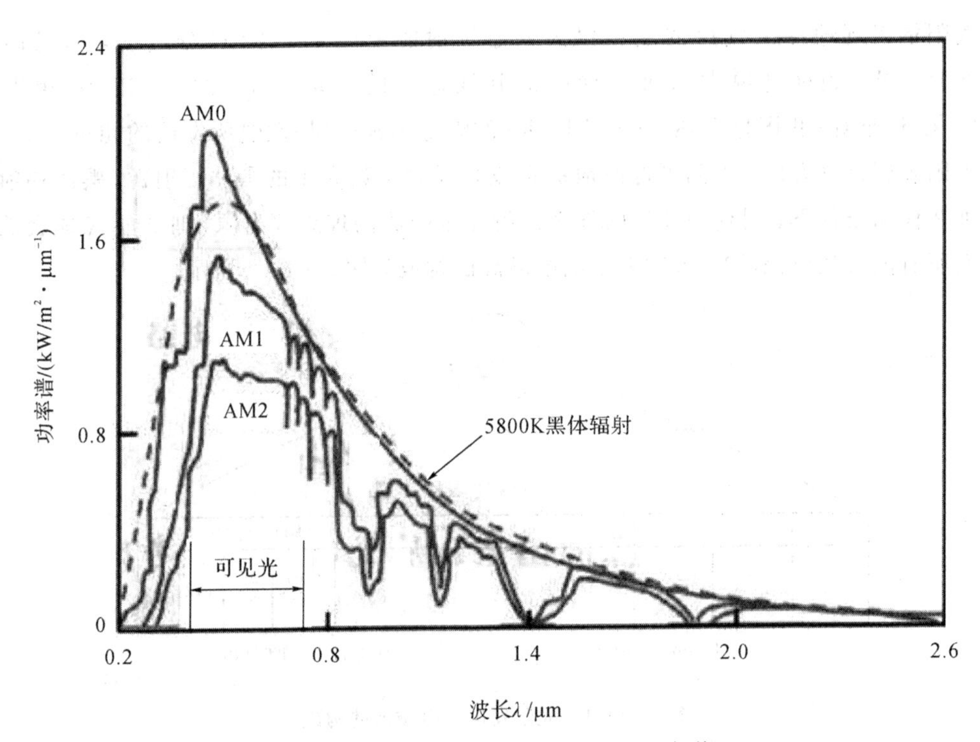


(b) 5800K 的黑体辐射、太阳光谱和功率谱

图 3-1-2　5500K 和 5800K 的黑体辐射、太阳光谱和功率谱

3-1-2(a)可以看到，太阳辐射的电磁波主要集中在可见光部分(400～700 nm)，波长大于可见光的红外线(大于 700 nm)和小于可见光的紫外线(小于 400 nm)部分较少。在全部辐射能中，波长在 150～4000 nm 之间的占 99%以上，并且主要分布在可见光、红外、紫外区，可见光区的能量占太阳辐射总能量的 50%左右，红外区的能量占 43%左右，紫外区的能量占 7%左右。

在地面上能观测的太阳辐射的波段范围大约为 295～2500 nm。短于 295 nm 和大于 2500 nm 波长的太阳辐射，因地球大气中臭氧、水汽和其他大气分子的吸收，不能到达地面。其中氧的吸收波长范围较宽，在 200～700 nm 之间，其他气体的吸收具有选择性，呈带状分布。

### 3.1.2　大气光学质量

人们将太阳辐射能到达大气表面的能量定义为一个太阳常数，即在日地平均距离($D=1.496\times10^{11}$ m)上，大气顶垂直于太阳光线的单位面积每秒钟接受的太阳辐射能，

$S_0 = 1.353 \times 10^3\ W/m^2$。

地球大气和包含其中的气溶胶会减弱太阳光的入射强度，并且会通过吸收和散射改变太阳光的光谱分布。散射过程包括入射光子的能量首先被吸收，然后再以与入射光等波长(弹性散射)或者更长波长(非弹性散射)的光子的形式均匀释放。

对于太阳光入射减弱的情况，一般采用大气光学质量(AM)来表征太阳辐射强度，如图 3-1-3 所示。大气光学质量是太阳光线穿过大气层到达海平面的光学路径长度的量度，即太阳光穿过大气层的光学路径。在地球的大气层外，大气光学质量定义为 AM0；当太阳光与地面成垂直时为 1，大气光学质量定义为 AM1。

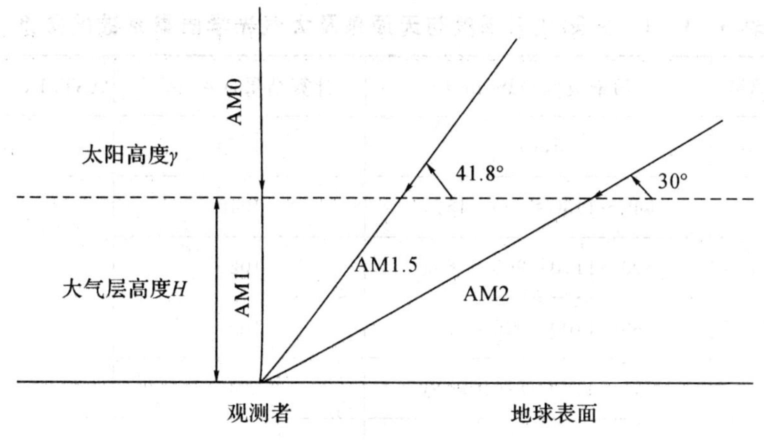


图 3-1-3　AM0/AM1/AM1.5/AM2 的太阳光入射路径

太阳光穿过大气层的光学路径与太阳光的入射角有很大关系，如图 3-1-4 所示。其计算方法如下：

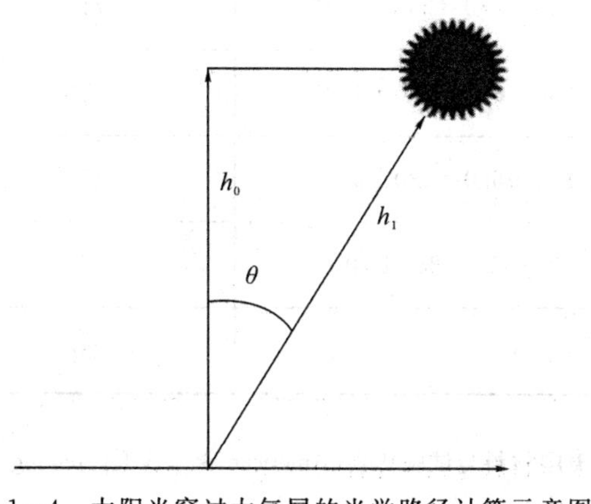


3-1-4　太阳光穿过大气层的光学路径计算示意图

$$\frac{h_1}{h_0}=\frac{1}{\cos\theta}=m \quad \rightarrow \quad \mathrm{AM}m \tag{3-1-1}$$

入射阳光与水平面夹角为41.2°，即当天顶角 $\theta$ 为48.2°时，定义为AM1.5，此时，太阳辐射地面的功率密度为 $0.93\times10^3\ \mathrm{W/m^2}$。

入射阳光与水平面夹角为30°，即当天顶角 $\theta$ 为60°时，定义为AM2，此时，太阳辐射地面的功率密度为 $0.841\times10^3\ \mathrm{W/m^2}$。

太阳光在地面的辐射能除了与入射路径有关以外，还与大气中的其他物质有关，如水汽含量、灰尘以及其他污染物等。因此，实测值与理论公式计算有一定的差异，如表3-1-1所示。

**表3-1-1　太阳辐射强度与天顶角及大气光学质量系数的关系**

| 天顶角 $\theta$ | AM | 污染范围/($\mathrm{W/m^2}$) | 计算结果/($\mathrm{W/m^2}$) | ASTM G-173/($\mathrm{W/m^2}$) |
| --- | --- | --- | --- | --- |
| - | 0 | 1367 | 1353 | 1347.9 |
| 0° | 1 | 840～1130=990±15% | 1040 | |
| 23° | 1.09 | 800～1110=960±16% | 1020 | |
| 30° | 1.15 | 780～1100=940±17% | 1010 | |
| 45° | 1.41 | 710～1060=880±20% | 950 | |
| 48.2° | 1.5 | 680～1050=870±21% | 930 | 1000.4 |
| 60° | 2 | 560～970=770±27% | 840 | |
| 70° | 2.9 | 430～880=650±34% | 710 | |
| 75° | 3.8 | 330～800=560±41% | 620 | |
| 80° | 5.6 | 200～660=430±53% | 470 | |
| 85° | 10 | 85～480=280±70% | 270 | |
| 90° | 38 | | 20 | |

注：ASTM G-173为美国材料与试验协会(American Society for Testing and Materials，ASTM)太阳能电池试验标准。

## 3.2　半导体太阳能电池的基本结构

太阳能电池有多种分类方法。按结构来划分，太阳能电池分为同质 pn 结太阳能电池、异质 pn 结太阳能电池、肖特基结(MS 接触形成阻挡层，具有势垒)太阳能电池、复合太阳能电池、液态太阳能电池。按材料来划分，太阳能电池分为 Si(包括单晶、多晶和非晶)太阳能电池、化合物半导体太阳能电池、有机太阳能电池、硒光太阳能电池。按用法来划分，太阳能电池分为地面太阳能电池、太空太阳能电池、光伏传感器。按工作方式来划分，太阳能电池分为平板太阳能电池、聚光太阳能电池、分光太阳能电池。本节重点讨论单晶 Si 同质 pn 结太阳能电池。

### 3.2.1　半导体的光伏效应

半导体 pn 结太阳能电池的基本结构如图 3-2-1(a)所示。因载流子扩散运动在 pn 结界面处形成势垒区(即耗尽区)，势垒区会产生一个自建电场 $E$。其在平衡态和非平衡态下的能带结构示意图分别如图 3-2-1(b)和(c)所示。

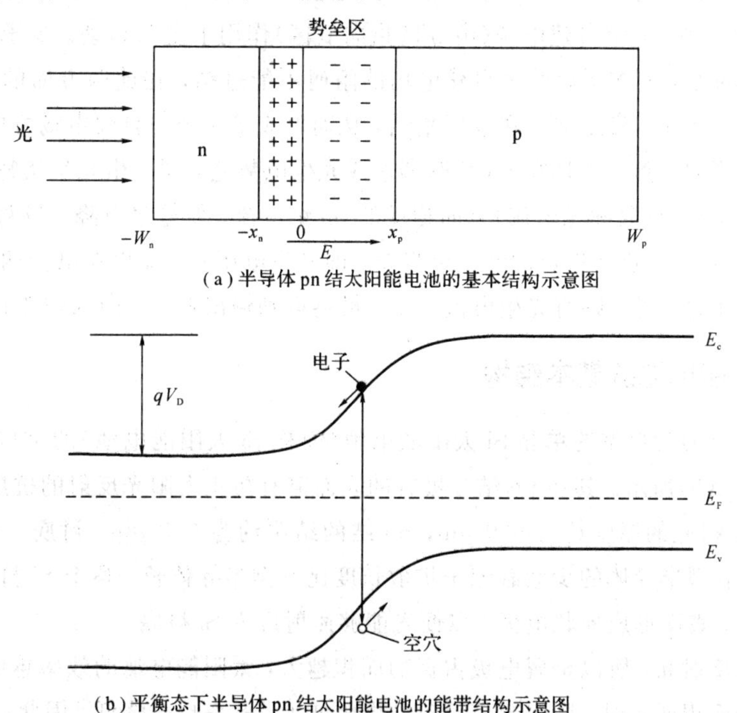


(a) 半导体 pn 结太阳能电池的基本结构示意图

(b) 平衡态下半导体 pn 结太阳能电池的能带结构示意图

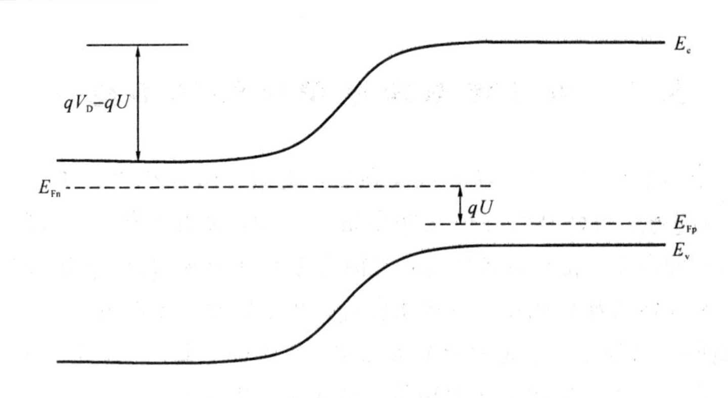


（c）非平衡态下半导体pn结太阳能电池的能带结构示意图

图 3-2-1　半导体 pn 结太阳能电池的基本结构及其能带结构示意图

当有光入射到 pn 结表面时，入射光子将会在离电池表面深度小于 $1/\alpha$ 的范围内被吸收（$\alpha$ 为光吸收系数，参见 1.2 节），其中能量大于太阳能电池材料禁带宽度的光子将引起本征吸收。此时，价带电子能够获得足够的能量，越过禁带进入导带，成为可以自由移动的自由电子，同时在价带形成一个空穴，即产生光生载流子——电子-空穴对。

电子-空穴对在 pn 结自建电场(由 n 区指向 p 区)作用下定向运动。少子会在自建电场的作用下漂移过结，而多子会受到自建电场的阻碍不能过结，在此两方面的影响下造成了光生电子在 n 区集结，光生空穴在 p 区集结，从而形成了一个与自建电场方向相反的电场，其方向由 p 区指向 n 区，于是在 pn 结两端形成光生电势差，即产生光生伏特效应。光生电动势产生与光生电流(简称光电流)方向相反的 pn 结电流，使势垒下降。当两个电流达到平衡时，则 pn 结两端会建立稳定的光生电势差，即光生电压 $U$。如果在电池两端引出电极并接入负载形成闭合回路，则有光生电流产生，最终得到输出功率，即太阳能转化为电能。

## 3.2.2　太阳能电池的基本结构

图 3-2-2(a)为典型的单晶 Si 太阳能电池(简称 Si 太阳能电池)的结构，它的剖面结构如图 3-2-2(b)所示。其在 pn 结二极管的表面镀有防止太阳光反射的抗反射膜(或称为减反射膜)。Si 衬底的厚度约为 500 $\mu$m，pn 结的结深约为 0.3 $\mu$m。衬底一般用 p 型半导体，这是因为 p 型半导体的少数载流子扩散长度比 n 型半导体长。整个 Si 衬底的背面都蒸发有金属电极，表面形成梳状电极，以便光能够照射进入 Si 衬底。

由于金属反射光，所以金属电极占据的面积越大，太阳能电池的效率越低。但是，当金属电极占据的面积变小时，则电流流动时的电阻变大，效率也会降低。因此，必须将电极的宽度和电极的间隔设计成最佳值。图 3-2-2(c)为 Si 太阳能电池的自建电场示意图。

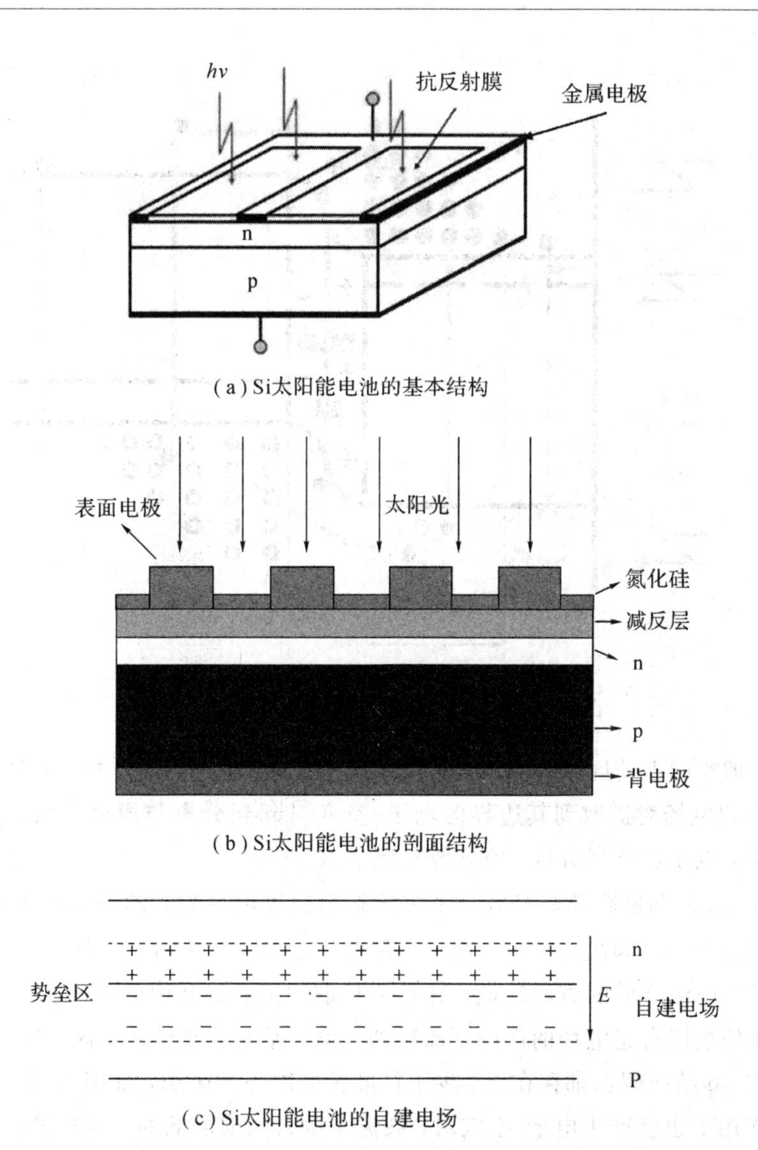


(a) Si太阳能电池的基本结构

(b) Si太阳能电池的剖面结构

(c) Si太阳能电池的自建电场

图 3-2-2　Si 太阳能电池的基本结构、剖面结构和自建电场

入射光进入半导体内部，如果光子能量大于禁带宽度，即 $h\nu \geq E_g$，光子到达的地方都能引起本征吸收，生成电子-空穴对；但是，不是所有的电子-空穴对都对光生伏特效应有贡献。太阳能电池内部可以分为三个区域：扩散区、势垒区和中性区，如图 3-2-3 所示。这三个区域都会产生光生载流子。

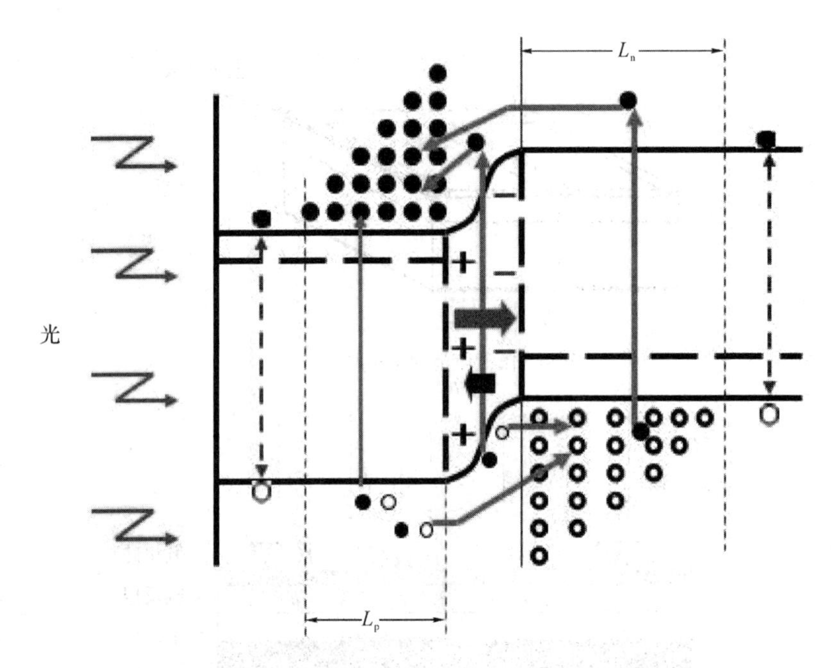


图 3-2-3　Si 太阳能电池载流子的输运过程

势垒区，即空间电荷区或耗尽区，其内部产生少量的电子-空穴对，主要作用是利用空间电荷区的自建电场对扩散到其边界的电子-空穴对起到分离与漂移作用。在势垒区自建电场的作用下，电子漂移到 n 区，空穴漂移到 p 区。

扩散区是 pn 结两侧距离势垒区一个少子扩散长度的区域，即空穴扩散区长度($L_p$)和电子扩散区长度($L_n$)，如图 3-2-3 所示。在光子的作用下两侧的扩散区都会产生电子-空穴对，载流子会向浓度低的方向扩散，并且边扩散边复合，其中的一部分少子会扩散到势垒区边界，在势垒区自建电场的作用下漂移到一侧，即电子漂移到 n 区，空穴漂移到 p 区。

中性区在 pn 结两侧也都存在，是少子扩散长度以外的区域，如图 3-2-3 所示。该区域在光子的作用下也会产生电子-空穴对，载流子也会向浓度低的一侧扩散，也会边扩散边复合，但由于该区域距离势垒区较远，少子在还没有扩散到势垒区时就已经完成复合。因此，对获得光生电压没有贡献。

在势垒区自建电场的作用下，电子漂移到 n 区并在势垒区与 n 区的界面处堆积；空穴漂移到 p 区并在势垒区与 p 区的界面处堆积，电子和空穴在势垒区自建电场作用下的漂移运动形成的电流(即光生电流)。光生载流子在势垒区两侧堆积形成电势差，在开路的情况下，该电势差被称为开路电压；如果在 pn 结两侧用导线短路，将会有一个较大的电流流过导线，该电流被称为短路电流。

在没有外接负载或者短路的情况下，光生电压实际上是加在了太阳能电池的pn结上，即使得pn结正向偏置，在内部形成了一个与自建电场方向相反的电场，抵消一部分自建电场，势垒区宽度变窄，势垒高度降低。从另一个角度来讲，光生载流子在势垒区两侧堆积，p区和n区积累的空穴与电子分别中和势垒区中的部分正、负电荷，势垒区宽度变窄。

由于光生电压的存在，pn结的动态平衡被打破，随着势垒高度降低，多数载流子的扩散运动增强，正向的扩散电流增大。正向扩散电流数值大小与光生电流相同，方向相反，两者形成新的动态平衡，达到稳定状态。

## 3.3 半导体太阳能电池的基本参数

短路电流、开路电压、转换效率以及填充因子是表征太阳能电池光电转换能力最基本的参数。本节重点对它们进行介绍。

### 3.3.1 短路电流与开路电压

半导体太阳能电池工作时共有三股电流：光生电流 $I_{ph}$、在光生电压 $U$ 作用下pn结正向电流 $I_f$ 和流经外电路的电流 $I$。光电流由n区一侧流向p区一侧(反方向)，光照时太阳能电池的伏安特性实际上为pn结电流加上光电流，即

$$I=I_f-I_{ph}=I_S\left[\exp\left(\frac{qU}{nk_0T}\right)-1\right]-I_{ph} \tag{3-3-1}$$

其中，$n$ 称为理想系数，是表示pn结的特性参数，通常在1～2之间；$I_S$ 为pn结的反向饱和电流，$I_S=AqN_CN_V\left(\frac{1}{N_A}\sqrt{\frac{D_n}{\tau_n}}+\frac{1}{N_D}\sqrt{\frac{D_p}{\tau_p}}\right)\exp\left(\frac{-E_g}{k_0T}\right)$，其中，$A$ 为太阳能电池面积。$I_{ph}$ 与入射光强成比例，其比例系数是由太阳能电池结构和材料特性决定的

$$I_{ph}(E_g)=Aq\int_{h\nu=E_g}^{\infty}d\rho(h\nu) \tag{3-3-2}$$

其中，$\rho(h\nu)$ 是能量为 $h\nu$ 的光子流密度。光照时太阳能电池的典型伏安特性如图3-3-1所示。

在光照时，当电路处于短路($U\approx0$)状态，则有短路电流 $I_{SC}$(等于 $I_{ph}$)流动；当电路处于开路($I\approx0$)状态时，则出现开路电压 $U_{OC}$。令式(3-3-1)中的 $I=0$，可得

$$U_{OC}=\frac{nk_0T}{q}\ln\left(1+\frac{I_{SC}}{I_S}\right) \tag{3-3-3}$$

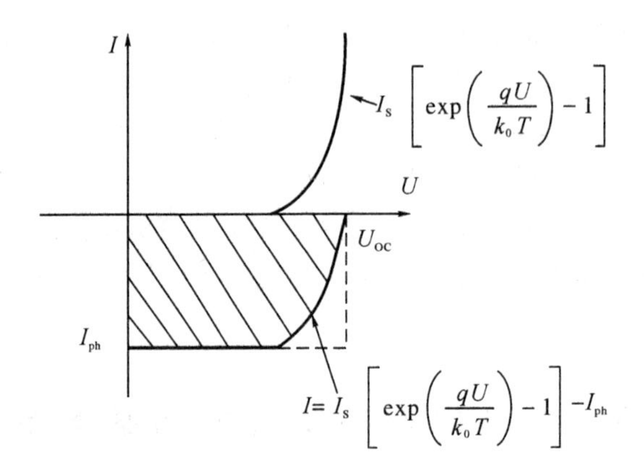


图 3-3-1　太阳能电池的伏安特性

$U_{OC}$和 $I_{SC}$是太阳能电池的两个重要参数，其数值可由如图 3-3-2(a)所示的曲线在 $U$ 和 $I$ 轴上的截距求得。由式(3-3-1)和式(3-3-3)可知短路电流 $I_{SC}$和开路电压 $U_{OC}$随光照强度的变化规律，两者都随光照强度的增强而增大；所不同的是 $I_{SC}$随光照强度线性上升，而 $U_{OC}$则成对数级增大，如图 3-3-2(b)所示。必须指出的是，$U_{OC}$并不随光照强度无限地增大。当开路电压 $U_{OC}$增大到 pn 结势垒消失时，即得到最大光生电压 $U_{max}$。因此，$U_{max}$的数值应等于 pn 结势垒高度 $V_D$，与材料本身以及掺杂浓度有关。在实际情况下，$U_{max}$与禁带宽度 $E_g$ 相当。

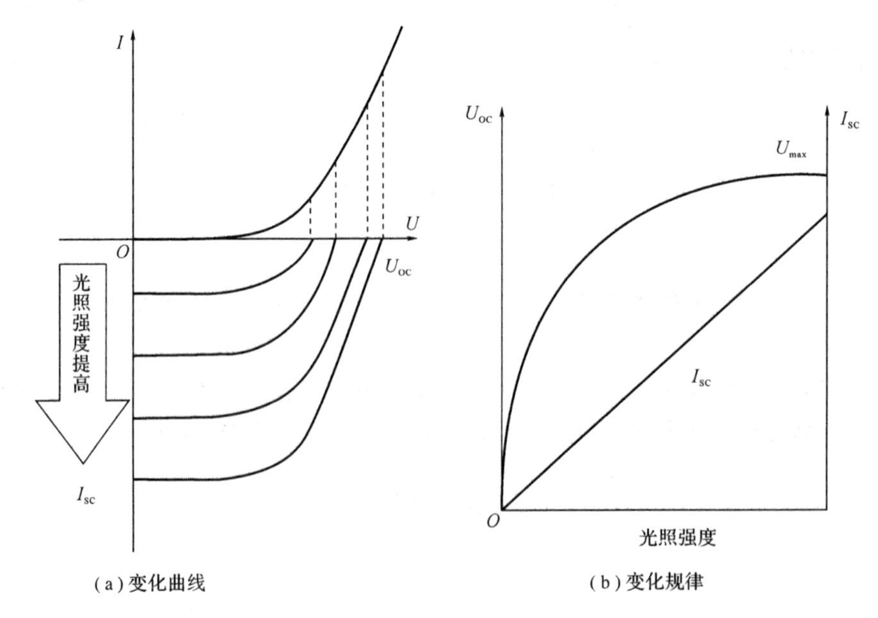


图 3-3-2　太阳能电池 $U_{OC}$与 $I_{SC}$随光照强度的变化

### 3.3.2　太阳能电池转换效率

在光照情况下，太阳能电池接上负载可实现功率输出，即太阳能电池发电。假设负载电阻为 $R$，则图 3-3-3 所示的在光照时的伏安特性与负载线的交点为工作点，负载消耗的功率随负载电阻值而变化。

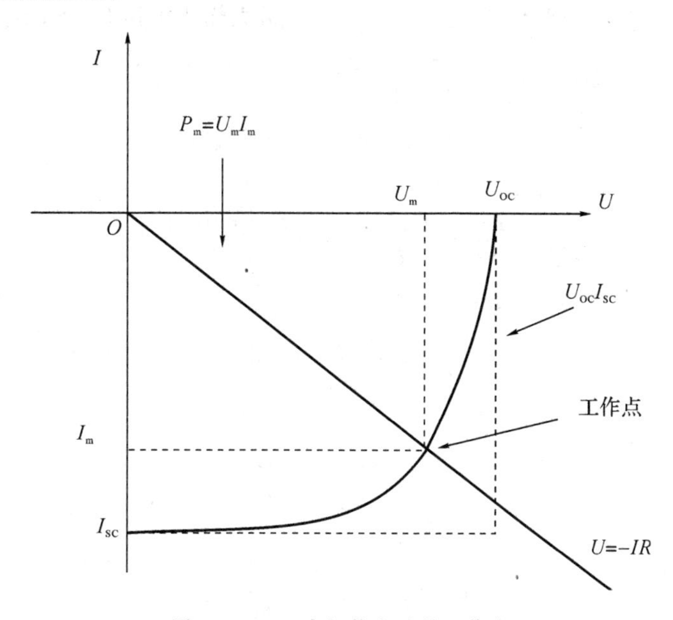


图 3-3-3　太阳能电池的工作点

当连接的负载电阻使输出功率为最大值时，输出功率 $P_{out}$ 与入射太阳光的功率 $P_{in}$ 之比称为转换效率 $\eta$，最大输出功率($P_m \approx U_m I_m$)与 $U_{OC} I_{SC}$ 之比称为曲线因子，也称为填充因子(FF)，它由太阳能电池的材料常数所决定，即

$$\eta=\frac{P_m}{P_{in}}\times 100\% \tag{3-3-4}$$

$$FF=\frac{U_m I_m}{U_{OC} I_{SC}} \tag{3-3-5}$$

由式(3-3-3)可知，反向饱和电流越小，光电流越大，则开路电压越大。由太阳能电池得到的功率为

$$P_{out}=U_O\times|I_O|=U_O\times\left\{I_{ph}-I_S\left[\exp\left(\frac{qU_O}{nk_0T}\right)-1\right]\right\} \tag{3-3-6}$$

其中，$U_O$ 和 $I_O$ 分别为输出电压和输出电流。当输出功率为最大值时，$\frac{\partial P_{out}}{\partial U}=0$，假设

$\beta=q/(nk_0T)$，有

$$I_{ph}=I_S[\exp(\beta U)-1]+I_S\beta U\exp(\beta U) \tag{3-3-7}$$

并且

$$\frac{I_{ph}+I_S}{I_S}=\exp(\beta U)(1+\beta U) \tag{3-3-8}$$

将式(3-3-7)和式(3-3-8)代入式(3-3-6)中，最大输出电压 $U_{Om}$ 和最大输出电流 $I_{Om}$ 为

$$U_{Om}=\frac{1}{\beta}\ln\left(\frac{1+I_{ph}/I_S}{1+\beta U_{Om}}\right)=U_{OC}-\frac{\ln(1+\beta U_{Om})}{\beta} \tag{3-3-9}$$

$$I_{Om}=-I_S\beta U_{Om}\exp(\beta U_{Om}) \tag{3-3-10}$$

则转换效率为

$$\eta_{Om}=\frac{P_{Om}}{P_{in}}=\frac{I_{Om}U_{Om}}{P_{in}}=\frac{I_S\beta U_{Om}^2\exp(\beta U_{Om})}{P_{in}} \tag{3-3-11}$$

将式(3-3-5)代入式(3-3-11)，可得

$$\eta_{Om}=\frac{\mathrm{FF}\times(I_{SC}U_{OC})}{P_{in}} \tag{3-3-12}$$

输入功率为

$$P_{in}=A\int_0^{\infty}\rho(\lambda)\frac{h\nu}{\lambda}\mathrm{d}\lambda \tag{3-3-13}$$

将式(3-3-13)代入式(3-3-12)，可得

$$\eta_{Om}=\frac{\mathrm{FF}\times(I_{SC}U_{OC})}{A\int_0^{\infty}\rho(\lambda)\frac{h\nu}{\lambda}\mathrm{d}\lambda} \tag{3-3-14}$$

从以上模型中可以看出，要提高太阳能电池的光电转换效率，就要尽量提高太阳能电池的短路电流和开路电压。提高短路电流可以通过两种方式：一是选取禁带宽度小的半导体材料，以提高吸收光谱的宽度；二是增加光强，提高光功率。相对而言，影响开路电压的因素要多一些，如半导体材料的禁带宽度、p 区与 n 区掺杂浓度、短路电流等。从式(3-3-3)中可以看出，提高太阳能电池的短路电流可以有效地提升开路电压。减小 pn 结的反向饱和电流也能提升开路电压。pn 结的反向饱和电流受半导体材料的禁带宽度和掺杂浓度的影响。因此，开路电压受禁带宽度和掺杂浓度影响，禁带宽度越宽、pn 结掺杂浓度越高，开路电压越大。

在应用时，总希望太阳能电池的开路电压和短路电流越大越好，越大意味着光电转换效率越高。太阳辐射的光能是一个连续光谱分布，禁带宽度越窄，可以利用的光谱越广；但是如果禁带宽度太小，相应能产生的光生电压也会越小。反之，禁带宽度大的半导体材料，开路电压虽然可以提高，但是可以利用的太阳光谱范围就会比较小，短路电流将会下降。鉴于开路电压随禁带宽度的增大而增大，短路电流随禁带宽度的增大而减小，因此期望在

某一个确定的禁带宽度处出现太阳能电池光电转换效率的峰值，如图 3-3-4 所示。因此，如何充分合理地利用太阳能资源，一直是一个技术难题。

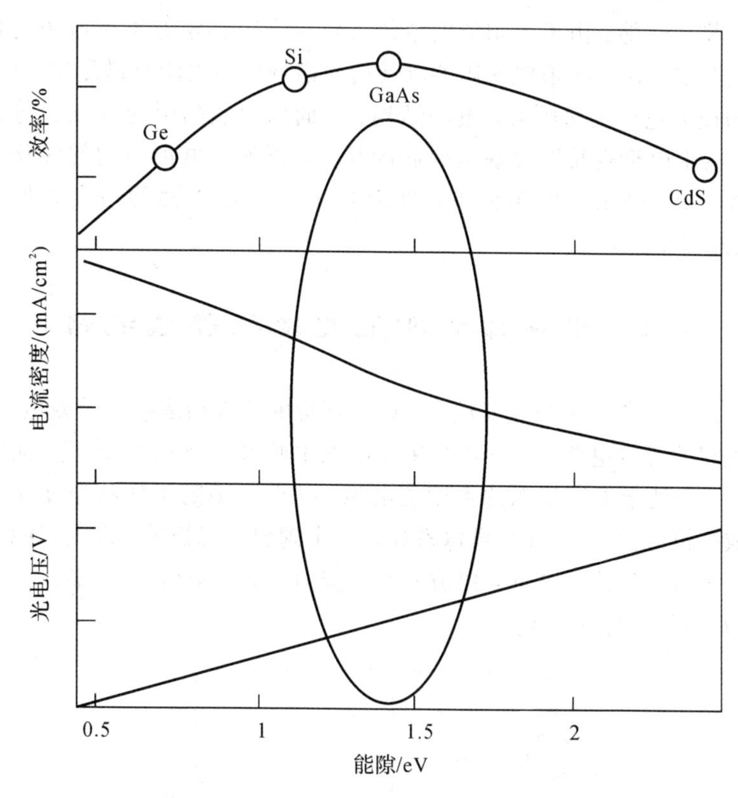


图 3-3-4 太阳能电池禁带宽度与转换效率的关系

从图 3-3-4 可以看出，禁带宽度约为 1.4～1.5 eV 的材料是最佳的太阳能电池材料，其所制备出的单结(单 pn 结)太阳能电池的光电转换效率最高。这也与选取带隙宽度位于整个辐射光谱中间的材料才可以达到最大效率的理论相符。

GaAs 材料的禁带宽度为 1.428 eV，刚好位于 1.4～1.5 eV 之间，它的光谱响应性和与太阳光谱匹配的能力比 Si 好，被认为是较好的太阳能电池材料。而且，GaAs 太阳能电池耐高温，在 250℃的条件下仍可以正常工作，而 Si 太阳能电池在 200℃就已经无法正常运行。但是由于 GaAs 材料价格昂贵、机械强度差，加工难度大，因此，GaAs 太阳能电池只是被用在像外太空这样的特殊环境中。

目前，市场出售的 Si 太阳能电池的光电转换效率一般为 18%～20%，其余的能量被损耗掉。在损失的能量中，有一部分是不可避免的，有一部分是可以避免的。

不可避免的损失主要包括两个部分：一是太阳光中能量比半导体禁带宽度小的光子不能被吸收而被透射所产生的损失；二是从能量大于半导体禁带宽度的光子中，只能取出能量与禁带宽度相当的部分，多出的能量将被损失掉。也就是说，能量为 $h\nu$ 的光子被禁带宽度为 $E_g$（$h\nu>E_g$）的半导体吸收，生成的电子-空穴对在极短的时间内放出声子，即有 $h\nu-E_g$ 的能量转换成热能。由于太阳能电池的材料决定了必定有不可避免的损失，所以为获得高效率的太阳能电池，必须使太阳能电池的光谱响应与太阳光谱尽量一致。

可以避免的损失包括表面反射、电极结构、表面以及缺陷引起的复合等。所以尽量地降低表面反射，减小由于表面以及缺陷引起的复合，再加上电极结构的优化，可以提高太阳能电池的效率。在 AM1.5 的条件下，理论上 Si 太阳能电池的最大转换效率为 27%，GaAs 太阳能电池为 28.85%。

## 3.4 半导体太阳能电池的等效电路

半导体太阳能电池作为一个元器件，可以由理想的器件构成一个等效电路，图 3-4-1 是太阳能电池理想的等效电路。半导体太阳能电池主要由一个 pn 结构成，太阳能电池受到恒定的光照后，一个处于工作状态的太阳能电池，其电流不随工作状态变化，在等效电路中可以把它看成是恒流源，把 pn 结可以看成是一个理想的二极管，即太阳能电池可以看成是一个理想的二极管和恒流源并联，恒流源的电流即为光生电流 $I_{ph}$，流过二极管的电流为 pn 结正向电流 $I_f$，$R_L$ 为外接负载。

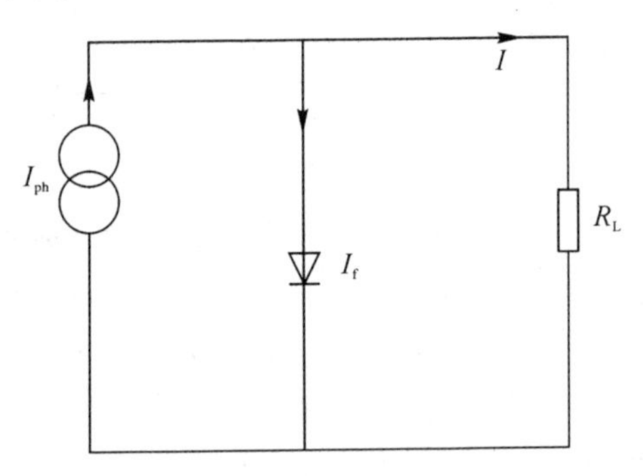


图 3-4-1 太阳能电池理想的等效电路

在光照下产生一定的光电流 $I_{ph}$，其中一部分流经负载 $R_L$，在负载两端建立起端电压；端电压又正向偏置于 pn 结，引起一股与光电流方向相反的 pn 结电流 $I_f$。太阳能电池的端电压、pn 结电流以及工作电流的大小都与负载有关，但负载电阻并不是唯一的决定因素。

如图 3-4-2(a)所示，半导体太阳能电池在开路（即 $R_L=\infty$）时，端电流 $I=0$，此时 $I_{ph}=I_f=C$，则

$$I_{ph}=I_f=I_S\left[\exp\left(\frac{qU_{OC}}{k_0T}\right)-1\right] \tag{3-4-1}$$

如图 3-4-2(b)所示，半导体太阳能电池在短路(即 $R_L=0$)时，端电流 $I=I_{ph}=C$，则

$$I_f=I_S\left[\exp\left(\frac{qU}{k_0T}\right)-1\right]=I_S\left[\exp\left(\frac{q\times 0}{k_0T}\right)-1\right]=0 \quad (3-4-2)$$

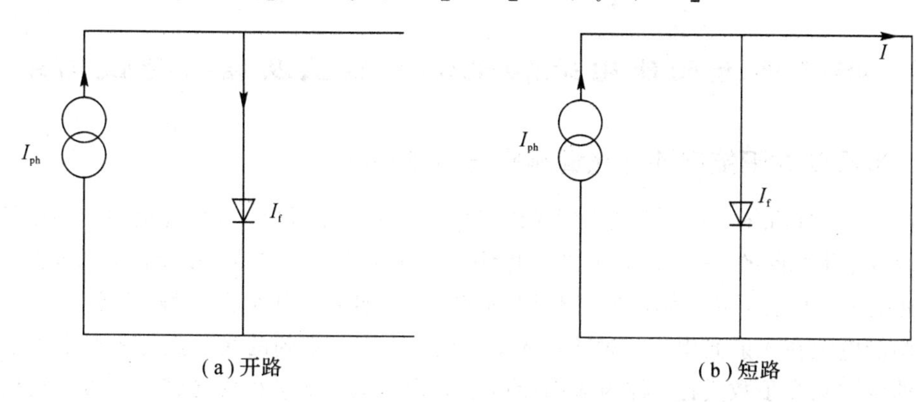


图 3-4-2　太阳能电池理想的开路与短路等效电路

如图 3-4-1 所示，半导体太阳能电池有负载(即 $R_L>0$)时，$I_{ph}=C$，端电流 $I=I_f-I_{ph}$，即 $|I|=I_{ph}-I_f$，则

$$I_f=I_S\left[\exp\left(\frac{qU}{k_0T}\right)-1\right]=I_S\left[\exp\left(\frac{q\times I_RR_L}{k_0T}\right)-1\right] \quad (3-4-3)$$

实际的半导体太阳能电池，由于前面和后面都有电极和接触以及材料本身具有一定的电阻率，在电池中都不可避免地要引入一些附加电阻，流经负载的电流经过它们时必然会引起损耗。在等效电路中，可将它们的总效果用一个等效电阻 $R_S$ 来表示。由于电池边沿漏电和制作金属电极时产生的微裂纹、划痕等处形成的金属桥漏电等，使一部分本应通过负载的电流短路，这种影响可用并联附加电阻 $R_{Sh}$ 来等效，如图 3-4-3(a)所示，实际的等效电路如图 3-4-3(b)所示。

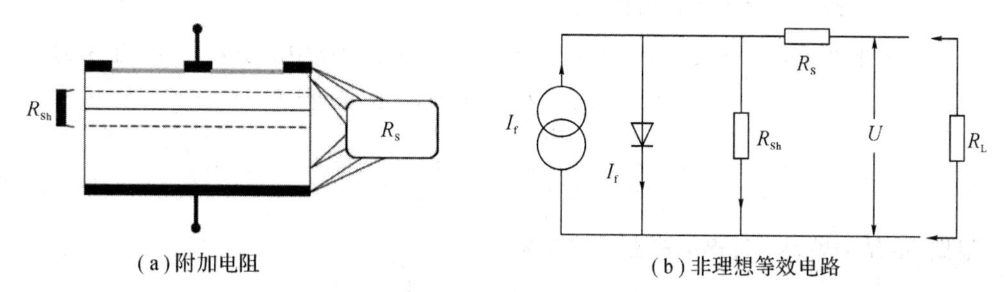


图 3-4-3　半导体太阳能电池的附加电阻和非理想等效电路

如图 3-4-3 所示，在考虑半导体太阳能电池的附加电阻时，$I_{ph}=C$，端电流为

$$I=I_S\left\{\exp\left[\frac{q(U+IR_S)}{k_0T}\right]-1\right\}+\frac{U+IR_S}{R_{Sh}}-I_{ph} \quad (3-4-4)$$

此时，流过二极管的电流为

$$I_f=I_S\left\{\exp\left[\frac{q(U+IR_S)}{k_0T}\right]-1\right\}=I_S\left\{\exp\left[\frac{q(IR_L+IR_S)}{k_0T}\right]-1\right\} \tag{3-4-5}$$

# 3.5 半导体太阳能电池的光谱响应以及相关特性与效应

## 3.5.1 半导体太阳能电池的光谱响应与吸收特性

从图 3-1-1 和图 3-1-2 的太阳光谱与功率谱中可以看出，太阳光谱中不同波长的光具有的能量是不相同的，所含的光子数目也不同。因此，太阳能电池接受不同波长光照射后所产生的光电子数目也不同。为反映太阳能电池的这一特性，特引入了光谱响应这一参数。

太阳能电池在入射光中每一种波长光的作用下，所收集到的光电流与相对于入射到电池表面的该波长光子数之比，称为太阳能电池的光谱响应，又称为光谱灵敏度。光谱响应有绝对光谱响应和相对光谱响应之分。

绝对光谱响应是指某一波长下太阳能电池的短路电流除以入射光功率所得的商，其单位是 mA/mW 或 mA/mW/cm$^2$。由于测量与每个波长单色光相对应的光谱灵敏度的绝对值较为困难，所以常把光谱响应曲线的最大值定为 1，并求出其他灵敏度对这一最大值的相对值，这样得到的曲线被称为相对光谱响应曲线，即相对光谱响应。

如图 3-2-2 所示的太阳能电池结构，当有波长为 $\lambda$ 的单色光入射时，光电流和光谱响应(即在各波长下每个入射光子所产生的载流子数目)在距半导体表面 $x$ 处的电子-空穴对产生率如图 3-5-1(a)所示，可表示为

$$G(\lambda,x)=\alpha(\lambda)F(\lambda)[1-R(\lambda)]\exp[-\alpha(\lambda)x] \tag{3-5-1}$$

其中，$\alpha(\lambda)$、$F(\lambda)$和 $R(\lambda)$分别为波长为 $\lambda$ 的单色光的吸收系数，单位带宽、单位面积、单位时间的入射光子数和光子表面反射率。

在小注入条件下，对 p 型半导体中的电子和对 n 型半导体中的空穴，其产生率为

$$G_n-\frac{n_p-n_{p0}}{\tau_n}+\frac{1}{q}\frac{dJ_n}{dx}=0 \tag{3-5-2}$$

$$G_p-\frac{p_n-p_{n0}}{\tau_p}-\frac{1}{q}\frac{dJ_p}{dx}=0 \tag{3-5-3}$$

根据 pn 结的特性，可得电流密度方程为

$$J_n=q\mu_n n_p E+qD_n\frac{dn_p}{dx} \tag{3-5-4}$$

$$J_p=q\mu_p p_n E-qD_p\frac{dp_n}{dx} \tag{3-5-5}$$

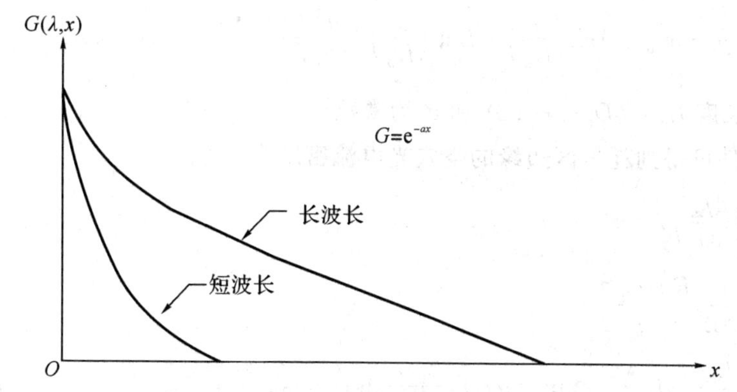


（a）不同波长的单色光到半导体表面距离与电子-空穴对产生率的关系

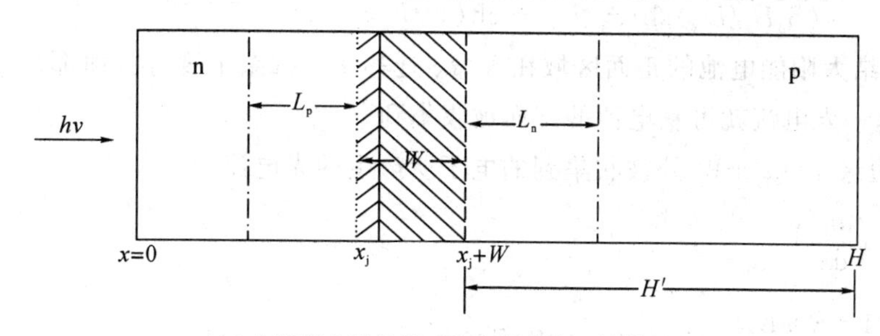


（b）太阳能电池的尺寸和少数载流子扩散长度

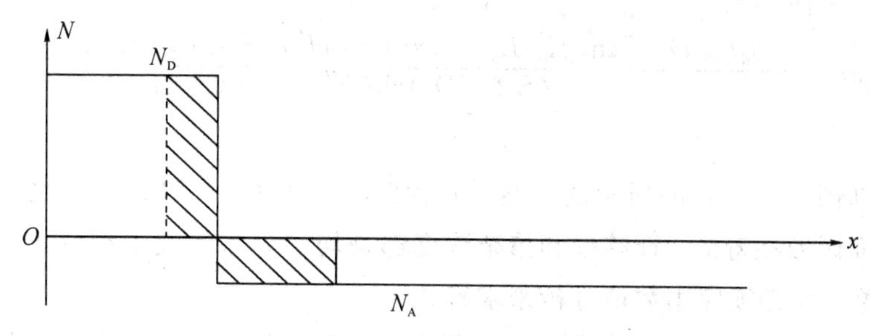


（c）突变pn结太阳能电池的掺杂分布

图 3-5-1 太阳能电池的吸收特性

对于每侧为恒定掺杂的突变 pn 结太阳能电池，如图 3-5-1(b)和(c)所示，假设耗尽区以外没有电场。对于有 p 型衬底背面（底层）和 n 型正面（顶层）的 pn 结，将式(3-5-1)、式(3-5-3)和式(3-5-5)联立，可得

$$D_{\mathrm{p}} \frac{\mathrm{d}^2 p}{\mathrm{d}x^2}+\alpha F(1-R)\exp(-\alpha x)-\frac{p_{\mathrm{n}}-p_{\mathrm{n0}}}{\tau_{\mathrm{p}}}=0 \qquad (3-5-6)$$

根据式(3-5-6)可得

$$p_n - p_{n0} = A\text{ch}\left(\frac{x}{L_p}\right) + B\text{sh}\left(\frac{x}{L_p}\right) - \frac{\alpha F(1-R)\tau_p}{\alpha^2 L_p^2 - 1}\exp(-\alpha x) \qquad (3-5-7)$$

其中，空穴扩散长度 $L_p = (D_p\tau_p)^{\frac{1}{2}}$；$A$ 和 $B$ 为常数。

代入边界条件可得到耗尽区边缘的空穴光电流密度为

$$\begin{aligned} J_p &= -qD_p\left(\frac{\mathrm{d}p_n}{\mathrm{d}x}\right)_{x_j} \\ &= \left[\frac{qF(1-R)\alpha L_p}{(\alpha^2 L_p^2 - 1)}\right]\times \\ &\quad \left[\frac{\left(\frac{S_p L_p}{D_p} + \alpha L_p\right) - \exp(-\alpha x_j)\left(\frac{S_p L_p}{D_p}\text{ch}\,\frac{x_j}{L_p} + \text{sh}\,\frac{x_j}{L_p}\right)}{(S_p L_p/D_p)\text{sh}(x_j/L_p) + \text{ch}(x_j/L_p)} - \alpha L_p \exp(-\alpha x_j)\right] \end{aligned} \qquad (3-5-8)$$

假定该 pn 结太阳能电池的正面区域在寿命、迁移率和掺杂浓度等方面都是均匀的，在给定波长下，这一光电流就可从电池的正面被收集到。

在耗尽区边缘 $x = x_j + W$ 处被收集到的电子所产生的光电流为

$$\begin{aligned} J_n &= qD_n\left(\frac{\mathrm{d}n_p}{\mathrm{d}x}\right)_{x_j+W} \\ &= \frac{qF(1-R)\alpha L_n}{\alpha^2 L_n^2 - 1}\exp[-\alpha(x_j + W)]\times \\ &\quad \left\{\alpha L_n - \frac{(S_n L_n/D_n)[\text{ch}(H'/L_n) - \exp(-\alpha H')] + \text{sh}(H'/L_n) + \alpha L_n \exp(-\alpha H')}{(S_n L_n/D_n)\text{sh}(H'/L_n) + \text{ch}(H'/L_n)}\right\} \end{aligned}$$

(3-5-9)

其中，$H'$ 为如图 3-5-1(b)所示的 p 型衬底背面的中性区与扩散区宽度之和。式(3-5-9)是在假定背面区域在寿命、迁移率和掺杂浓度都是均匀分布情况下推导出来的。若这些量是距离的函数，就必须应用数值分析来求解。

在耗尽区内也产生一些光电流。该区内的电场通常很高，光生载流子在能够复合之前就受到加速而扫出耗尽区。单位带宽的光电流等于被吸收的光子数为

$$J_{dr} = qF(1-R)\exp(-\alpha x_j)[1 - \exp(-\alpha W)] \qquad (3-5-10)$$

在给定波长下的总光电流方程为式(3-5-8)～式(3-5-10)之和，即

$$J(\lambda) = J_n(\lambda) + J_p(\lambda) + J_{dr}(\lambda) \qquad (3-5-11)$$

对于从外部观测到的光谱响应，此光谱响应(SR)等于用式(3-5-11)除以 $qF$；对于内部光谱响应，光谱响应等于用式(3-5-11)除以 $qF(1-R)$，即

$$\text{SR}(\lambda) = \frac{1}{qF(\lambda)[1 - R(\lambda)]}[J_n(\lambda) + J_p(\lambda) + J_{av}(\lambda)] \qquad (3-5-12)$$

一般来说，Si 太阳能电池对于波长小于约 0.35 μm 的紫外光和波长大于约 1.15 μm 的红外光没有反应，响应的峰值在 0.4～1.1 μm 范围内，电阻率较低时的光谱响应的峰值约在 0.9 μm。在太阳能电池的光谱响应范围内，通常把波长较长的区域称为长波光谱响应或红光响应，把波长较短的区域称为短波光谱响应或蓝光响应。从本质上说，长波光谱响应主要取决于衬底中少子的寿命和扩散长度，短波光谱响应主要取决于少子在扩散层中的寿命和前表面复合速度。

对于禁带宽度为 $E_g$ 的半导体太阳能电池，其理想的内部光谱响应是阶跃函数，即在 $h\nu<E_g$ 时，等于 0；在 $h\nu\geqslant E_g$ 时，等于 1。对于某个 Si pn 结太阳能电池，计算得到理想的内部光谱响应如图 3-5-2(a)所示。此光谱响应在高能量光子时偏离了理想化阶跃函数。该 Si pn 结太阳能电池的参数为：$N_D=5\times10^{19}\ \text{cm}^{-3}$，$N_A=1.5\times10^{16}\ \text{cm}^{-3}$，$\tau_p=0.4\ \mu\text{s}$，$\tau_n=10\ \mu\text{s}$，$x_j=0.5\ \mu\text{m}$，$H=450\ \mu\text{m}$，$S_p$(正面)$=10^4$ cm/s 和 $S_n$(背面)$=\infty$。当光子能量低时，由于 Si 的吸收系数低，在背面区域产生大部分载流子。当光子能量增加到 2.5 eV 以上，正面区域的载流子产生占优势。当超出 3.5 eV 时，$\alpha$ 变得大于 $10^5\ \text{cm}^{-1}$。光谱响应完全来自正面区域。当表面复合速率 $S_p$ 很高时，在正面区域的表面复合导致与理想光谱响应有很大偏离。当 $\alpha L_p\gg1$ 且 $\alpha x_j\gg1$ 时，光谱响应趋近于渐进值(即从式(3-5-9)正面光电流得到的值)，有

$$\text{SR}=\frac{1+S_p/\alpha D_p}{(S_pL_p/D_p)\text{sh}(x_j/L_p)+\text{ch}(x_j/L_p)} \tag{3-5-13}$$

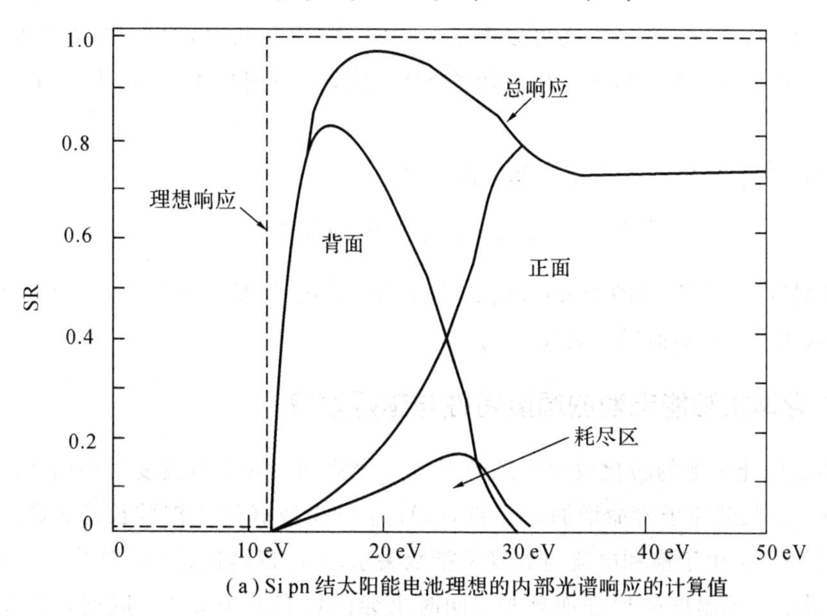


(a) Si pn 结太阳能电池理想的内部光谱响应的计算值

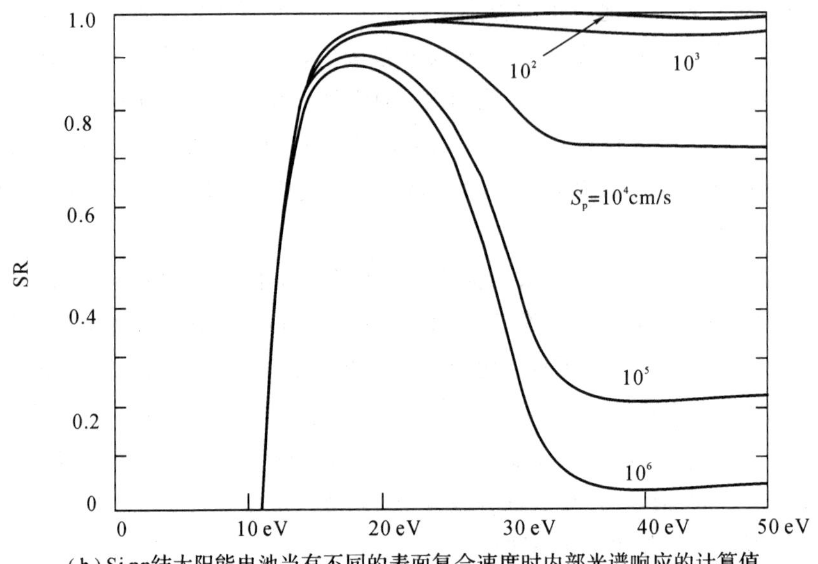

(b) Si pn结太阳能电池当有不同的表面复合速度时内部光谱响应的计算值

图 3-5-2　两种内部光谱响应的计算值

表面复合速度 $S_p$ 在光子能量高时对光谱响应的影响尤为显著。在其他参数不变的情况下，只改变 $S_p$，仿真结果如图 3-5-2(b)所示，从图中可以看出，随着 $S_p$ 的增加，光谱响应剧烈下降。从式(3-5-13)还可以看出，当 $S_p$ 给定时，可通过增加扩散长度 $L_p$ 来改善光谱响应。一般来说，为了增加有用波段的 SR 的值，应同时增加 $L_n$ 和 $L_p$，并同时降低 $S_n$ 和 $S_p$。

从太阳光谱分布 $F(\lambda)$可得总的光电流密度为

$$J_{ph} = q\int_0^{\lambda_m} F(\lambda)[1-R(\lambda)]\mathrm{SR}(\lambda)\mathrm{d}\lambda \qquad (3-5-14)$$

其中，$\lambda_m$ 为对应于半导体带隙的最长波长。为了得到大的 $J_{ph}$值，应使 $0<\lambda<\lambda_m$ 波段的 $R(\lambda)$ 值减至最小，并使 SR(λ)值增至最大。

### 3.5.2　半导体太阳能电池的温度特性与辐照效应

半导体太阳能电池的转化效率会随着温度的变化而变化。当温度升高时，由于扩散系数保持不变、少数载流子寿命增加，Si 和 GaAs 中的少数载流子扩散长度也将增加，从而使 $J_{ph}$增加。然而，由于饱和电流与温度呈指数关系，$U_{OC}$将迅速减小，伏安曲线拐弯处“柔软度”(“圆滑度”)随温度的增加而增加，同时也会使填充因子减少。因此，随着温度的增加，总的效应使效率降低。

Si和GaAs太阳能电池的归一化效率如图3-5-3所示。在只有理想电流情况下，对Si而言，直至200℃左右，效率随温度都呈线性减小；对于GaAs而言，直至300℃，效率随温度呈线性减小。对于存在复合电流情况，20℃下的起始效率比理想电流情形约降低25%，随温度增加，效率也要近似地按线性减小。图3-5-3清楚地表明了电池温度过高将严重降低转化效率。

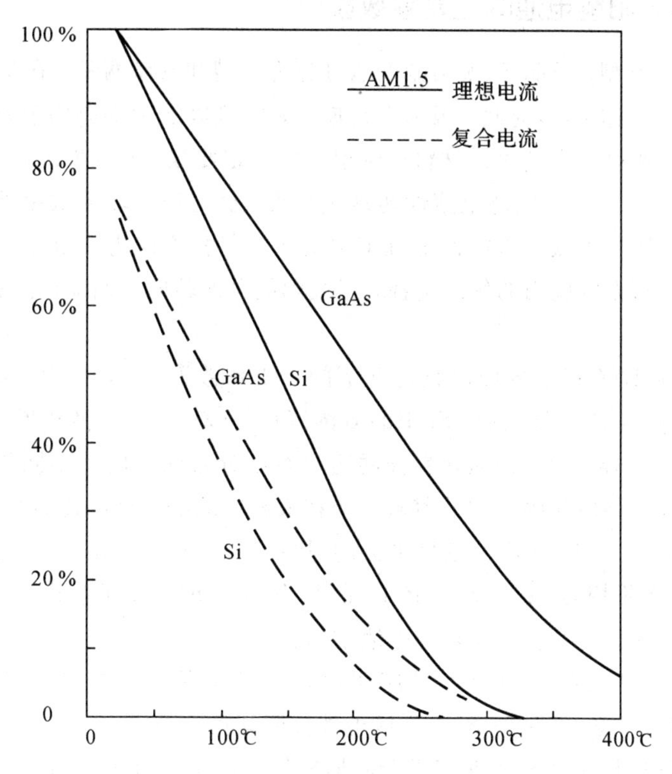


图3-5-3 有理想电流或复合电流的Si和GaAs pn结太阳能电池的归一化效率

对于卫星应用，外层空间的高能粒子辐射在半导体内产生缺陷，导致太阳能电池输出功率下降，太阳能电池的使用寿命是它能为卫星成功运转输送所需电力的时间，有效地预测空间太阳能电池的使用寿命对卫星的可靠性具有重要的意义。

从式(3-5-8)和式(3-5-9)可得，电流将随扩散长度$L_n$和$L_p$的减小而减小。在高能粒子轰击下任一点的过剩少数载流子寿命为

$$\frac{1}{\tau}=\frac{1}{\tau_0}+K'\Phi \tag{3-5-15}$$

其中，$\tau_0$为起始寿命；$K'$为常数；$\Phi$为轰击通量。从式中可以发现，少数载流子复合率正比于原先就有的复合中心数加上轰击产生的复合中心数，后者与轰击通量成正比。因为扩散

长度等于 $\sqrt{D\tau}$，$D$ 为随轰击通量(或掺杂浓度)缓变的函数，式(3－5－15)可表示为

$$\frac{1}{L^2}=\frac{1}{L_0^2}+K\Phi \tag{3-5-16}$$

其中，$L_0$ 为起始扩散长度；$K=K'/D$。

### 3.5.3 半导体太阳能电池的光衰减效应

按照衬底导电类型，单晶 Si 太阳能电池可分为 p 型和 n 型两种。在早期大部分电池采用 p 型 Si 材料做太阳能电池衬底。因为在初期，太阳能电池主要应用于航天领域，太空辐射对其威胁巨大，所以要求其衬底材料抗辐射能力一定要强。研究发现，在高能射线(如 $\alpha$、$\beta$、$\gamma$ 等射线)辐射下，n 型太阳能电池性能衰减严重，稳定后的转换效率低于类似结构的 p 型太阳能电池，说明 p 型太阳能电池抵抗宇宙射线辐射损伤能力要好得多。这一结果使得 p 型太阳能电池成为太空应用的优先选择，当太阳能电池转向地面应用过程中，p 型电池结构一直被沿用。

除此之外，硼(B)在固液界面静止情况下的分凝系数为 0.8，在固液界面运动的时候，分凝系数会超过 0.9，所以凝固后，Si 中的 B 浓度均匀(对于固相-液相界面，由于杂质在不同相中的溶解度不一样，所以杂质在界面两边材料中分布的浓度是不同的，这种现象被称为杂质的分凝现象。杂质在固相中的溶解度与在液相中的溶解度的比值称为分凝系数)。而磷(P)的分凝系数为 0.36，在实际过程中会超过 0.5。n 型掺 P 元素，P 与 Si 的互溶性差，拉 Si 锭时 P 的分布不均匀，p 型 Si 中掺 B 元素，B 与 Si 的分凝系数相当，分散均匀度容易控制。因此，早期一直采用 p 型太阳能电池结构。

p 型 Si 太阳能电池在地面上大量应用时，人们发现其存在光衰减(Light Induced Degradation，LID)问题，而 n 型 Si 太阳能电池性能却更为稳定。目前，主流观点认为 Si 太阳能电池的光衰减问题主要是由深能级杂质形成的载流子复合中心引起的。关于形成深能级杂质的主要物质，目前有两种观点：一个是硼氧(B－O)复合体；另一个是重金属(主要是硼铁、即 Fe－B)形成的深能级杂质。

**1. B－O 对衰减机理**

B－O 对是由 M. Asom 等人在研究电子辐照对 Cz－Si 影响过程中发现的。J. Schmidt 等人研究发现掺 B 的 Cz－Si 衰减明显，而掺 Ga 的 Cz－Si 衰减不明显，掺 P 的 Cz－Si 中 B 含量极低，光衰减也不明显。因此，导致光衰减的原因可归结为材料中的 B－O 对，尤其是在 Si 材料中的 O 含量较高时，光衰减更明显。对于 p 型 Si 电池，其光生少子为电子(光生电子)，在样品中含有 O 的情况下，当光照引起光生电子注入时，替位 $B_S^-$(替位的杂质 B)接收 1 个光生电子后和 2 个带正电荷的间隙 $O_{i2}^{2+}$ 形成深的复合中心 $B_S－O_{i2}$，即

$$B_S^- + O_{i2}^{2+} + e \xrightarrow{\text{光照}} B_S - O_{i2} \tag{3-5-17}$$

该复合中心将引起光生载流子的复合加剧，从而影响太阳能电池的光电转换效率，但是经过合适温度(约200℃以上)下热处理后，深复合中心 $B_S-O_{i2}$ 被分解并释放该电子，形成浅施主能级，使降低的电池效率部分恢复。

$$B_S - O_{i2} \xrightarrow{200℃\text{热处理}} B_S^- + O_{i2}^{2+} + e \tag{3-5-18}$$

n型衬底Si太阳能电池，其衬底部分光生少子是空穴(光生空穴)，不提供式(3-5-17)中所需的电子，所以不产生 $B_S-O_{i2}$ 复合中心，也就没有B-O对形成的光衰减现象。

**2. Fe-B对衰减机理**

对金属杂质含量较高的单晶材料中 $Fe_i-B_S$ 的分解与复合行为是衰减的主要机制，衰减程度与材料中的Fe含量有关，在Fe玷污的B掺杂Fz-Si和Cz-Si材料中观察到了衰减现象。其中，带有一个正电荷的 $Fe_i^+$ 和带一个负电荷的替位 $B_S^-$ 通过静电吸引形成较浅的电中性复合中心 $Fe_i-B_S$。当光照或电子注入时，$Fe_i-B_S$ 中心被分解，形成中性的深能级间隙 $Fe_i^+$，使得电池效率下降；停止光照后 $Fe_i^+$ 和带负电荷的替位 $B_S^-$ 静电相互吸引形成了较浅的复合中心 $Fe_i-B_S$，使得电池效率部分恢复。其反应机理如下：

$$Fe_i - B_S \xrightarrow{\text{光照}} Fe_i^+ + B_S^- \tag{3-5-19}$$

$$Fe_i^+ + B_S^- \xrightarrow{\text{静电吸引}} Fe_i - B_S \tag{3-5-20}$$

除了光衰减问题以外，半导体材料少子的寿命也是影响太阳能电池结构的重要因素，因为对于半导体材料来讲，太阳光中高能光子主要被表面吸收，低能光子主要被深处吸收，而空间电荷区光生载流子较少。通过选择不同的结构可以提升半导体太阳能电池的光电转换效率。

对于Si材料，由于它是间接带隙材料，其吸收系数较低($\alpha=10^{-2}\sim10^{-3}/\mu m$)，需要300～400 μm的厚度才能将入射光基本吸收完，为了提高太阳能电池的光吸收效率，应该将少子扩散长度大的材料置于衬底。同时，为了减少串联电阻，衬底材料的掺杂浓度不能太低，其电阻率一般都大于0.1 Ω·cm。从图3-5-4中可以看出，虽然p型衬底存在光衰减问题，但是p型Si中少子-电子比n型Si中少子-空穴的寿命更长(即p型Si中少子扩散长度更长)，具有更高的光吸收效率，适合作为衬底，因此一般的地面上用的Si太阳能电池仍然多采用n(顶层)/p(底层)结构。

而对于像GaAs这样的直接带隙材料，其吸收系数较大($\alpha=1\sim0.5/\mu m$)，只需要较少的距离(约1～2 μm)就能将入射光基本吸收完。因此，GaAs太阳能电池结构设计较为灵活，既可采用n(顶层)/p(底层)结构，也可采用p(顶层)/n(底层)结构。在选取浅结(结深不大于0.1 μm)时，多采用n(顶层)/p(底层)结构，利用GaAs材料电子扩散长度大的特点，在衬底可以吸收更多的低能光子。在选取深结时，多采用 p(顶层)/n(底层)结构，该结构的最大特点是光生载流子主要在表面产生并被吸收。

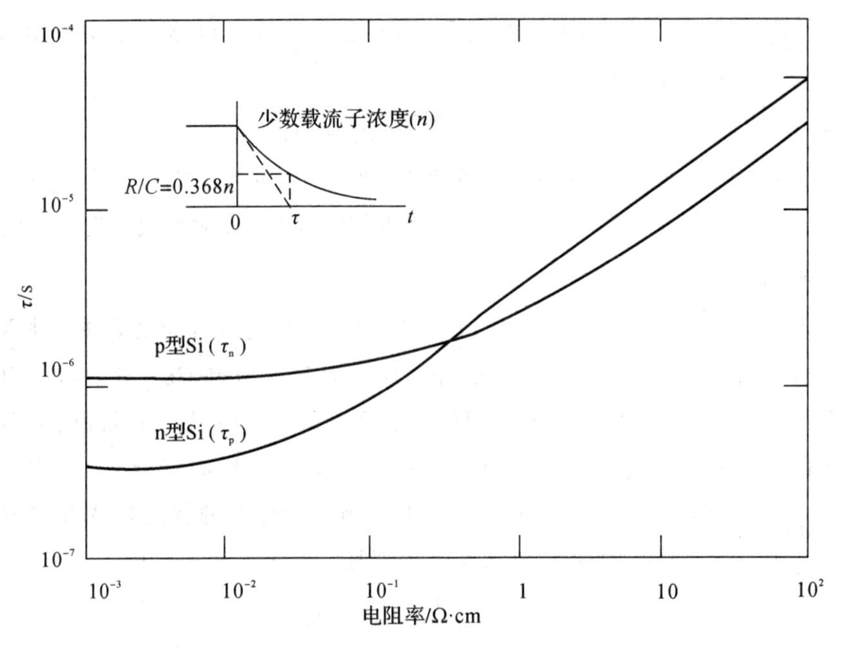


图 3-5-4　Si 材料中少子寿命与电阻率的关系

除了采用 p 型太阳能电池结构提高其抗辐射能力外，还可以通过掺入少量 Cu 降低缺陷复合的方法来提升 n 型结构太阳能电池抗辐射能力，还可使用 InP 等材料来制备太阳能电池以提高其抗辐射能力。

## 3.6　半导体太阳能电池性能提高的措施

在 3.3 节中提到，理论上在 AM1.5 的条件下，单晶 Si 太阳能电池的光电转换效率为 27%，单晶 GaAs 太阳能电池的光电转换效率为 28.85%，但是在实际的太阳能电池产品中，单晶 Si 太阳能电池的光电转换效率为 18%～20%，单晶 Si 单结太阳能电池的光电转换效率在 24%～25%之间，GaAs 太阳能电池也远没有达到 28.85%。这是因为太阳能电池在设计、制造及应用过程中受很多因素影响，如材料、工艺、光照、温度等。在这些因素综合作用下，使得半导体太阳能电池的光电转换效率低于理论值。

本节从应用角度出发，重点讨论分析材料、环境、制造等因素对太阳能电池的影响以及应对的措施。

## 3.6.1 半导体材料因素影响

制造太阳能电池的半导体材料禁带宽度、掺杂浓度、载流子的复合等对太阳能电池性能的影响是最根本的。

### 1. 禁带宽度

太阳能电池的开路电压随材料禁带宽度变宽而提升，而对短路电流的影响则相反。材料禁带宽度的大小不仅可以影响 pn 结的势垒高度，也可以影响太阳能电池所利用光谱的宽窄，即禁带宽度大，开路电压高，吸收太阳光谱范围小，短路电流小，如图 3-6-1 所示。对某一种材料而言，禁带宽度是制约太阳能电池转换效率上限的重要因素。因此，在常见的半导体材料中 GaAs(1.428 eV)是最为理想的半导体太阳能电池材料。

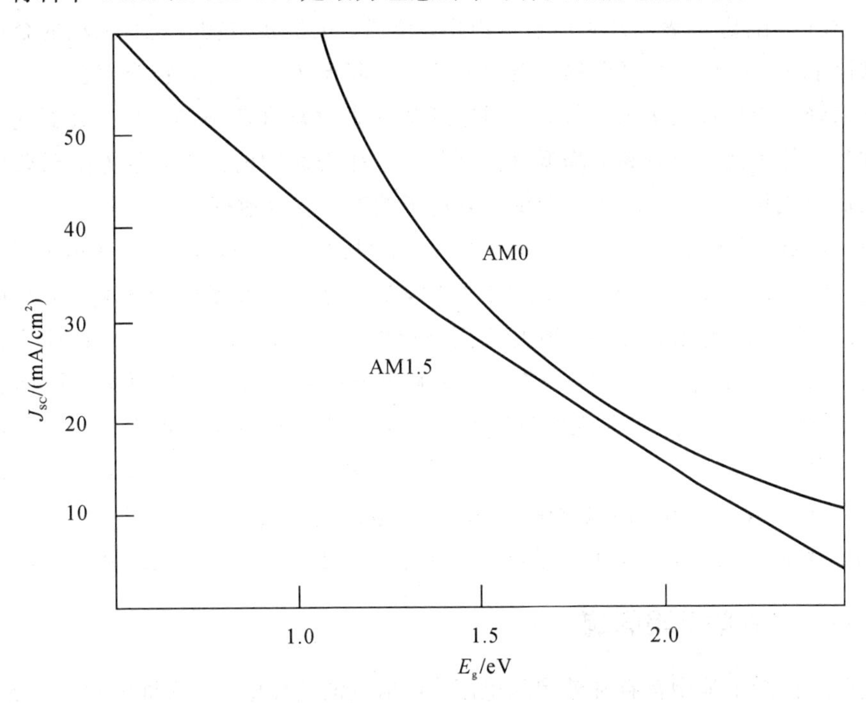


图 3-6-1 禁带宽度与太阳能电池短路电流的关系曲线

### 2. 掺杂浓度与载流子复合

掺杂浓度对太阳能电池的开路电压有影响，掺杂浓度的高低意味着 pn 结势垒高度的高低，故 pn 结掺杂浓度越高，开路电压也越大。

由于实际的半导体材料并非完美的晶体，中间或多或少都会存在一些缺陷，这些缺陷中的一部分将会成为复合中心，从而影响少数载流子的寿命。另外，半导体中会存在一些深能级杂质，这些深能级也会成为复合中心，影响少数载流子的寿命，而半导体内部少数载流子的复合寿命，是影响太阳能电池光电转换效率的一个重要因素。

掺杂浓度和少数载流子的复合寿命可以相互影响，综合影响电池效率，开路电压会随杂质掺杂浓度的增加而提升；然而当浓度上升到一定程度时，有效掺杂浓度会出现饱和，甚至会下降，也会使得少数载流子的寿命减小。另外，少数载流子的复合寿命还与材料的纯净度有关，一些杂质会形成复合中心，降低复合寿命。

随着太阳能电池技术的成熟，Si 片质量的提升，少数载流子的扩散长度也随之增大，当 Si 片中少数载流子的扩散长度大于或等于 Si 片的厚度时，大量的载流子扩散到电池的背表面，与 Si 片背表面的悬挂键和其他缺陷复合，使少数载流子不能被有效收集，电池效率下降。因此，降低少数载流子的表面复合速率也是提高太阳能电池效率的有效手段。

加工过程中在 Si 片表面产生的机械损伤、位错、化学残留物、表面沉积的金属都会引入表面缺陷能级，这是表面复合的主要因素。为了降低表面复合，制造商往往采用表面钝化的方式来降低半导体的表面活性，从而达到降低表面复合速率的目的。表面钝化主要是通过饱和半导体表面的悬挂键，降低表面活性，增加表面的清洁度，避免由于杂质在表面层的引入而形成复合中心，以此降低少数载流子的表面复合速率。

目前，太阳能电池表面钝化的方法主要有 4 种技术：一是表面悬挂键饱和钝化，就是采用氧化、氢化等方法饱和 Si 片表面的悬挂键，减少表面的少数载流子复合，从而实现表面钝化；二是发射结钝化，就是在 Si 片表面进行高浓度 P 扩散，因杂质浓度梯度在表面层内形成指向 Si 片内部的漂移电场，使少数载流子很难到达表面，从而达到钝化表面的效果；三是发射结氧化钝化，就是在经过发射结钝化后的重掺杂表面再生长一层氧化膜进行表面氧化钝化，使表面的少数载流子的复合进一步减小(这是因为发射结钝化可以阻挡少数载流子向 Si 片表面扩散，而氧化膜可以降低少数载流子的表面复合速率)；四是场钝化，就是在 Si 片表面形成高低结，使少数载流子很难到达表面，阻止少数载流子在表面复合。

### 3.6.2 串联与并联电阻影响

在实际太阳能电池中都存在着串联电阻，包括电池的体电阻、表面电阻、电极电阻、电极与 Si 片表面接触电阻，串联电阻的增大会使短路电流降低，而对开路电压没有影响。

由于 Si 片边缘不清洁、内部缺陷以及薄膜沉积质量差等引起的短路通道或并联电阻对太阳能电池开路电压有较大的影响，减小并联电阻会使开路电压降低，但对短路电流基本没有影响。

将上述这些串、并联电阻加在等效电路中，可以并到图 3-4-3 所示的 $R_S$ 和 $R_{Sh}$ 中。串、并联电阻与其他寄生电阻一起对太阳能电池有一个较大影响，尤其是并到 $R_S$ 中的影响最大。图 3-6-2 给出了不同 $R_S$ 和 $R_{Sh}$ 的值对太阳能电池输出影响的关系。

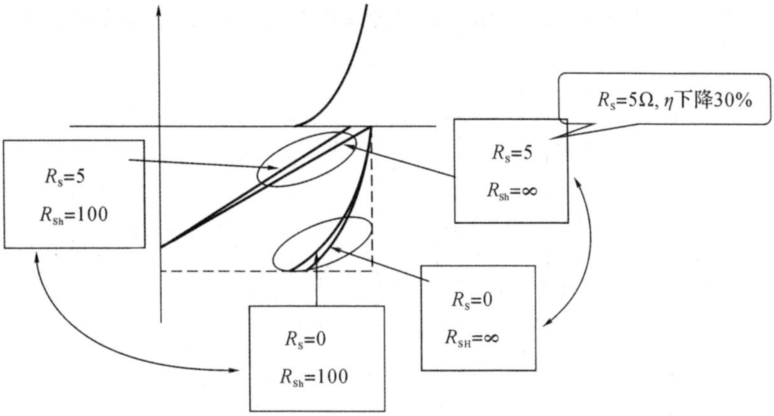

图 3-6-2　寄生电阻对太阳能电池输出的影响

从图 3-6-2 中可以看出，$R_{Sh}=100\ \Omega$ 和 $R_{Sh}=\infty$ 对太阳能电池输出影响不大，即并到 $R_{Sh}$ 中的串、并联电阻和寄生电阻对太阳能电池的光电转换效率影响不大。但是当 $R_S$ 从 0 增加到 5 Ω 时，太阳能电池输出曲线发生严重变化，而且光电转效率减小了 30%左右。因此，在太阳能电池的设计、制造以及应用过程中，如何减小串联电阻，对太阳能电池发电应用至关重要。

### 3.6.3　外部因素影响

外部因素主要指的是太阳能电池在发电应用时所处的环境因素，包括光强、温度、湿度等。这些因素都会对太阳能电池的光电转换效率产生影响。

当光强增加时，太阳能电池短路电流随光强线性增加，开路电压依据式(3-3-3)和如图 3-3-2(b)所示的随光强成对数增加，即开路电压增量不大。因此，输出功率基本上呈线性增加，光电转换效率会有所增大，但上升幅度有限，如图 3-6-3 所示。

单晶 Si 太阳能电池的光电转换效率的理论值只有 27%，这意味着有超过 73%以上的太阳能是不能产生电能的，这些能量包括小于禁带宽度的低能光子能量($h\nu<E_g$)和高能光子能量中高于禁带宽度的部分($h\nu-E_g$)，这些能量最后都是以热能的形式释放出来，使得太阳能电池的温度不断增高。当太阳能电池温度增加时，太阳能电池材料的本征载流子浓度会增加，pn 结反向饱和电流增大，开路电压下降，短路电流小幅上升，总的光电转换效率下降。

虽然增加光强能够提升光电转换效率，但是随着光强的增加，太阳能电池温度的上升也非常显著，这又导致光电转换效率下降，因此，增加光强并不一定能有效提高光电转换效率。

湿度对太阳能电池寿命也有很大的影响，如果湿度过大，空气中的水汽会溶解二氧化碳（$CO_2$）和其他酸性物质，形成对太阳能电池有腐蚀作用的酸性溶液，从而影响太阳能电池寿命。

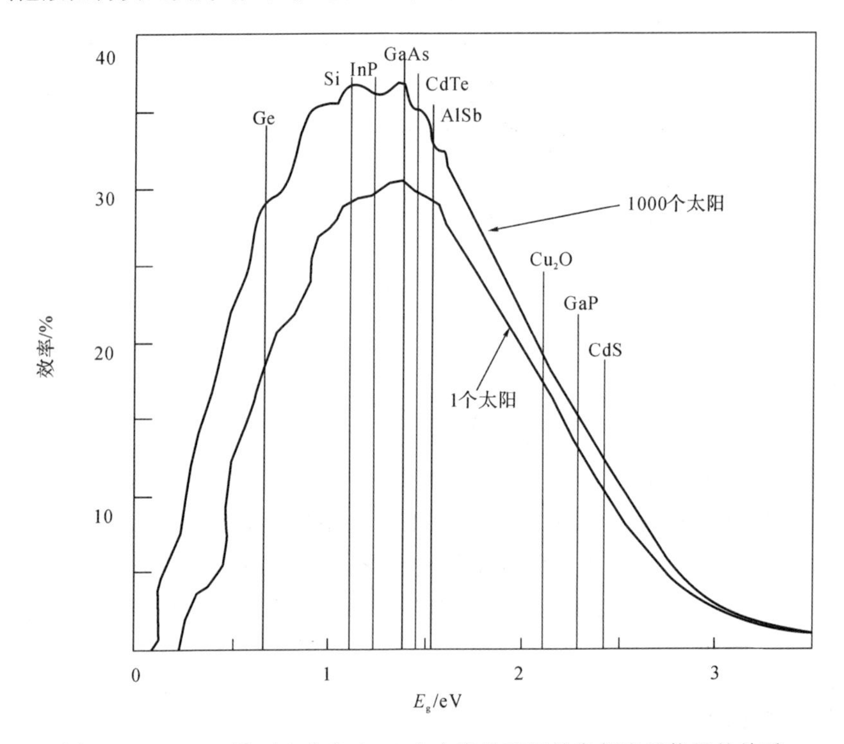


图 3-6-3　300 K 时 1 个和 1000 个太阳的理想效率与光子能量的关系

### 3.6.4　制造技术因素影响

我们主要是通过一些制造技术来改善太阳能电池的性能。例如，采用横向布线及电池极板等结构，降低串联电阻；采用背表面技术减少背面的少数载流子复合；采用埋栅技术增加光吸收；增加 $Si_3N_4$ 表层，既可以钝化，又可以达到增透的目的；利用局域背场技术，形成良好欧姆接触、背面钝化并减少 Si 片翘曲，等等。

除以上提到的方法，还有两个提高太阳能电池的光电转换效率的重要方法：一个是表面制绒技术（即单晶 Si 制绒技术）；另一个是增加抗反射膜。

**1. 表面制绒技术**

单晶 Si 制绒技术主要是利用碱性溶液对单晶 Si 片各晶面腐蚀具有各向异性的特点，在(100)面单晶 Si 片表面腐蚀出许多由(111)面构成的四方锥体（也称为金字塔），形成金字塔结构，即绒面结构。光线在这些金字塔上，形成双反射，从而降低光的反射率，增加了太阳能电池对光的吸收，增大电池的短路电流，提高太阳能电池的光电转换效率。而且，金字塔结构使 Si 片大大增加了表面面积，即增加了光的吸收面积。相对减反射薄膜而言，绒面结构能够在全波段无选择地降低反射率，如图 3-6-4 所示。

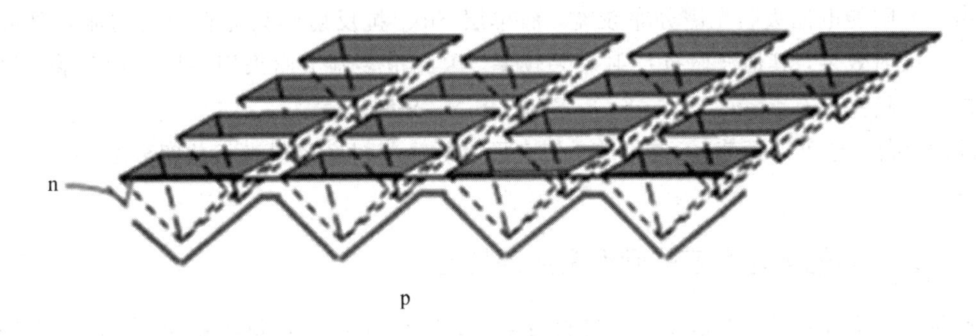


图 3-6-4 太阳能电池的金字塔结构表面

高质量的绒面结构是降低光在太阳能电池表面反射率的关键因素，从而增强单晶 Si 太阳能电池对入射光的吸收，提高太阳能电池的输出功率。用于单晶 Si 制绒的碱性溶液有 NaOH、KOH、$Na_3PO_4$、$NaHCO_3$、$Na_2CO_3$ 和 $Na_2SiO_3$ 等。

**2. 增加抗反射膜**

为了增加太阳能电池的透光性，除了表面制绒以外，还可以在电池表面增加一层抗反射膜，即增透膜，以提高太阳能电池的光吸收率，如图 3-6-5 所示。因此，当有光照射到太阳能电池表面时，由于抗反射膜及绒面结构的存在，大部分光子将通过抗反射膜进入太阳能电池体内。

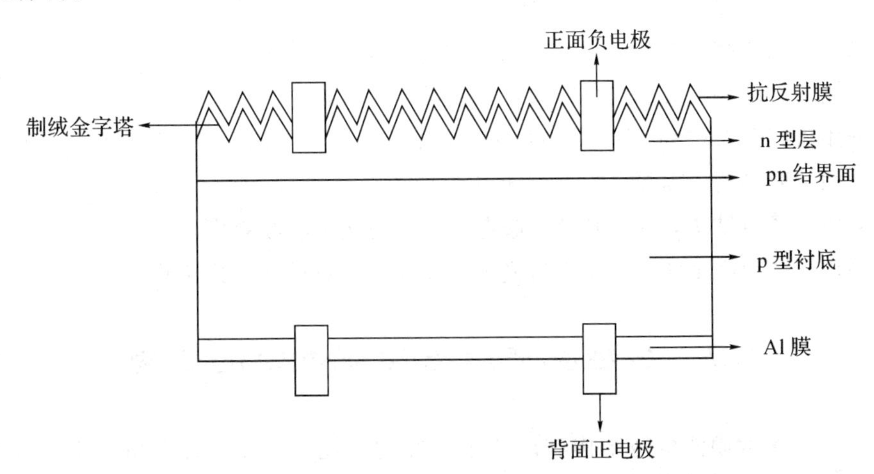


图 3-6-5 具有抗反射膜和绒面结构的 Si 太阳能电池

太阳能电池单层抗反射膜先后采用过 $SiO_2$、$TiO_2$ 及 $SiN_x$ 三种材料，其中 $SiO_2$ 折射率太低，$TiO_2$ 起不到钝化效果。因此，目前工业中普遍使用具有抗反射和钝化双重作用的 $SiN_x$ 作为抗反射膜。

由于太阳能电池吸收光谱分布较宽，而单层 $SiN_x$ 抗反射膜只能在固定的波长处起到很好的抗反射效果，其他波段抗反射效果较差，因此很多制造商采用多层抗反射膜，目前两层抗反射膜主要有 $MgF_2/ZnS$、$SiO_2/SiN_x$、$SiN_x/SiN_x$ 等。

除此之外，还可以调节 pn 结厚度，使表面反射光与衬底反射光相差四分之一相位，实现抗反射效果。

### 3.6.5 Si 太阳能电池存在的问题及应对措施

目前，半导体太阳能电池中，Si 材料占主流，但是由于 Si 材料本身的诸多问题和制约因素，使其效率的提升受到了一定的限制。存在的主要问题和制约因素如下：

(1) Si 太阳能电池中光生载流子在表面与衬底复合较大，Si 材料的吸收系数小，中性区复合比例过大，这些都影响太阳能电池效率的提升。

(2) 太阳能电池较低的表面掺杂引起的接触电阻与横向电阻过高会影响电池效率。

(3) 较高的 Si 表面反射系数(30%左右)影响光的吸收。

(4) Si 材料抗高能粒子能力差，容易在表面产生缺陷，降低载流子寿命。

(5) 能量低于 Si 禁带宽度的低能光子不能被吸收。

针对以上问题，研究人员和制造商提出了以下多种方案：

(1) 采用异质结结构，用窄禁带吸收光子，使宽禁带表面高掺杂来形成接触，解决低能光子不被吸收、串联电阻过大以及抗辐射能力差等问题。

(2) 采用背面高掺杂结构，控制扩散长度外载流子复合问题。

(3) 采用绒面结构、增加抗反射膜，提高光子的吸收率。

(4) 采用肖特基结构和 MIS 结构，在降低工艺难度的同时，还可实现双面发电。

(5) 采用结联结构，实现多结太阳能电池发电。

(6) 采用量子阱结构，调节光谱吸收范围，提高光子吸收效率。

(7) 采用光学集光系统，增加入射光强，减少电池数量，降低成本。

## 3.7 新型异质结太阳能电池的结构

为了解决传统太阳能电池结构与产业中存在的问题，各种新概念和新技术纷纷出现，其中异质结技术是解决传统太阳能电池存在问题的最有效的方法之一。

采用异质结构的太阳能电池的优点是：

(1) 有利于宽谱带吸收，提高转换效率。

(2) 引入自建电场，提高注入效率。

(3) 可以降低原材料成本。

本节从几种异质结太阳能电池结构入手，重点分析其潜在的优势与应用。

### 3.7.1　GaAs 太阳能电池的结构

GaAs 是Ⅲ-Ⅴ族半导体材料的典型代表，禁带宽度是 1.428 eV，如 3.3 节所述，它与太阳光谱匹配，是理想的太阳能电池材料。与 Si 太阳能电池相比，GaAs 太阳能电池具有更高的光电转换效率，GaAs 单结和 GaAs 多结太阳能电池的理论效率分别为 28.85%和 63%，高于 Si 太阳能电池的最高理论效率 27%。

在可见光范围内，GaAs 材料的光吸收系数远高于 Si 材料，同样吸收 95%的太阳光，Si 太阳能电池的厚度需大于 150 μm 以上，而 GaAs 太阳能电池只需 5～10 μm 的厚度。GaAs 具有良好的抗辐射性能，作为直接带隙材料，少数载流子的寿命较短，在离结几个扩散长度外产生的损伤对光电流和暗电流均无影响，因此其抗高能粒子辐照的性能优于间接带隙的 Si 太阳能电池。GaAs 具有更好的耐高温性能，其最大功率下的温度系数远小于 Si 太阳能电池。在 200℃时，Si 太阳能电池停止工作，而 GaAs 太阳能电池仍可以 10%的效率继续工作。由于 GaAs 太阳能电池具有很好的抗辐射和耐高温特性，其主要还是应用在宇宙空间探测和一些条件恶劣的场合。

目前，GaAs 太阳能电池的研究主要集中在 GaAs 单结太阳能电池、GaAs 多结叠层太阳能电池和 GaAs 聚光太阳能电池。GaAs 单结太阳能电池分为两种，即 GaAs 同质结太阳能电池和 GaAs/Ge 异质结太阳能电池，其中用价格较低的 Ge 代替 GaAs 做衬底制备太阳能电池是一个主要的发展方式。这样既保持了 GaAs/GaAs 太阳能电池的高效率、抗辐射性和耐高温性的优点，又兼具了 Ge 机械强度高不易破碎的特点，增加了电池的实用性，而且 Ge 的价格只有 GaAs 的 30%，大大降低了 GaAs 太阳能电池的成本。

太阳能光谱很宽，而单一材料的单结太阳能电池的禁带宽度是固定的，只能吸收一部分的太阳光能量，导致其光电转换效率的提高受到限制，而异质结构电池的不同禁带宽度可匹配不同波段的光子，能够更充分地吸收和转换太阳光，是提升太阳能电池光电转换效率的有效手段。GaAs 单结太阳能电池最基本的异质结构为 AlGaAs/GaAs，迄今为止该异质结电池的最高效率为 28.85%。图 3-7-1 是两种典型的 GaAs 太阳能电池的结构。图 3-7-1(a)是AlGaAs/GaAs 异质结太阳能电池，图 3-7-1(b)是 GaInP/GaAs 异质结太阳能电池。

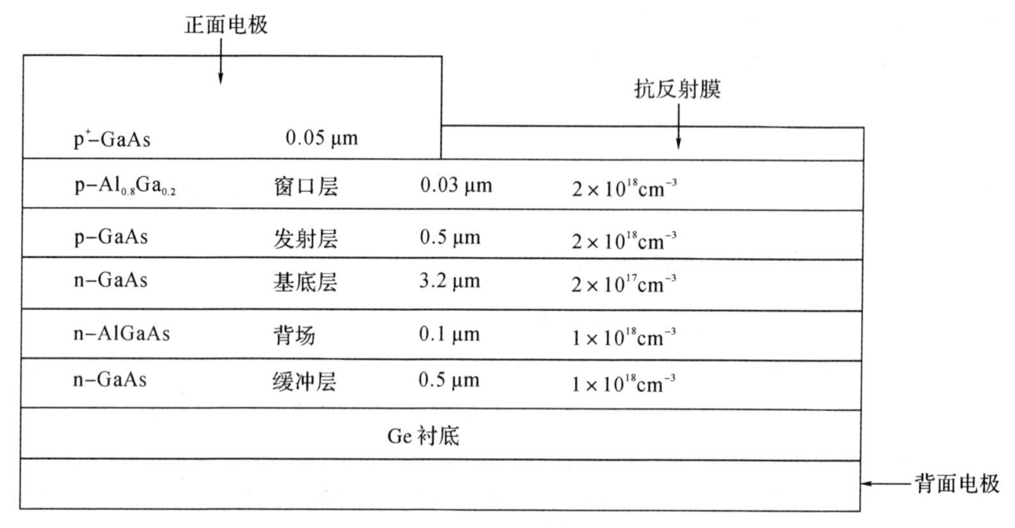


(a) AlGaAs/GaAs 异质结太阳能电池

|  |  |
|---|---|
| GaAs p ~200 nm | 帽层 |
| Ga0.49In0.51P p ~1000 nm | 窗口层 |
| GaAs p ~600 nm | 发射层 |
| GaAs n ~25000 nm | 基底层 |
| Ga0.49In0.51P n ~50 nm | 背场 |
| GaAs n ~1000 nm | 缓冲层 |
| GaAs衬底 | |

(b) GaInP/GaAs 异质结太阳能电池

图 3-7-1　两种典型的 GaAs 太阳能电池的结构

为了进一步提高太阳能电池的效率，人们提出采用多结的方式，即针对不同波长的光选取不同禁带宽度的半导体材料做成多个太阳能电池，最后将这些子电池串联形成多异质结太阳能电池，其结构如图 3-7-2 所示。

目前，多异质结太阳能电池结构研究较多的是采用不同禁带宽度的Ⅲ-Ⅴ族材料，通过禁带宽度由大到小组合，使得这些材料可以分别吸收和转换太阳光谱中不同波长的光，能大幅提高太阳能电池的光电转换效率，更多地将太阳能转变成电能。多异质结太阳能电池可以采用外延生长技术制备，在衬底上逐层生长各级子电池，最终得到多异质结太阳能电池。多异质结太阳能电池的光吸收原理如图 3-7-3 所示。

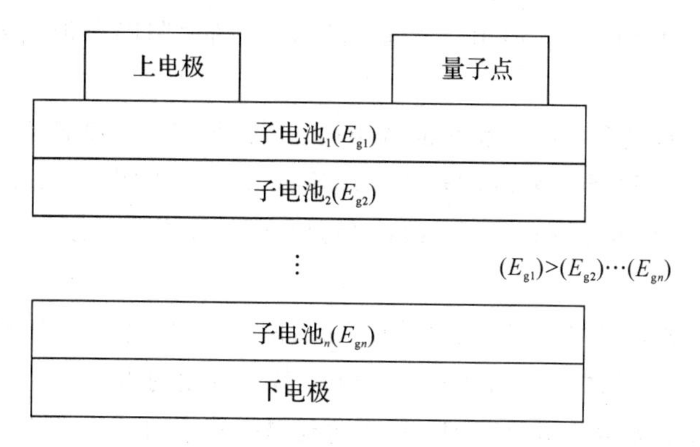


图 3-7-2　多异质结太阳能电池的结构

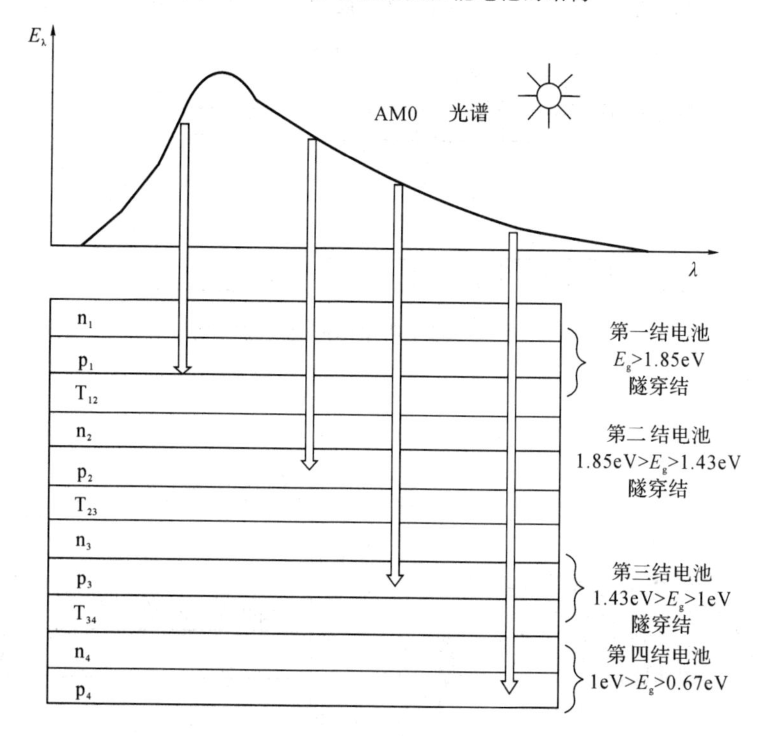


图 3-7-3　多异质结太阳能电池的光吸收原理

两种不同禁带宽度的材料制成的子电池，通过隧穿结串接而成，其研究已经比较成熟，主要的结构有 AlGaAs/GaAs、GaInP/GaAs、GaInAs/InP、GaInP/GaInAs 等。

在以上的研究基础上，又获得了效率更高的三结太阳能电池，主要结构是 GaInP/GaAs/Ge。由于 GaAs 三结太阳能电池有很好的高温特性(工作温度每升高 1℃性能仅下降

0.2%，可在 200℃情况下正常工作)。因此，可通过聚光提高电池电流输出，特别在实现高倍聚光后，可以获得更高的功率输出。目前，GaAs 三结太阳能电池的转换效率已达到了40.8%。

太阳能电池的结数越多，转化效率也就越高，因此四结、五结甚至更多结的太阳能电池研制是当前太阳能电池研究领域的热点。理论计算结果表明，GaInP/GaAs/GaInNAs/Ge 四结太阳能电池的光电效率将超过 41%，但是由于技术条件的限制，目前仍没有实现理论预测的高转换率。

除异质结以外，还可以采用量子阱结构增加太阳能电池的效率，如图 3-7-4 所示。量子阱一般采用 pin 结构(势阱宽度约为 6～15 nm，势垒宽度约为 5 nm)，该结构可通过调节量子阱的深度，来调节光谱的吸收范围，从而达到提高效率的目的。图 3-7-5 给出了有和无 pin 结构量子阱 $Al_{0.3}Ga_{0.7}As$ 太阳能电池的光谱响应曲线与伏安特性曲线。

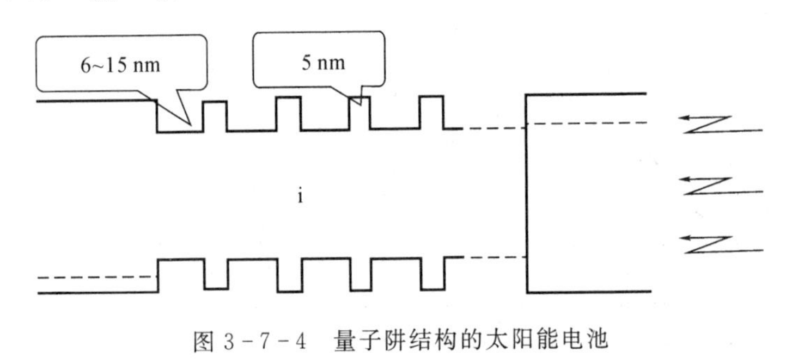


图 3-7-4　量子阱结构的太阳能电池

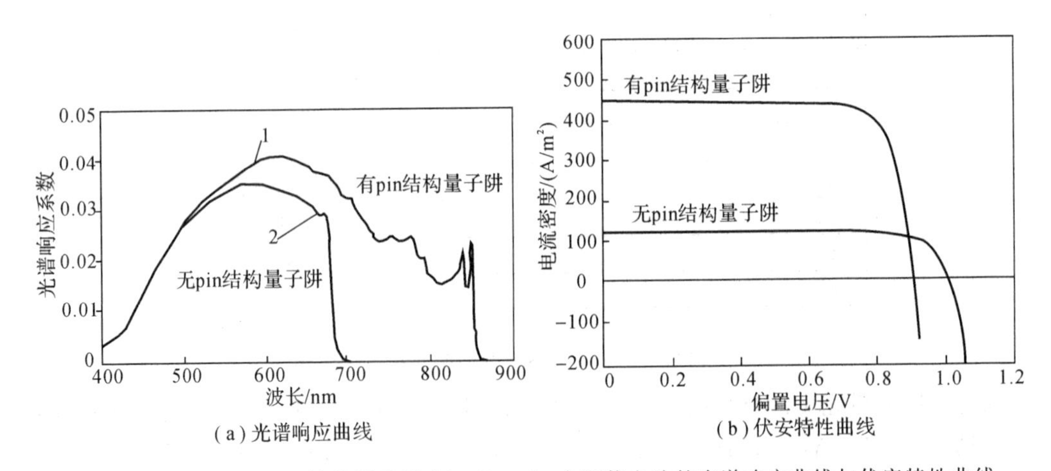


图 3-7-5　有和无 pin 结构量子阱 $Al_{0.3}Ga_{0.7}As$ 太阳能电池的光谱响应曲线与伏安特性曲线

虽然 GaAs 太阳能电池转化效率高，但 GaAs 电池产业的发展并不理想。这主要是由于

Ga 元素全世界储量少、GaAs 太阳能电池制备成本高、As 的毒性及 GaAs 本身物理性质的限制(主要是脆性较大)，另外，还受多晶 Si、单晶 Si 太阳能电池的冲击和国家政策的影响等。

然而，GaAs 太阳能电池高的转换效率是其他太阳能电池不能比拟的，它仍然是一种很有前景的光伏发电手段。如果能够研发出合理可行的 GaAs 光电池工艺技术，做出高质量、高转化效率的绿色太阳能电池，GaAs 太阳能电池可以得到更进一步的发展。

### 3.7.2 GaN 太阳能电池的结构

由于 InGaN 合金的禁带宽度可覆盖 0.7～3.4 eV，与到达地面的太阳光的光谱匹配度高达 96%，并且 InGaN 合金在整个禁带范围内都是直接带隙半导体，而不像 AlGaAs 和 AlGaP 等在宽禁带时为间接带隙半导体，其电子的跃迁过程不需要声子的参与。理论计算表明，通过调控 InGaN 中的 In 组分，制备出与太阳光谱高度匹配的太阳能电池，其转换效率将高达 70%，这是其他材料的太阳能电池无法做到的。尤其是当 In 组分为 20%时，InGaN子电池(禁带宽度约为 2.7 eV)还可作为 GaAs 多结太阳能电池中的顶层电池，用以吸收高能光子，提升太阳能电池整体转换效率。

InGaN 的吸收系数为 $10^5 cm^{-1}$，而 Si 和 GaAs 的吸收系数只有 $10^3$ $cm^{-1}$ 和 $10^4$ $cm^{-1}$，InGaN 太阳能电池可以做得很薄，这即节省了材料成本，又减轻了太阳能电池重量。另外，InGaN 材料能耐高温，具有较强的抗辐照特性，在恶劣的环境下其光电性能不会出现明显下降。因此，GaN 太阳能电池对于诸如太空等特殊环境中使用具有重要意义。

采用多量子阱结构是未来 GaN 太阳能电池的发展趋势，如图 3-7-6 所示。多量子阱结

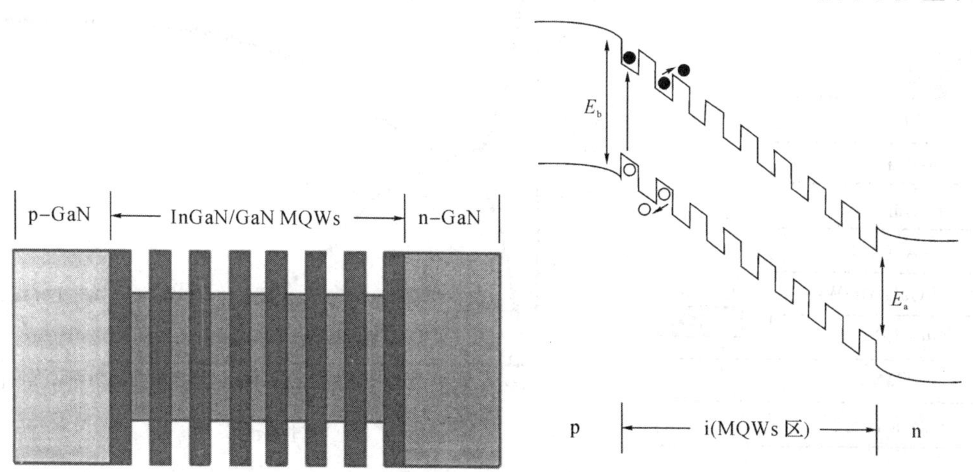


(a) GaN太阳能电池中的多量子阱结构示意图 (b) GaN太阳能电池中多量子阱结构的能带结构示意图

图 3-7-6 GaN 太阳能电池中的多量子阱结构

构能够更有效地调节子电池吸收光谱的带宽，拓宽长波段的光谱响应，加之其具有很高的光吸收系数，能够在很薄的耗尽层内吸收大部分的光子，因此多量子阱结构可以在较薄的区域内获得较高的短路电流密度，有助于减轻电池重量，降低制作成本。

多量子阱结构中本征层可由不同禁带宽度的半导体材料周期性地交替生长而成，一般宽禁带材料作为势垒层，窄禁带材料作为量子阱层(也称为阱层)。通过合理调整量子阱层材料、量子阱数目和量子阱宽度，就可以对多量子阱太阳能电池的吸收光谱进行调节，拓宽其光谱响应范围。

图 3-7-7 是一个典型的多量子阱结构 GaN 太阳能电池的结构。该太阳能电池从下至上分别是蓝宝石衬底、GaN 本征层(约 1～2 μm)、n 型 GaN 层(约 1～2 μm)、10 组 $In_xGa_{1-x}N$ (2～5 nm)/ GaN(15～20 nm)量子阱、p 型 AlGaN(约 10～30 nm)、p 型 GaN(200～500 nm)。

p 型 AlGaN 作为电子阻挡层，由于 AlGaN 的禁带宽度较大，掺杂浓度较高，会在其与量子阱界面处形成一个电子势垒，阻挡光生电子向 p 电极方向扩散。这样，即提高了光生电子向耗尽区扩散的几率和光子的利用率，又减少了太阳能电池的表面复合，提高短波长的光谱响应，从而增大光生电流。

顶部 GaN 作为窗口区，利用其禁带宽度较大可让更多的光透过进入到电池内部而得到充分的吸收利用，高掺杂的材料有利于减小表面薄层电阻和电池的串联电阻，有利于形成欧姆接触。图 3-7-8 给出了多量子阱结构 GaN 太阳能电池的发射、透射和吸收谱。

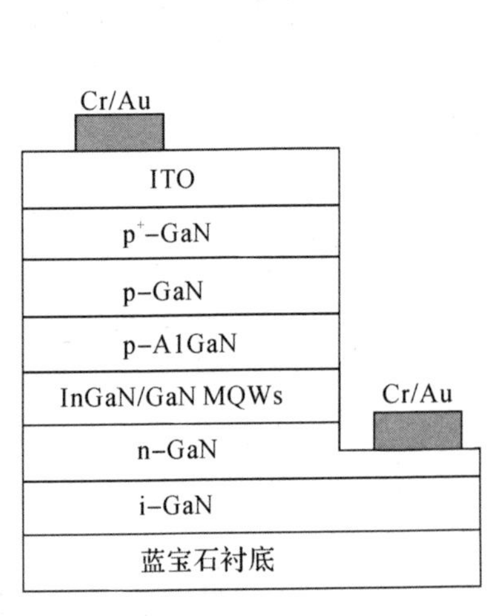


图 3-7-7　多量子阱结构 GaN 太阳能电池的结构

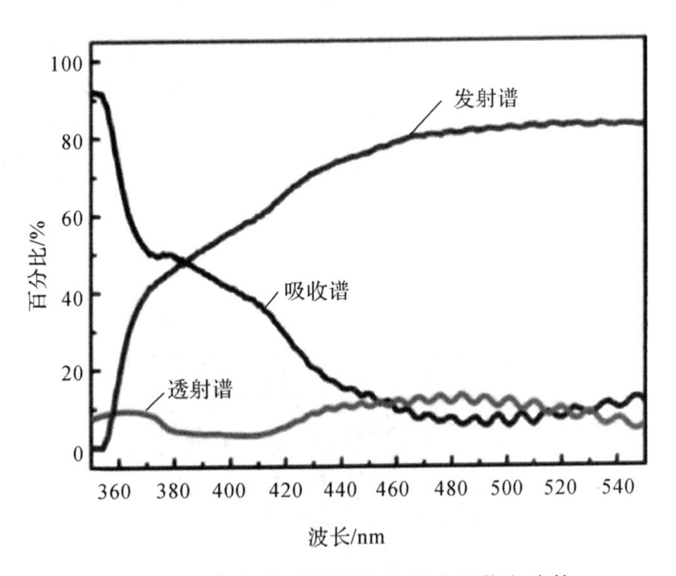


图 3-7-8　多量子阱结构 GaN 太阳能电池的发射、透射和吸收谱

### 3.7.3　HIT 太阳能电池的结构

本征薄膜异质结(HIT，Heterojunction with Intrinsic Thin-layer)类型的太阳能电池(简称 HIT 电池)最早由日本三洋公司于 1990 年成功开发。当时，该电池的转换效率为 14.5%，随着该公司不断的努力，到 2014 年转换效率达到了 24.7%，到 2015 年更是达到了 25.6%，其典型结构如图 3-7-9 所示。

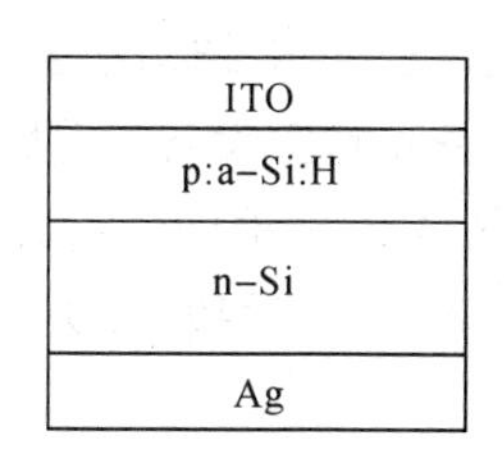


(a) HIT太阳能电池的结构

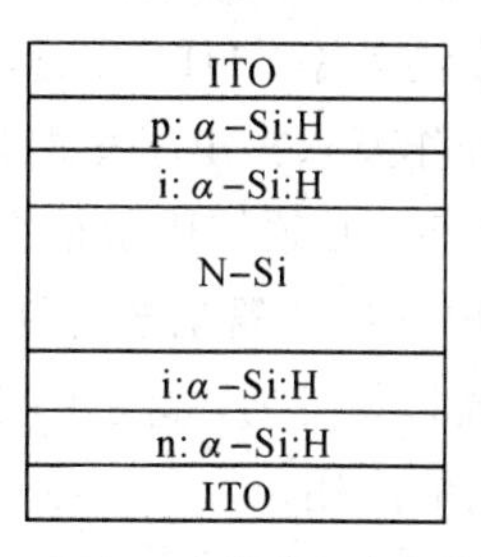


(b) 双面HIT太阳能电池的结构

图 3-7-9　HIT 与双面 HIT 太阳能电池的典型结构

HIT 太阳能电池以 n 型 Si 片为衬底(也称为 Si 衬底)，在对该 Si 片进行清洗制绒后，在其前表面依次沉积上厚度为 5～10 nm 的本征富 H 的非晶 Si 层(α-Si:H 层)和 p 型非晶 Si 层(α-Si 层)，从而形成异质结。然后，Si 片背面依次沉积厚度为 5～10 nm 的本征α-Si:H 层和 n 型重掺杂 α-Si 层形成背表面场。接着在正反面 p 型和 n 型掺杂 α-Si 层两侧，再沉积上透明导电氧化物薄膜 ITO，最后通过丝网印刷技术在两侧的顶层形成金属电极，这样就构成 HIT 太阳能电池。

HIT 太阳能电池的结构和制造工具有如下特点：

(1) HIT 电池在单晶 Si 片的两面分别沉积了本征 α-Si 层、掺杂 α-Si 层、ITO 以及印刷电极，该对称结构减少了工艺流程和工艺步骤。

(2) HIT 电池制备最高工艺温度就是 α-Si 层的形成温度(小于 200℃)，不仅节约能源，还能降低 Si 片的热损伤和变形，使得薄 Si 片应用成为可能。

(3) HIT 电池在 Si 片和掺杂 α-Si 层之间插入了本征 α-Si 层作为缓冲层，有效地钝化了单晶 Si 片表面的缺陷，使得 HIT 电池的开路电压进一步提高，从而获得更好的电池性能和转换效率。

(4) HIT 电池结构中的单晶 Si/α-Si 异质结温度特性优异，使其在一天中输出功率波动较小，更利于稳定发电。

(5) HIT 电池不存在 B-O 对，不会出现光衰减现象，具有较好的光照稳定性。

(6) HIT 电池具有对称结构，正反面受光照后都能发电。封装成双面电池组件后，年平均发电量比单面电池组件多出10%以上。

由于HIT电池可以双面发电，当正面保持20%以上的转换效率进行发电时，背面可以接受地面及其他部分的反光，提供额外3%左右的发电量。而且该电池的双面特性可以使组件满足任意角度的特殊安装要求，比如在公路或铁路的隔音壁上垂直安装的异质结组件可以比常规组件多发电30%左右。被认为是最具应用潜力的太阳能电池结构。

但是HIT电池除了上述优势外，在其实际生产中也存在着一些问题。例如，为了能利用异质结特点实现高效率，HIT电池的单晶Si/α-Si界面态必须被控制到很低的水平，这就对工艺环境和操作要求提出了更严格的标准。再如，由于HIT结构中需要均匀沉积仅几纳米厚的α-Si薄膜，必须使用价格更高的薄膜沉积设备和真空设备，增加了投资与成本。此外，由于HIT电池的低温工艺特性，不能采取传统晶体Si电池的后续高温封装工艺，必须开发适宜的低温封装工艺，这也势必会增加一定的成本。这些因素会使HIT电池的制造成本上升，影响它的应用。

## 习　题

1. 什么是大气光学质量？AM0和AM1所代表的物理意义是什么？

2. 半导体光伏效应和半导体光电导效应有什么区别？

3. 分析Si太阳能电池中光生载流子的产生与复合机制，指出对太阳能电池发电有贡献作用的区域。

4. 影响半导体太阳能电池开路电压的因素有哪些？如何提高其开路电压？

5. 太阳能电池的转换效率与填充因子有什么区别？

6. 画出半导体太阳能电池的非理想等效电路，说明各等效参数的物理含义，并推导其输出电压。

7. 半导体太阳能电池禁带宽度是否越小转换效率越高，为什么？

8. 影响半导体太阳能电池性能的因素有哪些？如何提高其性能？

9. 请分析异质结半导体太阳能电池的优势。

# 第四章　半导体光电探测器件

光电探测器是通过将光信号转换为电信号来实现光信号检测的器件。普通的光电探测器的光信号检测基本上有三个过程：① 入射光产生光生载流子(电子-空穴对)；② 通过任何一种电流增加机制造成载流子输运或者倍增；③ 电流与外电路相互作用提供输出信号。光电探测器分为光电导型和光电二极管型，本章将重点介绍这两种光电探测器的工作原理。

## 4.1　光电导效应与器件的基本结构

光电导效应又称为光敏效应，是指当光子照射半导体材料时，半导体内部的低能级电子吸收光子能量跃迁到高能级，生成大量的自由载流子(非平衡态载流子)，从而增大半导体材料电导率的现象。光电导器件是利用光的照射使半导体电阻减小，从而引起电流变化这一光电导效应制成的一种光电探测器件。

### 4.1.1　光电导效应

在光子作用下，载流子由低能级跃迁到高能级时，要求光子能量要大于高低能级之间的能量差，即 $h\nu\geqslant\Delta E$。若光子能量足够大，并且大于或等于半导体材料的禁带宽度，即 $h\nu\geqslant E_g$，则产生本征跃迁，每一个光子可激发出一个电子-空穴对，这时自由载流子浓度和半导体的导电性增加得最为剧烈。

若光子能量小于禁带宽度，但是大于施主或受主杂质电离能量，即 $h\nu\geqslant\Delta E_D$ 或者 $h\nu\geqslant\Delta E_A$，则产生非本征跃迁，每个光子只激发生成一个自由的电子或者空穴。

我们可以认为在整个产生光电导的过程中，平衡态载流子与光生载流子具有相同的迁移率。在没有光照的平衡态下，半导体材料的电导率由平衡态载流子浓度及其迁移率所决定，即

$$\sigma_0=q(n\mu_n+p\mu_p) \tag{4-1-1}$$

如果半导体受到外界作用，就有非平衡态载流子注入，会有附加电导率 $\Delta\sigma$ 产生。电子和空穴的附加电导率分别为

$$\Delta\sigma_n=q\Delta n\mu_n \tag{4-1-2(a)}$$

$$\Delta\sigma_p = q\Delta p\mu_p \tag{4-1-2(b)}$$

其总的附加电导率为

$$\Delta\sigma = q(\Delta n\mu_n + \Delta p\mu_p) \tag{4-1-3}$$

当入射光照射光电导体时，载流子或通过带间跃迁(本征跃迁)产生，或通过有能级参与的跃迁(非本征跃迁)产生。如果附加电导率是由光照注入非平衡态载流子所产生的，则称之为光电导率，简称光电导。能够产生光电导效应的材料称为光电导体。

没有光照时称为暗电导率，其计算公式为

$$\sigma_0 = q(n\mu_n + p\mu_p) \tag{4-1-4}$$

光照时电导率的增加主要是由于载流子数目的增加导致的，总的电导率为

$$\sigma = \sigma_0 + \Delta\sigma = q[(n+\Delta n)\mu_n + (p+\Delta p)\mu_p] \tag{4-1-5}$$

在以上各式中，$n$、$p$、$\mu_n$、$\mu_p$ 分别为半导体中电子和空穴浓度及其各自的迁移率；$\Delta n$、$\Delta p$ 分别为光生载流子浓度。光电导型光电探测器、光敏电阻就是基于这种效应的光电器件。对于照射到光电导的光波波长，有长波截止波长(长波限)限制，即

$$\lambda_c = \frac{h\nu}{E_g} = \frac{1.24}{E_g} \quad (\mu m) \tag{4-1-6}$$

其中，$\lambda_c$ 为相应于半导体禁带宽度 $E_g$ 的波长。对短于 $\lambda_c$ 的波长，入射光被半导体吸收，产生电子-空穴对。对于非本征情形，光激发可在一个带边和禁带中的一个能级之间发生。通过吸收能量等于或大于能级和导带(或价带)之间能量间隔的光子可产生光电导。在这种情形下，长波截止波长由禁带中能级的深度决定。

### 4.1.2 光电导器件的基本结构

光电导器件是由一片半导体加上在两端相对的两个欧姆接触所组成的，其基本结构和简单模型如图 4-1-1 所示。图 4-1-2 给出了一个典型的 GaAs 光电导器件的结构。

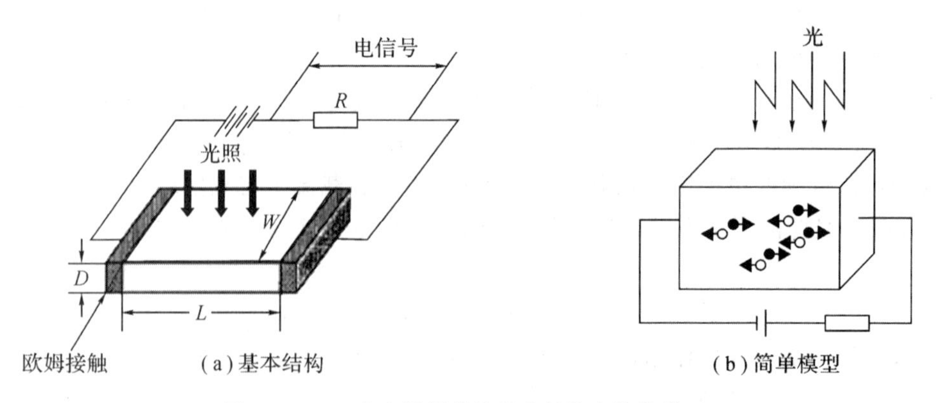


图 4-1-1 光电导器件的基本结构和简单模型

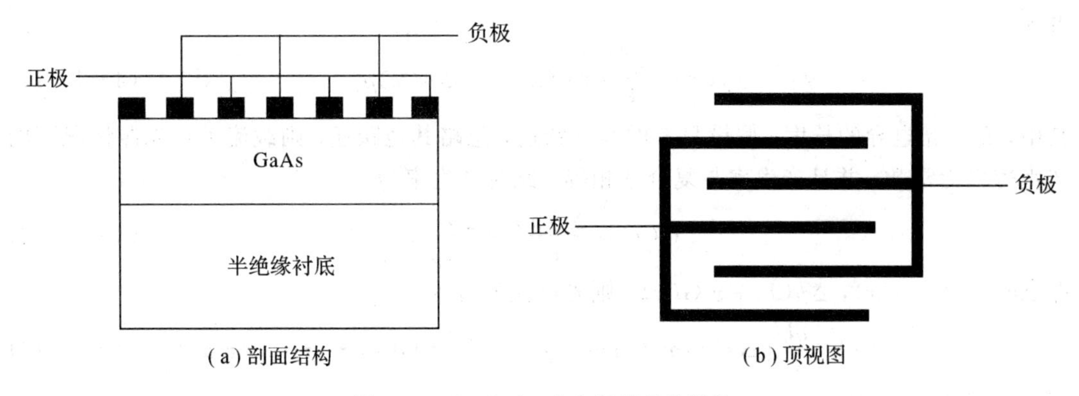


图 4-1-2 GaAs 光电导器件的结构

假设样品的形状非常大，光均匀地照射在样品上，边界效应可以不必考虑。设单位时间内入射在样品单位面积上的光子数为 $N$，样品的吸收系数为 $\alpha$，量子效率为 $\eta$(即每个光子产生的载流子数)，则样品的光生载流子的产生率为

$$G=\eta\alpha N \tag{4-1-7}$$

由于在载流子产生的同时，还伴随着载流子的复合消失，所以光生载流子浓度的变化关系为

$$\frac{\partial n}{\partial t}=G-\frac{\Delta n}{\tau_n} \tag{4-1-8(a)}$$

$$\frac{\partial p}{\partial t}=G-\frac{\Delta p}{\tau_p} \tag{4-1-8(b)}$$

其中，$\tau_n$ 和 $\tau_p$ 分别为电子和空穴的平均寿命。在光照稳定的情况下，光生电子和光生空穴浓度可由式(4-1-2(a))和式(4-1-2(b))变为

$$\Delta n=G\tau_n=\eta\alpha N\tau_n \tag{4-1-9(a)}$$

$$\Delta p=G\tau_p=\eta\alpha N\tau_p \tag{4-1-9(b)}$$

则光电导率由式(4-1-3)变为

$$\Delta\sigma=q(\Delta n\mu_n+\Delta p\mu_p)=q\eta\alpha N(\mu_n\tau_n+\mu_p\tau_p) \tag{4-1-10}$$

### 4.1.3 光电流与暗电流

#### 1. 光电流

光电导的光电流是指在某一波长的光照下对光电导探测器施加一定的偏压，探测器输出的电流值。光电流的大小取决于光功率、材料的光敏特性以及所加偏压的大小。一般情况下光电流越大越好。

如图 4-1-3 所示，当在光电导两侧施加一个偏压，就会有电流流过，此时的光电流密

度为

$$J_p(x)=\frac{qU}{L}[\Delta n(x)\mu_n+\Delta p(x)\mu_p] \tag{4-1-11}$$

其中，$L$ 为光电导的长度。假设只考虑本征跃迁，忽略其他跃迁，则载流子在光照情况下的产生速率为常数，并且产生率与复合率相等，此时产生率为

$$G(x)=\frac{\Delta n(x)}{\tau_n}=\frac{\Delta p(x)}{\tau_p} \tag{4-1-12}$$

即 $\Delta n(x)=\tau_n G(x)$，$\Delta p(x)=\tau_p G(x)$，则光电流密度为

$$J_p(x)=\frac{qU}{L}[\Delta n(x)\mu_n+\Delta p(x)\mu_p]=\frac{qU}{L}\cdot G(x)\cdot(\tau_n\mu_n+\tau_p\mu_p) \tag{4-1-13}$$

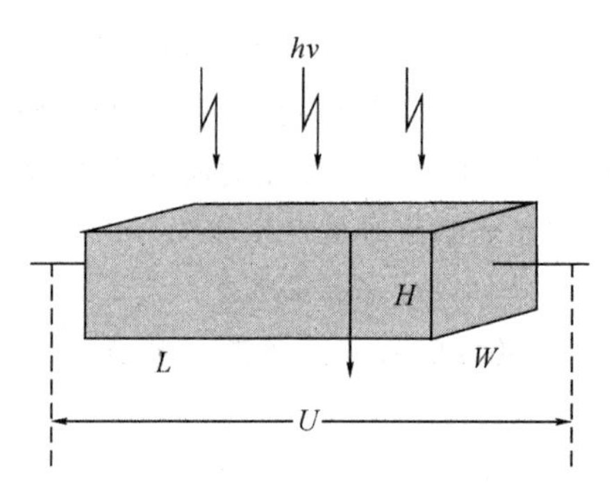


图 4-1-3　施加偏压的光电导

在 $x$ 截面处的光功率为

$$p(x)=p_0\cdot(1-R)\cdot\exp(-\alpha x) \tag{4-1-14}$$

其中，$p_0$ 为入射光功率；$R$ 为光电导表面反射率。此时产生率为

$$G(x)=\frac{\alpha\cdot p(x)}{h\nu\cdot W\cdot L}=\frac{\alpha\cdot p_0}{h\nu\cdot W\cdot L}(1-R)\cdot\exp(-\alpha x) \tag{4-1-15}$$

其中，$W$ 为光电导的宽度。则光电流为

$$\begin{aligned}I_p &= \frac{qU}{L}(\tau_n\mu_n+\tau_p\mu_p)\cdot W\cdot\int_0^H G(x)\mathrm{d}x \\ &= \frac{qU}{L}(\tau_n\mu_n+\tau_p\mu_p)\cdot W\cdot\int_0^H \frac{\alpha\cdot p_0}{h\nu\cdot W\cdot L}(1-R)\cdot\exp(-\alpha x)\mathrm{d}x \\ &= \frac{qU}{L^2}(\tau_n\mu_n+\tau_p\mu_p)\frac{p_0}{h\nu}\cdot(1-R)[1-\exp(-\alpha H)]\end{aligned} \tag{4-1-16}$$

其中，$H$ 为光电导的高度(厚度)。令 $\eta'=(1-R)[1-\exp(-\alpha H)]$，式(4-1-16)可变为

$$I_p=\frac{qU}{L^2}(\tau_n\mu_n+\tau_p\mu_p)\frac{p_0}{h\nu}\cdot\eta' \tag{4-1-17}$$

从式(4-1-16)可以看出，要想提高光电流，从结构方面讲，就要减小光电导的长度，即提高其电导率；增大光电导的宽度和高度，即增大横截面积，提高其电导率。从材料本身方面讲，要提高光电导的载流子迁移率和少子寿命，减少表面光的反射系数，即提高光的透射率。从应用方面讲，要提高外加偏压，即增强光电导内部电场强度，提高载流子的输运速度。

**2. 暗电流**

与光电流对应的暗电流，是指在无光的黑暗环境下对光电探测器施加一定的偏压，探测器输出的电流值。光电探测器的暗电流越大，噪声功率就越大，探测能力就越弱，所以暗电流对设备的灵敏度影响很大。优化光电探测器应该从分析产生暗电流的因素开始。对于光电导型的探测器，暗电流的大小主要取决于材料本身的电导率和偏压。

由于较大的暗电流会带来较严重的噪声问题，从实际应用的角度来讲，通常希望光电探测器的暗电流尽可能的小。

## 4.2　光电探测器的基本参数

光电探测器最重要的性能参数有灵敏度(探测率)、增益、量子效率和光谱响应等。

### 4.2.1　光电导与光电流灵敏度

光电导的灵敏度有两个：一个是光电导的灵敏度；另一个是光电流的灵敏度。

**1. 光电导的灵敏度**

光电导的灵敏度 $S_R$ 通常定义为单位入射光所产生的光电导率，即

$$S_R=\frac{\Delta\sigma}{N}=q\alpha\eta(\mu_n\tau_n+\mu_p\tau_p) \tag{4-2-1}$$

在仅有光生电子和仅有光生空穴的情况下，其灵敏度分别为

$$S_{Rn}=q\alpha\eta\mu_n\tau_n \tag{4-2-2(a)}$$

$$S_{Rp}=q\alpha\eta\mu_p\tau_p \tag{4-2-2(b)}$$

若设 $\alpha\eta=1$，则

$$S_R=q(\mu_n\tau_n+\mu_p\tau_p) \tag{4-2-3(a)}$$

$$S_{Rn}=q\mu_n\tau_n \tag{4-2-3(b)}$$

$$S_{Rp}=q\mu_p\tau_p \tag{4-2-3(c)}$$

应该指出的是，有时也用光电导同暗电导的比值来表示光电导的灵敏度。这样，其灵敏度可表示为

$$S_{R0}=\frac{\Delta\sigma}{\sigma_0} \tag{4-2-4}$$

将式(4-1-3)和式(4-1-4)代入式(4-2-4)中可得

$$S_{R0}=\frac{\Delta n\mu_n+\Delta p\mu_p}{n\mu_n+p\mu_p} \tag{4-2-5}$$

设 $\Delta n=\Delta p$，$b=\mu_n/\mu_p$，则

$$S_{R0}=\frac{(1+b)\Delta n}{bn+p} \tag{4-2-6}$$

其中，$n$ 和 $p$ 分别为平衡电子和空穴浓度。

由式(4-2-6)可见，$n$ 和 $p$ 越小，光电导灵敏度 $S_{R0}$ 越高。因此应采用高阻材料做光电导元件。

**2. 光电流的灵敏度**

光电流的灵敏度定义为光电流与入射光功率的比值，体现了光电导所用半导体材料、几何结构、外部应用条件对其的影响。光电流的灵敏度可表示为

$$S_I=\frac{I_P}{P_0}=\frac{\frac{qU}{L^2}(\tau_n\mu_n+\tau_p\mu_p)\frac{p_0}{h\nu}\cdot\eta'}{P_0}=\frac{qU\cdot\eta'}{L^2}\cdot\frac{1}{h\nu}(\tau_n\mu_n+\tau_p\mu_p) \tag{4-2-7}$$

## 4.2.2 光电导量子效率与增益

**1. 光电导的量子效率**

量子效率是体现光电探测器转换能力的一个性能参数，是一个微观概念，表示在单位时间内，探测器内所产生光电子数量与器件所吸收光子数量的比值。量子效率越高，表示器件的光电转换能力越强。量子效率有内外之分，其表达式为

$$\eta=\frac{I_p/q}{P/h\nu} \tag{4-2-8}$$

其中，$P$ 为入射光功率。如果 $P$ 为入射探测器表面的光功率，即为外量子效率；如果 $P$ 为探测器吸收的光功率，即为内量子效率。在理想情况下的内量子效率为

$$\eta_{in}=(1-R)[1-\exp(-\alpha H)] \tag{4-2-9}$$

对于光电导型的探测器而言，量子效率还与器件的偏压呈正比例关系。此外，量子效率与灵敏度之间存在联系，有

$$\eta=\frac{h\nu}{q}S_I \tag{4-2-10}$$

**2. 光电导的增益**

光电导的灵敏度仅描述了光电导在光照下产生光电导的能力，而光电导的增益则是描述光电导在工作状态下，各参数对光电导效应的增强能力。这些参数包括样品的结构及工

作电压。

设样品在光照下产生光生电子。电子在外电场作用下向阳极漂移。如果电子的寿命大于电子的渡越时间 $t_n$，则在电子从阳极出走之后，为了保持样品的电中性，必然要从电源的负极吸收一个电子加以补充。这样在 $\tau_n$ 时间内，从阳极得到的电子就不是一个，而是 $\tau_n/t_n$ 个。由此可得到光电导的增益，定义为样品中每产生一个光生载流子所引起的流入外电路的载流子数。对于电子，有

$$g=\frac{\tau_n}{t_n} \tag{4-2-11}$$

如果同时考虑电子及空穴两种光生载流子，则

$$g=\frac{\tau_n}{t_n}+\frac{\tau_p}{t_p} \tag{4-2-12}$$

其中，$t_n$ 和 $t_p$ 分别为电子和空穴的渡越时间，即

$$t_n=\frac{L}{\mu_n E}=\frac{L^2}{\mu_n U} \tag{4-2-13(a)}$$

$$t_p=\frac{L}{\mu_p E}=\frac{L^2}{\mu_p U} \tag{4-2-13(b)}$$

其中，$E$ 为场强；$U$ 为光电导样品上所加的电压。则

$$g=(\mu_n\tau_n+\mu_p\tau_p)\frac{U}{L^2} \tag{4-2-14}$$

可见光电导的增益与样品上所加的电压成正比，与样品长度的平方成反比。减少样品长度可以大大提高增益。根据 $g$ 可以写出光电流为

$$I=q\cdot W\cdot L\cdot D\cdot G\cdot g \tag{4-2-15}$$

由式(4-2-15)可知，外部获得的电流值将是整个半导体内产生载流子的比率乘以增益 $g$。对于电极间距离短的长寿命样品，增益可远大于1。但当 $\tau_n<t_n$、$\tau_p<t_p$ 时，载流子在电极之间迁移时产生复合，所以 $g$ 小于1。因此，要提高光电导的增益，从几何结构上讲，可以增加光电导的横截面积，即增大宽 $W$、高 $H$；减小长度 $L$，以缩短载流子输运的路径，减少载流子的渡越时间。从材料角度讲，可以提高载流子的迁移率，以提高载流子的速度；增大载流子的寿命，以提高从负极获得载流子的数量。从应用角度讲，增大外加偏压，提高内部电场强度，以提升载流子的输运效率。

另外，为了不减小半导体体积而缩短渡越时间，同时为了增大样品的横截面积使电流增大，通常采用如图4-1-2(b)所示的梳状电极结构。

### 4.2.3 光电导弛豫

#### 1. 光电导弛豫概述

以上分析了光照稳定情况下光电导的工作过程，对于光照不稳定的情况，例如，当光照开始及撤去光照的瞬间，则有$\frac{\mathrm{d}\Delta n}{\mathrm{d}t}\neq 0$，$\Delta n$ 为光生非平衡载流子的浓度，是时间的函数，其大小可由连续性方程解出。由于对不同的光照水平和不同的光电导类型，方程的形式不同，故分不同情况进行处理。

在光生载流子浓度远小于平衡载流子浓度的弱光情况下，载流子的寿命 $\tau$ 为定值。以电子为例，$\Delta n$ 满足如下方程，即

$$\frac{\mathrm{d}\Delta n}{\mathrm{d}t}=G-\frac{\Delta n}{\tau_{\mathrm{n}}} \tag{4-2-16}$$

当光照开始时，即上升情况，带入边界条件 $t=0$，$\Delta n=0$，可得

$$\Delta n=G\tau_{\mathrm{n}}\left[1-\exp\left(-\frac{t}{\tau_{\mathrm{n}}}\right)\right]=\Delta n_0\left[1-\exp\left(-\frac{t}{\tau_{\mathrm{n}}}\right)\right] \tag{4-2-17}$$

其中，$\Delta n_0$ 为光照稳定情况下的光电子浓度。由 $\Delta n=0$ 可写出光电导率为

$$\Delta\sigma=\Delta\sigma_0\left[1-\exp\left(-\frac{t}{\tau_{\mathrm{n}}}\right)\right] \tag{4-2-18}$$

当 $t\gg\tau_{\mathrm{n}}$ 时，$\Delta\sigma=\Delta\sigma_0$，光照趋于稳定。

当光照撤去时，$G=0$，初始条件为 $t=0$，$\Delta n=\Delta n_0$，解方程得到

$$\Delta n=\Delta n_0\exp\left(-\frac{t}{\tau_{\mathrm{n}}}\right) \tag{4-2-19}$$

由此可写出下降时的光电导

$$\Delta\sigma=\Delta\sigma_0\exp\left(-\frac{t}{\tau_{\mathrm{n}}}\right) \tag{4-2-20}$$

当 $t\gg\tau_{\mathrm{n}}$，$\Delta\sigma=0$ 时，$\Delta\sigma$ 的上升和下降速度都取决于 $\tau_{\mathrm{n}}$ 的值。$\tau_{\mathrm{n}}$ 被称为弛豫时间，它表征了光电导的惰性。

在强光情况下，即 $\Delta n\gg n_0$ 和 $\Delta p\gg p_0$ 的情况，载流子寿命是个变数，此时有

$$\frac{\mathrm{d}\Delta n}{\mathrm{d}t}=G-r\Delta n^2 \tag{4-2-21}$$

其中，$r$ 为电子和空穴的复合率。

当光照开始时，$t=0$，$\Delta n=0$，解方程得到上升情况，即

$$\Delta n=\left(\frac{G}{r}\right)^{\frac{1}{2}}\tanh\left[(Gr)^{\frac{1}{2}}t\right] \tag{4-2-22}$$

当撤去光照时，$t=0$，$\Delta n=\Delta n_0$，解方程可得下降情况，即

$$\Delta n=\frac{1}{(r/G)^{\frac{1}{2}}+rt}=\left(\frac{G}{r}\right)^{\frac{1}{2}}\left[\frac{1}{1+(Gr)^{\frac{1}{2}}t}\right] \tag{4-2-23}$$

在强光照射下，光电导的弛豫时间 $\tau_n$ 比较复杂。按定义应为 $\tau_n=1/\Delta n$，由式(4-2-22)和式(4-2-23)可知，弛豫时间 $\tau_n$ 已不再是常数了。

**2. 光电导响应时间(响应速度)**

由于存在光电导弛豫现象，因此在施加以及撤去光照的瞬间，探测器输出电流的变化与光信号往往是不同步的，其间存在着一个延迟，如图 4-2-1 所示。

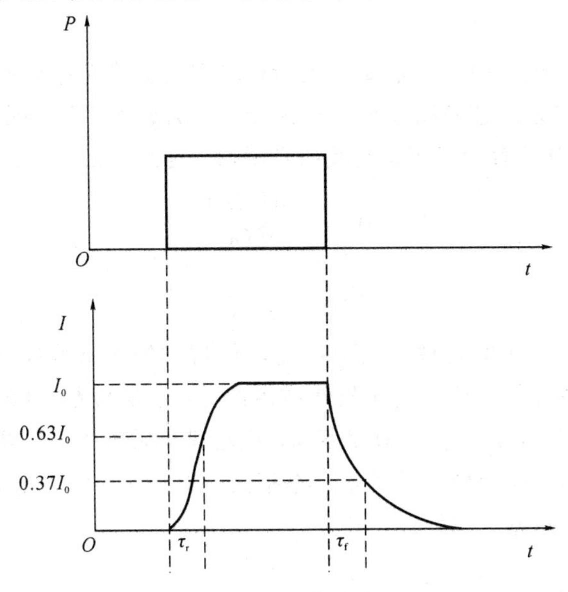


图 4-2-1 光电导响应时间

当光照开启后，需要经过一段时间才能建立起光照稳定情况下的过剩载流子浓度，这段时间称为上升时间 $\tau_r$，与产生率、光强、吸收率等有关。光电导探测器的输出电流为

$$I_{Pr}(t)=I_{P0}\left[1-\exp-\left(\frac{t}{\tau_r}\right)\right] \tag{4-2-24}$$

当撤去光照后，光的产生率为 0，经过一段时间后过剩载流子才能复合完，这段时间称为下降时间 $\tau_f$，此时光电流随时间单调递减，即

$$I_{Pf}(t)=I_{P0}\exp-\left(\frac{t}{\tau_f}\right) \tag{4-2-25}$$

从式(4-2-25)可以看出，将 $I_{Pr}(t)$ 从最高点 $I_{P0}$ 下降到其 1/e 所用时间为下降时间；同理，将 $I_{Pf}(t)$ 从最低点上升到 $I_{P0}$ 的 $1-\frac{1}{e}$ 所用时间为上升时间。

上升时间和下降时间之和被称为光电探测器的时间常数，即

$$\tau=\tau_r+\tau_f \tag{4-2-26}$$

$1/\tau$ 称为光电探测器的高频截止频率，当光信号的频率 $f$ 改变时，探测器的电流灵敏度和 $\tau$ 的关系为

$$S(f)=\frac{S_{I0}}{\sqrt{1+(2\pi f\tau)^2}} \tag{4-2-27}$$

当光是光强恒定的直流光时，它的灵敏度为 $S_{I0}$。若光信号随时间变化，当 $\omega=2\pi f=1/\tau$ 时，探测器的灵敏度下降为 $0.707S_{I0}$，此时的频率 $f_c=1/(2\pi\tau)$ 称为截止频率。

**3. 光谱响应特性**

光谱响应特性是光电导的一个重要性能指标。它决定着光电导的应用范围和灵敏度。光电导的光谱响应范围是由它的跃迁类型所决定的。例如，对本征跃迁来说，则要求入射光子能量 $h\nu$ 要大于禁带宽度。下面是某波长光谱响应度与灵敏度表达式，即

$$R(\lambda)=\frac{U_p(\lambda)}{P(\lambda)} \tag{4-2-28}$$

$$S(\lambda)=\frac{I_p(\lambda)}{P(\lambda)} \tag{4-2-29}$$

图 4-2-2 给出了实测的几种常用本征光电导材料的光谱响应曲线。由图可以看出，响应的峰值一般位于中波段，而无论向长波或短波方向，响应都会降低。长波段灵敏度下降，是因为光子能量不足，因而量子效率不高，短波段灵敏度下降，是因为光子能量太大，多数在表面被吸收，而表面处的载流子复合率很高。所以不同的光电导材料对光谱的响应是不同的，并非光子能量越大越好。

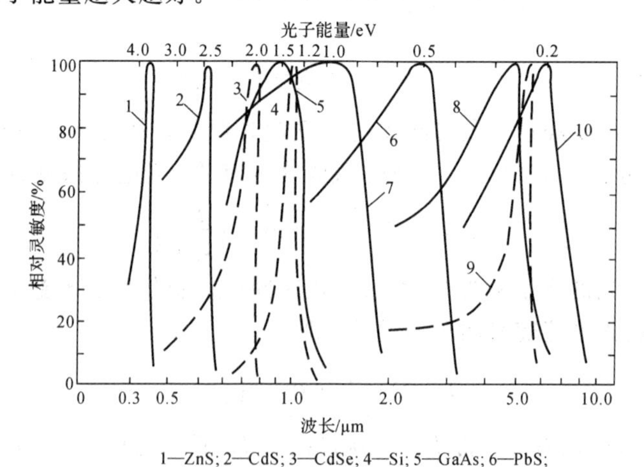


图 4-2-2　几种常用本征光电导材料的光谱响应曲线

**4. 光暗电流比**

光暗电流比是指光电导的光电流与暗电流的比值。在光电流值可以方便被后级电路检测到的前提下，希望光暗电流比越大越好，更高的光暗电流比意味着探测器在工作时可以具有更小的噪声。

### 4.2.4　常见的光电导材料

光电导探测器在生活、工业及军事等领域有着重要的用途，针对不同的应用场景选取的探测器类型不一样，而且制备探测器的材料也不一样。例如，CdS、CdSe、CdTe 等材料的响应波段都在可见光或近红外区域，这些材料通常被用来制作光敏电阻，如图 4-2-3(a)所示。它们具有很宽的禁带宽度(≫1eV)，可以在室温下工作，器件结构比较简单，一般采用半密封式的胶木外壳，前面加一透光窗口，后面引出两根管脚作为电极。如果需要在高温、高湿环境下应用，则采用金属全密封型结构，玻璃窗口与金属外壳熔封，如图 4-2-3(b)所示。

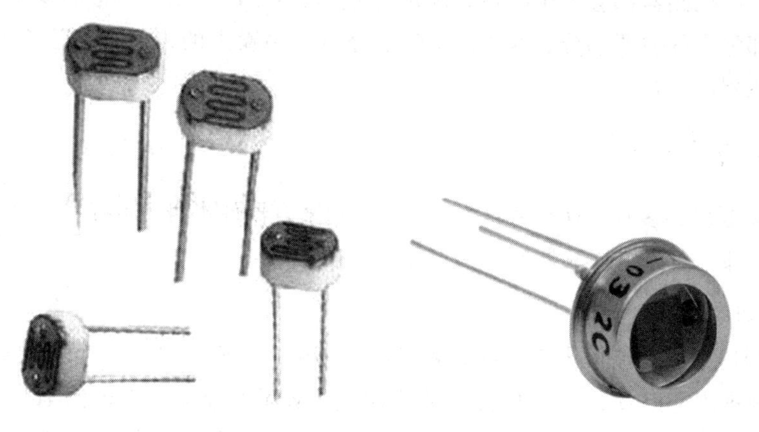


(a) 光敏电阻　　　　(b) 光电导探测器

图 4-2-3　常见的光敏电阻和光电导探测器

不同的能带结构对应不同的波段，常用的紫外光光电导材料有 CdS、CdSe 等；常用的可见光光电导材料有 TiS、CdS、CdSe 等；常用的红外光光电导材料有 PbS、PbTe、InSb、HgCdTe、PbSnTe 等。其中，PbS、$Hg_{1-x}Cd_xTe$ 的常用响应波段在 1～3 μm、3～5 μm、8～14 μm这三个大气透过窗口。

对于 β-$Ga_2O_3$等禁带宽度大的材料，其响应波长超出了大气中太阳光的波长范围，属于太阳光紫外盲区(波长在 200～280 nm 之间)，该材料所制备的光电导探测器在军事上具有重要的用途，是当前的一个研究热点。图 4-2-4 为 β-$Ga_2O_3$光电导型太阳光紫外盲区探测器的结构示意图。

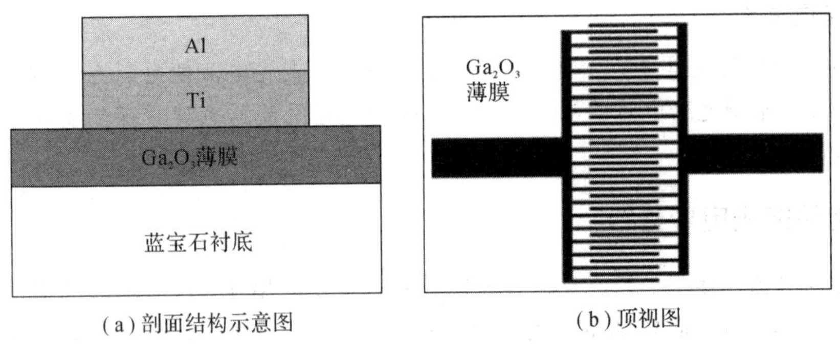


(a)剖面结构示意图　　(b)顶视图

图 4-2-4　β-$Ga_2O_3$光电导型太阳光紫外盲区探测器的结构示意图

## 4.3　光电探测器的噪声来源和参数

所有的光电探测器都会产生噪声，研究表明热噪声、闪烁噪声、散粒噪声和产生-复合噪声是其内部噪声的主要部分。本节首先简要分析各种噪声的来源，然后给出用信噪比来评定光电探测器的表征量。

### 4.3.1　噪声来源

噪声的来源多种多样，有些来自大自然，有些来自器件本身，还有些来自应用环境，无论来自哪里，都会对光电探测器的性能产生一定的影响。

**1. 噪声的表征**

光电探测器中的载流子由于受到各种机制的影响，在输运过程中会造成载流子速度大小、方向的随机改变以及载流子数目的随机起伏，从而引起端口电流或者电压随之波动，这种随机变化电流或者电压即定义为光电探测器的噪声。噪声的大小决定了光电探测器对信号的分辨能力，从而决定了整个系统的灵敏度和动态范围的下限，是衡量光电探测器性能的重要指标之一。按照噪声源的产生机理，常见的主要噪声源有热噪声、散粒噪声、闪烁噪声、产生-复合噪声等。

噪声具有随机和不可预测的特点，其统计平均值为 0，一般采用均方值(方均值)来表述，即

$$\overline{i_N^2}=\overline{i_{N1}^2}+\overline{i_{N2}^2}+\overline{i_{N3}^2}+\cdots \tag{4-3-1}$$

$$\overline{u_N^2}=\overline{u_{N1}^2}+\overline{u_{N2}^2}+\overline{u_{N3}^2}+\cdots \tag{4-3-2}$$

有些噪声与频率相关，而有些噪声与频率无关，我们将与频率无关的噪声称为白噪声，如热噪声和散粒噪声等。

**2. 热噪声**

在一般条件下，我们可以认为光电探测器的等效内阻是一个与频率不相关的量，电阻中自由电子的热运动造成其两端电压改变，进而产生热噪声，也就是探测器内部载流子无规则热运动引起的噪声。任何电子器件都有热噪声，热噪声均方振幅电压值可表示为

$$\overline{u_{T}^{2}}=4k_{0}TR\Delta f \tag{4-3-3}$$

其中，$R$ 为光电探测器内阻；$\Delta f$ 为等效噪声带宽。热噪声可等效为与电阻串联的电压源，或与电阻并联的电流源，其电流均方值为

$$\overline{i_{T}^{2}}=\frac{4k_{0}T\Delta f}{R} \tag{4-3-4}$$

热噪声的功率谱密度为

$$P_{T}(f)=4k_{0}TR \tag{4-3-5}$$

**3. 散粒噪声**

热电子随机发射产生的噪声称为散粒噪声，或称为散弹噪声，它最早被发现于电子管电路中。半导体器件中载流子输运(包括通过 pn 结，即渡越势垒区)时的随机发射会引起电流的随机起伏。其本质是粒状电流产生的起伏。散粒噪声均方振幅电压和电流可分别表示为

$$\overline{u_{S}^{2}}=2qI\Delta fR^{2} \tag{4-3-6}$$

$$\overline{i_{S}^{2}}=2qI\Delta f \tag{4-3-7}$$

其中，$I$ 为器件平均输出电流，其功率谱密度为

$$P_{T}(f)=2qIR \tag{4-3-8}$$

如果器件内部有增益 $M$，则需要将增益因子乘到式(4-3-8)中。

**4. 产生-复合噪声**

电子-空穴对的产生与复合是随机发生的，产生-复合噪声的实质是散粒噪声，然而为了突出产生与复合两个要素的作用，将其称为产生-复合散粒噪声，简称为产生-复合噪声。产生-复合噪声电流和电压的有效值为

$$\overline{i_{g\text{-}r}^{2}}=4qI\Delta fM^{2} \tag{4-3-9}$$

$$\overline{u_{g\text{-}r}^{2}}=4qI\Delta fM^{2}R^{2} \tag{4-3-10}$$

其中，$M$ 为探测器的内增益。

**5. 闪烁噪声(1/$f$ 噪声)**

闪烁噪声是由于负极表层部分不均匀，产生随机激发电子而引起的。它是频率范围在 1 kHz 以内的低频噪声，也称为低频噪声。其噪声电流的有效值为

$$\overline{i_{\mathrm{f}}^{2}}=\frac{AI^{\alpha}\Delta f}{f^{\beta}} \tag{4-3-11}$$

其中，$A$ 是与探测器相关的系数；$\alpha\sim2$；$\beta=0.8\sim1.5$。闪烁噪声的功率谱密度 $P_{\mathrm{T}}(f)\approx1/f$，因此闪烁噪声也被称为 $1/f$ 噪声，探测系统中使用较高的调制频率可以有效地抑制此类噪声。

**6. 光子噪声**

光子噪声是指光子在传输过程中的起伏所引起光生电流起伏而产生的噪声。光子噪声电流为

$$\overline{i_{\mathrm{p}}^{2}}=2qI\Delta f \tag{4-3-12}$$

**7. 等效噪声带宽**

噪声的产生机制不一样，其频率也不一样。其中，闪烁噪声($1/f$ 噪声)的频率最低，低于 1 kHz；热噪声和散粒噪声因为产生机制与频率特性有关，其噪声频率最高；产生-复合噪声频率居中，如图 4-3-1 所示。

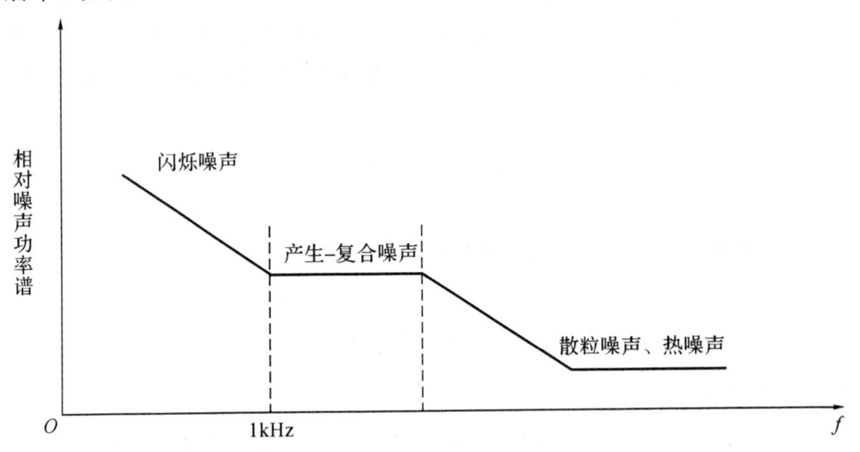


图 4-3-1　噪声频谱分布示意图

图 4-3-2 给出了噪声功率随噪声频率的变化关系。其中，频谱功率峰值 $P(f_0)$所对应的频率为 $f_0$。如果用一个高为 $P(f_0)$的矩形代替阴影面积，即

$$\int_0^{\infty}P(f)\mathrm{d}f=P(f_0)\Delta f \tag{4-3-13}$$

其中，$\Delta f$ 为等效噪声宽度，可表示为

$$\Delta f=\frac{1}{A_{\mathrm{m}}}\int_0^{\infty}A(f)\mathrm{d}f \tag{4-3-14}$$

其中，$A_{\mathrm{m}}$ 为最大功率增益；$A(f)$为频谱功率增益。

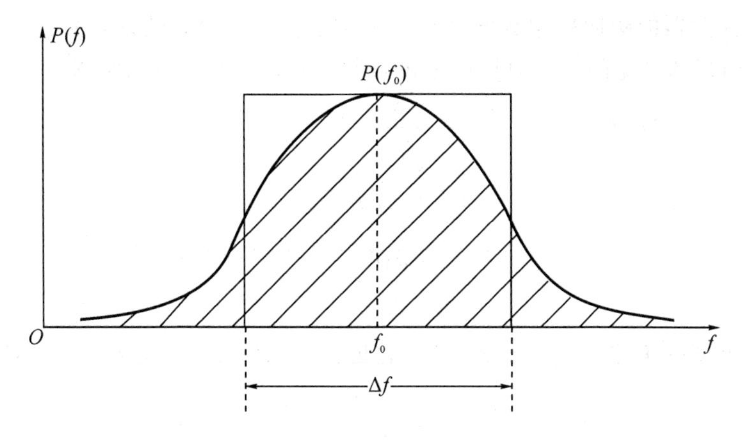


图 4-3-2　噪声功率随噪声频率的变化关系

## 4.3.2　噪声参数

### 1. 等效噪声功率(NEP)

等效噪声功率是指当光电探测器的信噪比等于 1 时，入射光信号的功率大小，即探测器输出的光信号电流等于噪声电流时的光功率。它反映了光电探测器探测微弱信号的能力。

NEP 是在 1 Hz 带宽条件下的测量值，单位为 W(瓦特)。由于噪声电压的大小正比于测量带宽的平方根值，当 NEP 越小时，光电探测器的灵敏度也就越高。NEP 可表示为

$$\mathrm{NEP}=\frac{P_0}{\dfrac{I_p}{\sqrt{\bar{i}_N^2}}}=\frac{\sqrt{\bar{i}_N^2}}{\dfrac{I_p}{P_0}}=\frac{\sqrt{\bar{i}_N^2}}{S} \tag{4-3-15}$$

式(4-3-15)中除去面积的影响称为噪声等效辐射照度(NEI)，是指当信噪比等于 1 时，单位面积上的辐射光功率，也就是噪声等效功率与光电探测器靶面积 $A_D$ 的比值，即

$$\mathrm{NEI}=\frac{\mathrm{NEP}}{A_D} \tag{4-3-16}$$

### 2. 归一化探测率

虽然 NEP 能够表征光电探测器的探测能力，但是其值越小探测能力越强的表示方法与人们习惯不一致。因此，人们采用 NEP 的倒数来表示探测能力，用 $D$ 来表示，$D$ 越大则探测器的灵敏度越高，其单位为 $\mathrm{W}^{-1}$，有

$$D=\frac{1}{\mathrm{NEP}}=\frac{S}{\sqrt{\bar{i}_N^2}} \tag{4-3-17}$$

如果光电探测器的靶面积和测量电路的带宽 $\Delta f$ 都不相同的话，那么探测率的大小也不一致。消除面积和带宽的影响对探测率进行归一化，可得归一化探测率，即

$$D^*(\lambda,f,\Delta f)=\frac{S}{\dfrac{\sqrt{\overline{i_N^2}}}{(A\times\Delta f)^{\frac{1}{2}}}}=\frac{1}{\dfrac{\text{NEP}}{(A\times\Delta f)^{\frac{1}{2}}}}=D\times(A\times\Delta f)^{\frac{1}{2}} \tag{4-3-18}$$

归一化探测率的单位是 $\text{cm}\cdot\text{Hz}^{\frac{1}{2}}/\text{W}$，它也称为比探测率，是表示探测器品质的量，又称为品质因子。

## 4.4 光电二极管的基本结构与工作机制

光电二极管能以光电池的方式工作，即光电二极管不加偏置就可以接到负载阻抗上，与太阳电池相类似(参见第三章)。然而，器件设计却大不相同。对光电二极管而言，只要求以光信号波长为中心的狭窄波段起重要作用；而对太阳电池而言，却要求在宽广的太阳光波段内有很高的光谱响应。为使 pn 结电容减至最小，光电二极管要做得很小，而太阳电池却是大面积器件。光电二极管最重要的参数之一是量子效率，而对于太阳电池却主要关心光电转换效率，即释放给负载的功率与入射太阳能之比。

光电二极管的种类很多，按材料来分，有Ⅳ族元素 Ge、Si 制作的，也有Ⅲ－Ⅴ族化合物材料及其他化合物材料制作的；按工作机制来分，有耗尽型和雪崩型等；按结特性来分，有 pn 结型、pin 型、异质结型、金-半结(肖特基势垒)型及点触型；按对光的响应来分，有用于紫外光、可见光及红外光等种类。本章后半部分的几节将对常用的几种光电二极管的工作机制分别进行介绍。

### 1. 光电二极管的基本结构

当半导体 pn 结受到光照，并且光子能量大于或等于半导体材料的禁带宽度时，价带电子就会吸收光子能量而跃迁到导带，产生电子-空穴对，即光生载流子。在外加反向偏压和内部电势共同产生的电场作用下，电子向 n 区漂移，空穴向 p 区漂移，从而在外电路中产生电流，即为光电二极管的光生电流。吸收入射光子而产生光生载流子的区域，称为吸收区。光电二极管的基本结构和工作机制如图 4－4－1 所示。

光电二极管主要是用高电场的半导体耗尽区来分开电子-空穴对。因此，高速工作时耗尽区必须保持很薄以缩短渡越时间。另外，为了增加量子效率(每个入射光子产生的电子-空穴对数目)，耗尽区必须足够厚，使得大部分入射光子能被吸收。在实际设计中，光电二

极管在响应速度和量子效率之间应取折中。

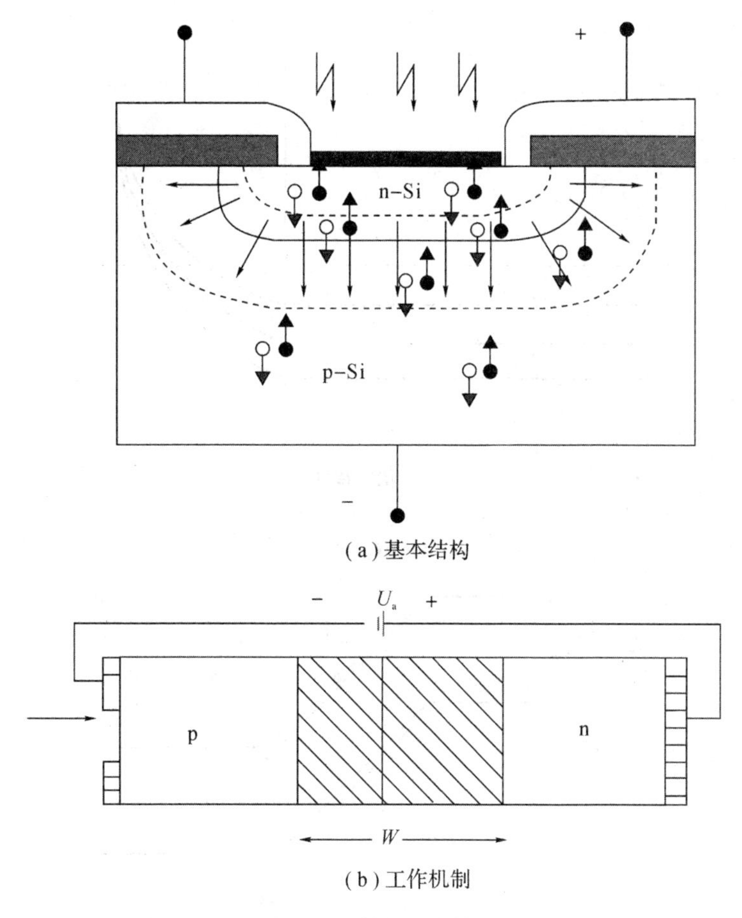


(a) 基本结构

(b) 工作机制

图 4-4-1 光电二极管的基本结构和工作机制

**2. 光电二极管的伏安特性**

光电二极管中最基本的结构是 pn 结。工作时 pn 结加有反向偏压，其光照时的伏安特性如图 4-4-2(a)所示。伏安特性的反向电流在很宽的范围内与入射光强成正比，所以检测出与入射光强成正比的电流值就可得到该入射光强。

当光照射在光电二极管上，如果光子具有的能量比禁带宽度能量大，光子被吸收，产生电子-空穴对。由于电场的作用，电子和空穴分别向 n 区一侧和 p 区一侧移动，在外电路获得反向电流，其能带结构示意图如图 4-4-2(b)所示。

光吸收层的厚度以及载流子浓度是获得高灵敏度光电二极管的重要参数。为了增加光吸收层的厚度，通常在 p 区和 n 区之间增加一层低掺杂的 i 层，以增加耗尽层的厚度，这种结构的光电二极管称为 pin 型光电二极管。

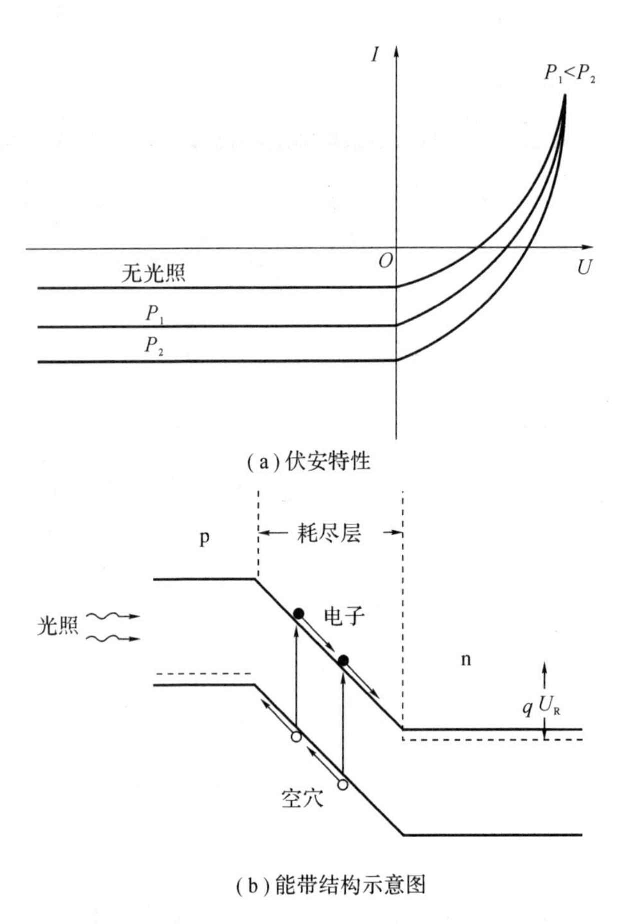


图 4-4-2 光电二极管的伏安特性和能带结构示意图

### 3. 光电二极管的量子效率

光电二极管采用量子效率 $\eta$ 来表征一定的入射光子能获得的电流大小。即量子效率表示入射一个光子得到的载流子数目。量子效率可用下式来表示：

$$\eta=\frac{I_P/q}{P_0/h\nu} \tag{4-4-1}$$

式中，$P_0$ 为入射光功率；$I_P$ 为光电流。波长大于本征吸收波长的光几乎不会引起光的吸收，所以量子效率是 0。此外，对于短波长的光来说，吸收几乎发生在表面的附近，在没有到达耗尽层被电场分离之前就会被大量复合，量子效率低。所以，量子效率的峰值往往出现在比本征吸收波长稍短的波长处。

**4. 光电二极管的响应时间**

响应时间是描述探测器对入射光辐射响应快慢的一个特征参数。它是指探测器将入射光辐射转换为电流输出的弛豫时间。当光突然照射到探测器上时，探测器的电流输出要经过一定时间才能上升到与入射光辐射相应的稳定值。当入射的光辐射被移除以后，探测器的电流输出也要经过一定的时间才能下降到照射前的值。探测器受到光照射后其电流输出上升到稳定值，或者移除光照后其电流输出下降到光照前的值所需要的时间称为探测器的响应时间或时间常数。响应时间主要由以下三部分组成：

（1）光生少子-电子在吸收层的扩散时间，即

$$\tau_A=\frac{W_A^2}{3D_n}+\frac{W_A}{v_{th}} \tag{4-4-2}$$

其中，$W_A$ 为吸收层宽度；$v_{th}$为吸收层边缘处热电子发射速度。

（2）电子在耗尽层电场下的漂移时间，即

$$\tau_C=\frac{x_m}{v_s} \tag{4-4-3}$$

其中，$x_m$ 为空间电荷区宽度；$v_s$ 为电子在电场作用下漂移速度。

（3）由 pn 结电容 $C_j$ 和负载电阻 $R_L$ 所决定的电路时间常数 $\tau_{RC}$。

由以上可得，总的响应时间为

$$\tau=(\tau_A^2+\tau_C^2+\tau_{RC}^2)^{1/2} \tag{4-4-4}$$

因此，光电二极管响应速度不仅由电子和空穴的迁移时间、pn 结电容的值所决定，还与 p 区、n 区内产生的载流子的扩散时间有关。一般来说，耗尽层厚，则迁移时间会变长；耗尽层薄，会使 pn 结电容的值增加，响应特性变差。

# 4.5　光电二极管的等效电路

## 4.5.1　光电二极管的直流等效电路

与太阳电池类似，光电二极管可以看成是一个恒流源和一个二极管，其等效电路如图 4-5-1 所示。在正向偏压下，随电压的增加，电流将很快增大，但作为光电探测器，它在正向偏置时没有使用价值。在反向偏压下，电流很快达到饱和，此电流即为光电探测器的暗电流。

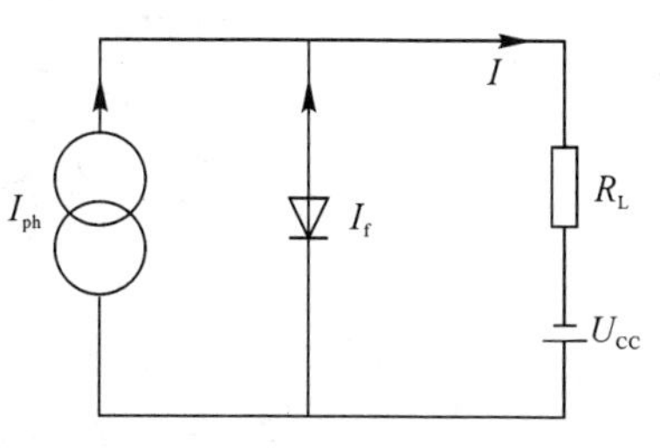

图 4-5-1　光电二极管的等效电路

光电二极管的暗电流也是衡量光电探测器性能的一个重要指标。暗电流越大，探测器的噪声功率就越大，其

性能就越差。光电二极管的耗尽层宽度、器件结面积、环境湿度、掺杂浓度和所加偏压都会对光电探测器暗电流的大小产生影响。在偏置电压较低的情况下，耗尽层内的产生-复合电流和p区、n区少数载流子形成的扩散电流都是暗电流的主要成分；在偏置电压较高的情况下，使光电二极管暗电流大幅增加的主要原因是载流子的隧道效应。器件内部的产生-复合电流由材料和吸收层的掺杂浓度决定，器件表面的产生-复合电流主要由表面漏电流决定。

在光照下，光电二极管的伏安特性曲线近似地平行移动，移动的程度取决于光照的程度，如图4-4-2(a)所示。在有光照射时，流过负载的电流分为两部分：一部分是二极管的光电流 $I_{\mathrm{ph}}$；另一部分是二极管的暗电流 $I_{\mathrm{dark}}$，即

$$I=I_{\mathrm{ph}}+I_{\mathrm{dark}} \tag{4-5-1}$$

当没有光照射时，光电流为0，光电二极管等同于一个普通的二极管，流过的电流为

$$I_{\mathrm{dark}}=I_{\mathrm{S}}\left[\exp\left(\frac{qU-IR_{\mathrm{L}}}{k_0 T}\right)-1\right]=I \tag{4-5-2}$$

当有光照射且光照恒定时，即 $I_{\mathrm{ph}}=$常数，此时有

$$I=I_{\mathrm{ph}}+I_{\mathrm{dark}} \tag{4-5-3}$$

综上所述，光电二极管的电流表达式为

$$I=-(I_{\mathrm{dark}}+I_{\mathrm{ph}})=I_{\mathrm{S}}\left[\exp\left(\frac{qU}{k_0 T}\right)-1\right]-I_{\mathrm{ph}}\approx-(I_{\mathrm{S}}+I_{\mathrm{ph}}) \tag{4-5-4}$$

其中，$U=(U_{\mathrm{CC}}-IR_{\mathrm{L}})<0$。

如果光电二极管没有外接电源和负载，可以看成是太阳电池，其等效电路与电流可以参见3.4节。

## 4.5.2 光电二极管的交流等效电路

光电二极管把光信号转换为电信号，其频率特性决定了光电二极管的工作能力。在一定频率下应用时，交流特性就显得尤为重要。考虑寄生电阻效应的光电二极管的交流等效电路如图4-5-2所示。

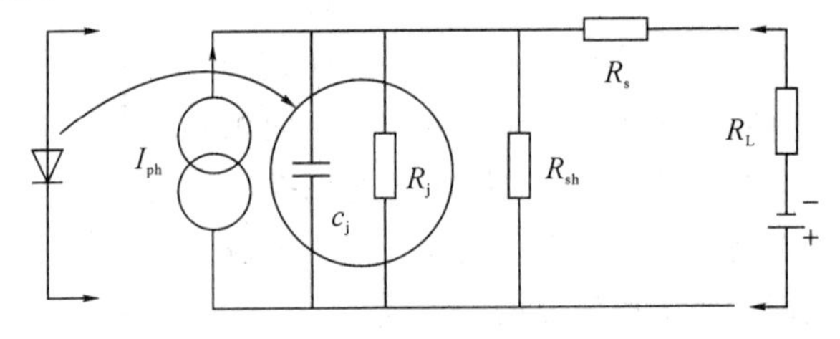


图4-5-2 考虑寄生电阻效应的光电二极管的交流等效电路

与直流等效电路相比，二极管可以看成是一个电容和电阻的并联，其表达式分别为

$$R_j=\left(\frac{\partial I_{\text{dark}}}{\partial U}\right)^{-1}=\frac{k_0T}{qI_S}\exp\left(\frac{qU}{k_0T}\right) \tag{4-5-5}$$

$$C_j=A\left[\frac{q\varepsilon_0\varepsilon_r N_A N_D}{2(N_A+N_D)(V_D+U)}\right] \tag{4-5-6}$$

从式(4-5-5)可以看出，在施加反向偏压时，反向电阻非常大，可以忽略。再把其中的非理想因素(如寄生效应等)忽略，理想情况下光电二极管的交流等效电路如图 4-5-3 所示。

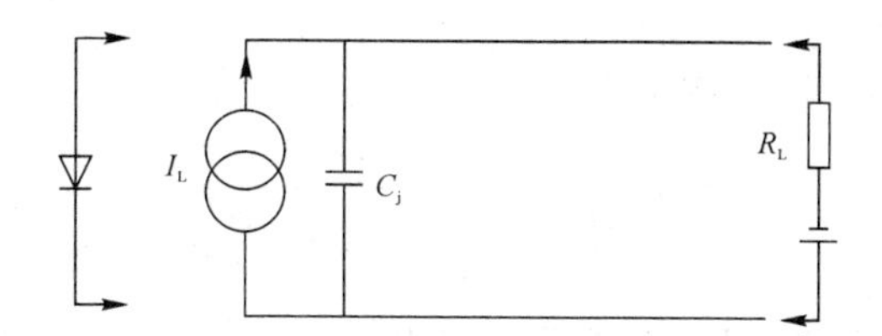


图 4-5-3 理想情况下光电二极管的交流等效电路

## 4.5.3 光电二极管的静态工作点

光电二极管的偏置电压是在没有光照的情况下给定的一个直流电压。偏置电压的大小也要根据情况而定，一般大于二极管的正向电压且远小于反向击穿电压，其大小由静态工作点确定。

### 1. 静态工作点

图 4-5-4 是光电二极管的静态工作点。如果偏置电压一定，外接负载电阻一定，则光电流与光强为线性关系，如图中直线。该线与光电流输出曲线的交点即为静态工作点，其中在光电流饱和位置的交点称为饱和点 $M$。

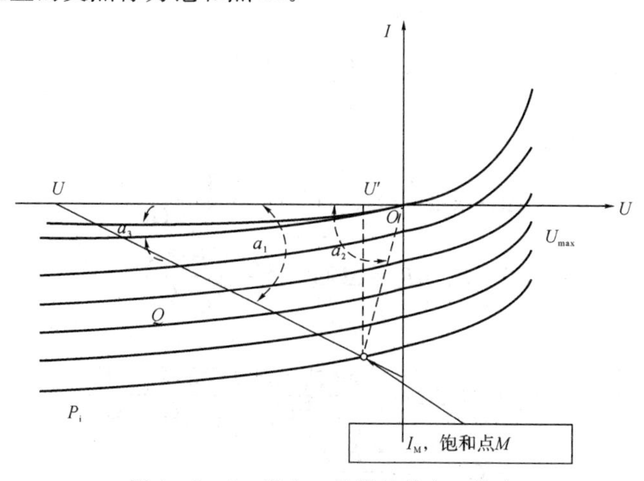


图 4-5-4 光电二极管的静态工作点

设 $\tan\alpha_1=G_1$，$\tan\alpha_2=G_2$，$\tan\alpha_3=G_3$，并且有

$$\frac{1}{R_L}=G_1 \tag{4-5-7}$$

则

$$G_1(U-U')=G_2U' \tag{4-5-8}$$

其中，$U'$满足 $G_2U'=G_3U'+SP_i$ 关系，$S$ 为灵敏度，求解可得

$$U'=\frac{SP_i}{G_2-G_3} \tag{4-5-9}$$

将式(4-5-9)代入式(4-5-8)中，有

$$G_1=\frac{1}{R_L}=\frac{SP_i}{U\left(1-\frac{G_3}{G_2}\right)-\frac{SP_i}{G_2}} \tag{4-5-10}$$

给定工作电压和光功率，从产品手册可查出 $G_2$、$G_3$、$S$，则有 $G_1$，即 $R_L$；或者给定负载和光功率，从产品手册可查出 $G_2$、$G_3$、$S$，则有工作电压。

**2. 输出功率**

当入射光强由 $P_0$ 增强到 $P_i$ 时，输出电压的幅度为

$$\Delta U=U_{max}-U_{min}(U') \tag{4-5-11}$$

其中，设 $U_{max}$ 为最佳工作点电压，$U_{min}(U')$ 为饱和点电压。由于

$$G_1(U-U_{max})=G_3U_{max}+SP_0 \tag{4-5-12}$$

$$G_1(U-U')=G_3U'+SP_i \tag{4-5-13}$$

有

$$U_{max}=\frac{G_1U-SP_0}{G_3+G_1} \tag{4-5-14}$$

$$U'=\frac{G_1U-SP_i}{G_3+G_1} \tag{4-5-15}$$

所以

$$\Delta U=U_{max}-U_{min}(U')=\frac{S(P_i-P_0)}{G_3+G_1} \tag{4-5-16}$$

$$\Delta I=I_M-I_0=\Delta UG_1=\frac{G_1S(P_i-P_0)}{G_3+G_1} \tag{4-5-17}$$

输出功率为

$$\begin{aligned}P_{out}=\Delta U\Delta I&=\frac{G_1S(P_i-P_0)}{G_3+G_1}\cdot\frac{S(P_i-P_0)}{G_3+G_1}\\&=G_1\frac{S(P_i-P_0)}{(G_3+G_1)^2}\end{aligned} \tag{4-5-18}$$

从式(4－5－18)可以看出，输出功率与灵敏度成正比。

**3. 截止频率**

如果设输入光信号 $P=P_0+P_m\sin\omega$，那么输出交流电流 $i=i_0+i_m\sin\omega$。其中，$\omega$ 为角频率，此时

$$i=i_{C_j}+i_{R_L}=\widetilde{U}\left(j\omega C_j+\frac{1}{R_L}\right) \tag{4-5-19}$$

则

$$\widetilde{U}=\frac{i}{j\omega C_j+\frac{1}{R_L}}=\frac{i\cdot R_L}{1+j\omega R_L C_j} \tag{4-5-20}$$

电压幅值为

$$U=\frac{i\cdot R_L}{\sqrt{1+(\omega R_L C_j)^2}} \tag{4-5-21}$$

设电压为最大值 $1/\sqrt{2}$ 的频率为截止频率，则

$$f_C=\frac{1}{2\pi R_L C_j} \tag{4-5-22}$$

从式(4－5－22)可以看出，光电二极管的频率特性受 pn 结电容影响很大，一般 pn 结电容的延迟时间约为 $10^{-9}$ s。除了 pn 结电容以外，载流子在扩散区的扩散时间也比较长，约为 $10^{-9}$ s，也是影响其频率特性的关键因素。相比而言，载流子在漂移区的漂移时间相对较短，约为 $10^{-11}$ s。

# 4.6　pin 型光电二极管

由于普通的 pn 结光电二极管中 pn 结电容的值较高、扩散区较长，导致其频率特性较差，制约了其在高频方面的应用。人们在普通 pn 结光电二极管的基础上，在其中间加入一层浓度很低的本征半导体材料，即 i 层，构成 pin 型光电二极管，如图 4－6－1 所示。

## 4.6.1　pin 型光电二极管的结构

pin 型光电二极管的工作机制与 pn 结光电二极管类似，在 pin 型光电二极管两端加上大小为 $U_R$ 的反向偏压，会在结上形成的一个和自建电场方向相同的外加电场。当入射光子能量大于或等于材料的禁带宽度时，即光子被半导体吸收，并激发 p 区、i 层和 n 区的价带电子，产生电子-空穴对。在耗尽区电场作用下电子和空穴分离，在外电路中形成光电流，即将接收到的光学信号转换成电信号输出。

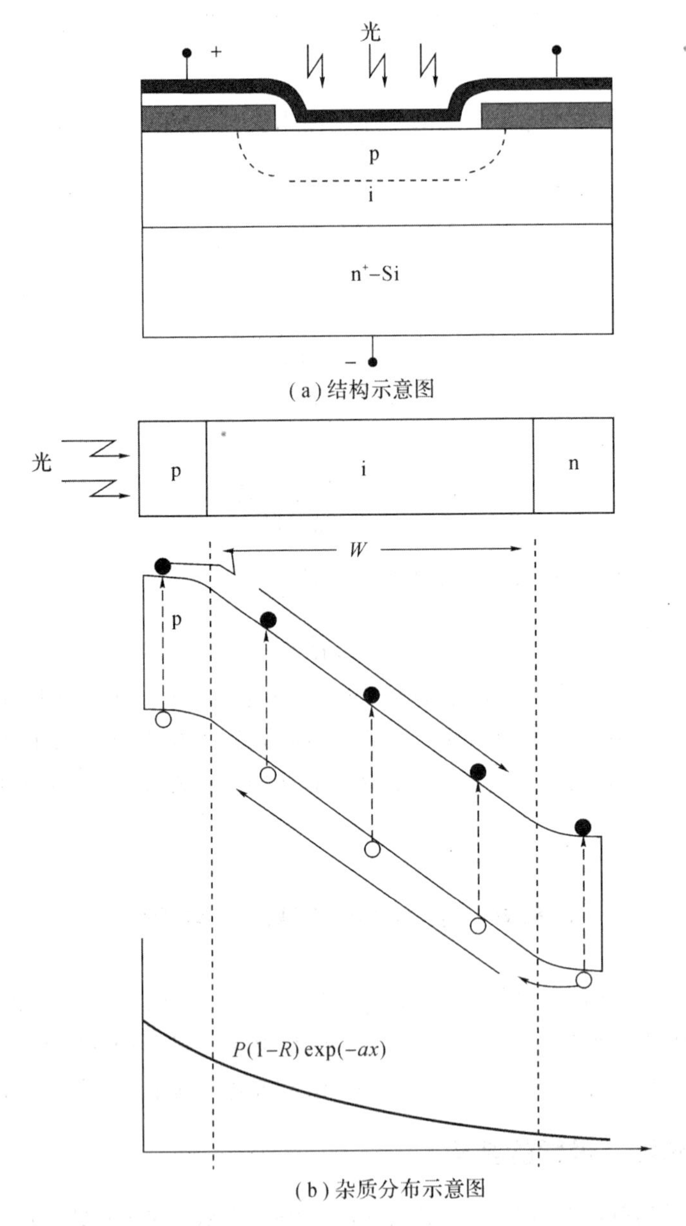


(a) 结构示意图

(b) 杂质分布示意图

图 4-6-1　pin 型光电二极管的结构与杂质分布示意图

pin 型光电二极管作为使用最广泛的光电探测器之一，其显著优点在于 i 层(本征层)的存在和设计。本征层很难实现，通常用高阻 $p^-$ 型区或高阻 $n^-$ 型区代替，被记作 $pp^-n$ (或 pπn)和 $pn^-n$(或 pνn)，如图 4-6-1 所示。由于 i 层有较高的阻抗，因此偏置电压基本上降落在该区，形成宽度约为 $W$ 的耗尽层；另外，i 层中半导体掺杂浓度低，其中的电场强度近似为常数。由于 i 层的轻掺杂使其在零偏压或者是很小的反向偏压下全部耗尽，如果外部 p 区和 n 区重掺杂，在器件内部的耗尽层宽度实际上近似等于与外加反向偏压关系不大的 i 层宽度。

## 4.6.2　pin 型光电二极管的电场分布

在零偏压下，对于理想的 pin 型光电二极管，i 层本征，离化电荷为 0。因此，正、负空间电荷区分别位于 i 层两侧界面处 n 区和 p 区的薄层内，电场在 i 层则均匀分布，方向由 n 区指向 p 区。对于 pπn 型光电二极管，由于 π 层有低的受主杂质浓度，因此，空间电荷区在 n 区与 π 层界面两侧。在一般情况下，π 层会全部电离，并且在 p 区仍有部分电荷区。光电二极管空间电荷区电场分布与载流子分布示意图如图 4-6-2 所示。其中，π 层是指 $p^-$ 层，μ 层是指 $n^-$ 层。

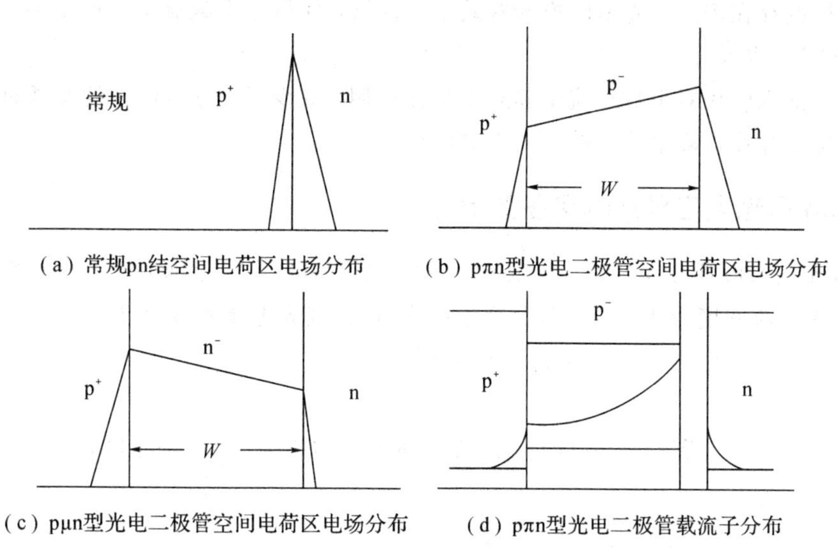

(a) 常规pn结空间电荷区电场分布　(b) pπn型光电二极管空间电荷区电场分布

(c) pμn型光电二极管空间电荷区电场分布　(d) pπn型光电二极管载流子分布

图 4-6-2　光电二极管空间电荷区电场分布与载流子分布示意图

在反向偏压下，空间电荷区电荷量增加，但由于 p 区和 n 区掺杂浓度高，空间电荷区宽度 $x_m$ 近似为耗尽层宽度 $W$。

由于 pin 型光电二极管的耗尽层较厚，可以看成是一个平板电容，其 pn 结电容为

$$C_T=\frac{\varepsilon_0\varepsilon_s}{W} \tag{4-6-1}$$

最高击穿电压为

$$U_B\approx\varepsilon_m W \tag{4-6-2}$$

其中，$\varepsilon_m$ 为临界击穿电压。储存时间(电荷消失时间)为

$$t_S=\frac{Q_O}{I_S}=\frac{I_{ph}}{I_S}\tau \tag{4-6-3}$$

其中，$\tau$ 为少数载流子的寿命。

在正常的工作条件下，调节反向偏压可使 i 层全部耗尽。通过设计耗尽层的宽度约为 $\frac{2}{\alpha}$($\alpha$ 为吸收系数)，就能够在某一波长下获得最大的光电响应。另外，由于大部分的光电流在 i 层中产生，所以它的频率响应比 pn 结光电二极管要快得多，在耗尽的 i 层中，强大的电场将使光生载流子迅速被收集并获得最大的频率响应。i 层增加了耗尽层的宽度，即加大了吸收及光电转换区的厚度，从而提高光电二极管的光电灵敏度。同时，显著地减小了 pn 结电容的值，缩短了响应时间，提高了频率响应特性。i 层是高阻层，不仅抑制了暗电流；还分担了大部分的反向偏压，成为高电场区。因此，pin 型光电二极管具有的特点是：

(1) i 层的存在增大了光电转换的有效工作区域，使得光生载流子的产生率增多，提高了器件的响应度和量子效率。

(2) i 层的强电场对少数载流子起到了加速作用，减少了少数载流子的渡越时间。

(3) i 层的存在提高了器件的反向击穿电压。

### 4.6.3 pin 型光电二极管的量子效率

pin 型光电二极管与 pn 结光电二极管一样，光电流分为三个部分：空间电荷区产生的光电流(其光电流密度为 $J_{dir}$)、扩散区产生的光电流(其光电流密度为 $J_{drif}$)、中性区产生的光电流(其光电流密度为 $J_{neu}$)。因此光电流密度为

$$J_{tot}=J_{dir}+J_{drif}+J_{neu} \tag{4-6-4}$$

如图 4-6-3(a)所示，令 p 区与 i 区交界面为 $x$ 轴原点。对于势垒区，其光生载流子的产生率为

$$G(x)=\alpha\left[\frac{P_0(1-R)}{h\nu}\exp(-\alpha x)\right] \tag{4-6-5}$$

其中，$P_0$ 为入射光强。则光电流密度为

$$J_{dir}=-q\int_0^W G(x)\mathrm{d}x=\frac{qP_0(1-R)}{h\nu}[1-\exp(-\alpha W)] \tag{4-6-6}$$

那么，若吸收均发生在势垒区，其内、外量子效率分别为

$$\eta_{内}=\frac{\frac{J_{dir}}{q}}{\frac{P_0(1-R)}{h\nu}}=\frac{\frac{P_0(1-R)}{h\nu}[1-\exp(-\alpha W)]}{\frac{P_0(1-R)}{h\nu}}=1-\exp(-\alpha W) \tag{4-6-7}$$

$$\eta_{外}=\frac{\dfrac{J_{\text{dir}}}{q}}{\dfrac{P_0}{h\nu}}=\frac{\dfrac{P_0(1-R)}{h\nu}[1-\exp(-\alpha W)]}{\dfrac{P_0}{h\nu}}=(1-R)[1-\exp(-\alpha W)] \quad (4-6-8)$$

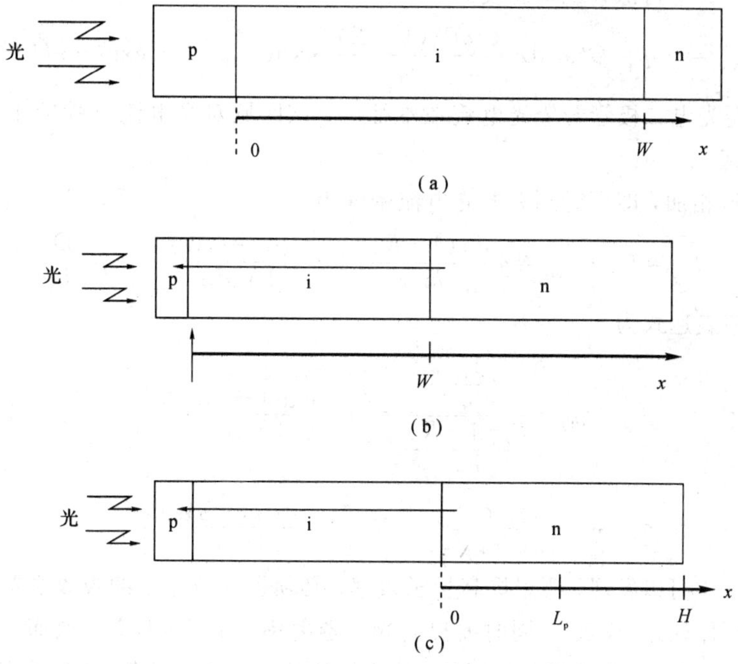

(a)

(b)

(c)

图 4-6-3　pin 型光电二极管的坐标示意图

对于扩散区，以 n 区为例，如图 4-6-3(b)所示，也令 p 区与 i 层交界面为 $x$ 轴原点。产生率满足如下关系：

$$D_{\text{p}}\frac{\partial^2 p_{\text{n}}(x)}{\partial x^2}-\frac{p_{\text{n}}(x)-p_{\text{n0}}}{\tau_{\text{p}}}+G(x)=0 \quad (4-6-9)$$

利用边界条件$p_{\text{n}}(x)\big|_{x=\infty}=p_{\text{n0}}$和$p_{\text{n}}(x)\big|_{x=W}=0$，解得

$$p_{\text{n}}(x)=p_{\text{n0}}-[p_{\text{n0}}+C_1\exp-(\alpha W)]\exp\left(\frac{W-x}{L_{\text{n}}}\right)+C_1\exp(-\alpha x) \quad (4-6-10)$$

其中

$$C_1=\frac{1}{D_{\text{p}}}\frac{P_0(1-R)}{h\nu}\frac{\alpha L_{\text{p}}^2}{1-\alpha^2 L_{\text{p}}^2}$$

则

$$J_{\text{drif}}=-qD_{\text{p}}\frac{\text{d}p_{\text{n}}(x)}{\text{d}x}\bigg|_{x=W}=q\frac{P_0(1-R)}{h\nu}\frac{\alpha L_{\text{p}}}{1+\alpha L_{\text{p}}}\exp(-\alpha W)+qp_{\text{n0}}\frac{D_{\text{p}}}{L_{\text{p}}} \quad (4-6-11)$$

对于中性区，仍以 n 区为例，如图 4-6-3(c)所示，其产生率为

$$G(x)=\alpha\left[\frac{P_0(1-R)}{h\nu}\exp(-\alpha x)\right] \tag{4-6-12}$$

通过式(4-6-12)可得漂移电流密度为

$$J_{\text{neu}}=-q\int_0^H G(x)\mathrm{d}x=\frac{qP_0(1-R)}{h\nu}[\exp(-\alpha L_{\text{p}})-\exp(-\alpha H)] \tag{4-6-13}$$

因为 pin 型光电二极管希望光电流在本征区，该区域对光电流贡献较小，所以讨论效率时可忽略该区。

将以上电流相加，即可得到总的光电流密度为

$$J_{\text{tot}}=J_{\text{dir}}+J_{\text{drif}}=q\frac{P_0(1-R)}{h\nu}\left[1-\frac{\exp(-\alpha W)}{1+\alpha L_{\text{p}}}\right]+qp_{\text{n0}}\frac{D_{\text{p}}}{L_{\text{p}}} \tag{4-6-14}$$

那么，量子效率表达式为

$$\eta_{内}=\frac{\dfrac{J_{\text{tot}}}{q}}{\dfrac{P_0(1-R)}{h\nu}}=\left[1-\frac{\exp(-\alpha W)}{1+\alpha L_{\text{p}}}\right] \tag{4-6-15}$$

$$\eta_{外}=\frac{J_{\text{tot}}/q}{P_0/h\nu}=(1-R)\left[1-\frac{\exp(-\alpha W)}{1+\alpha L_{\text{p}}}\right] \tag{4-6-16}$$

从以上各式中可以发现，要想提高量子效率，必须提高载流子的吸收系数、增大耗尽层宽度 $W$，至少要保证 $\alpha\cdot W\geqslant 1$，同时要提高光的透射率，即减少反射。然而，增大探测器宽度，势必将影响载流子在其中的渡越时间，这将导致其频率特性下降，这与效率要求宽度增大相矛盾。为了解决这个问题，人们提出了如图 4-6-4 所示的结构。该结构中光路和电流方向不在同一方向，从纵向降低厚度，减少载流子的渡越时间，提高其频率特性；从横向增加长度，并在另一面增加反射膜，以增大光在探测器中的传播路程，提高光电二极管的量子效率。

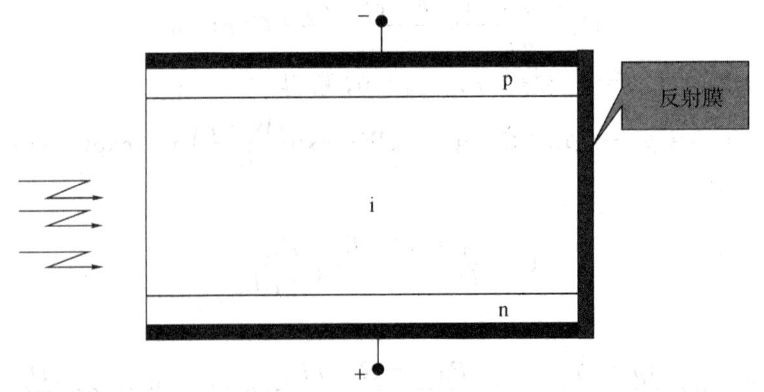


图 4-6-4 光路与电流方向分离的 pin 型光电二极管的结构示意图

# 4.7　异质结与肖特基光电二极管

## 4.7.1　异质结光电二极管

光电二极管多数被用于光电探测，因此我们希望其光谱响应范围越宽越好、转化率越高越好。采用能带结构不同的两种材料接触形成异质结光电二极管。异质结光电二极管可利用宽禁带材料对光透射性好的特点，作为窄禁带材料的光入射窗口，使其光谱响应范围展宽，从而达到提高其光电探测性能的目的。图 4-7-1 为异质结光电二极管的光谱特性。其中，交叉阴影部分是其工作响应范围。

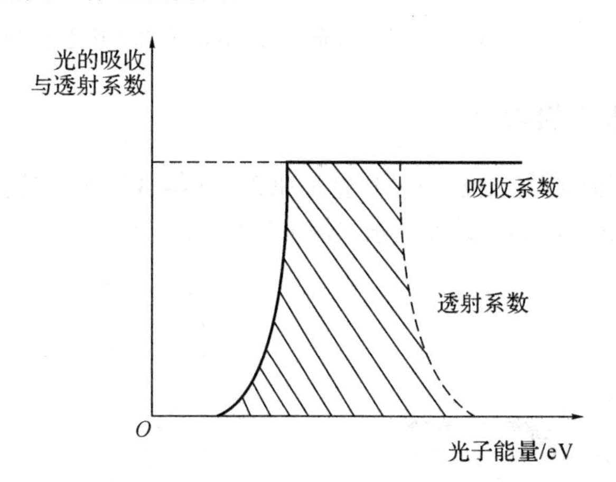


图 4-7-1　异质结光电二极管的光谱特性

除了窗口效应外，异质结光电二极管还具有的特点有：

(1) 可以让被检测光子与电子的相互作用主要发生在窄禁带，以有效改善表面吸收，提高转换效率。

(2) 通过对窄禁带材料的选择与优化，实现探测器的探测波长选择。

(3) 异质结有较高载流子发射效率，暗电流小。

图 4-7-2 给出了 $Si/Si_{1-x}Ge_x/Si$ 异质结光电二极管的结构及其能带结构示意图。$Si_{1-x}Ge_x$材料的禁带宽度可以随着组分 $x$ 的大小和应变度而变化，以此材料制成的光电探测器的峰值波长相应地可从约 0.9 μm 到 1.6 μm 之间调节，并且它的制备工艺与成熟的 Si 工艺兼容，易于集成。

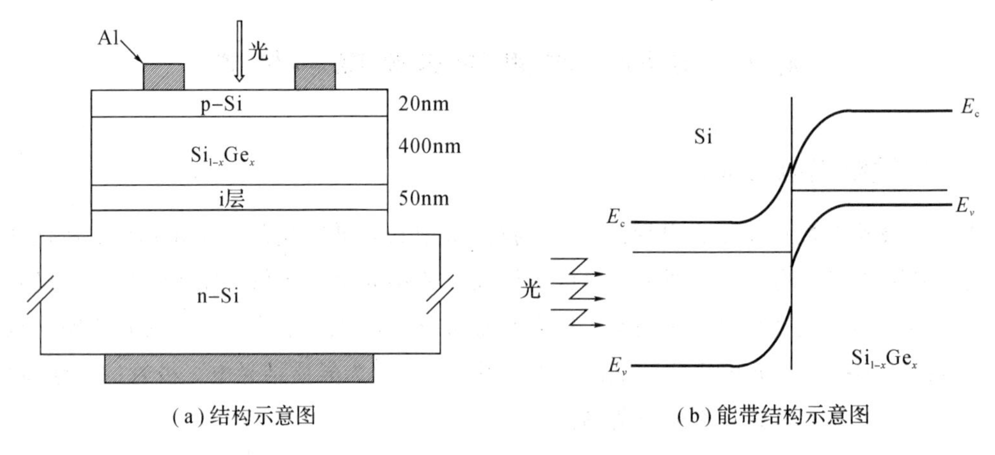


(a) 结构示意图　　(b) 能带结构示意图

图 4-7-2　$Si/Si_{1-x}Ge_x/Si$ 异质结光电二极管的结构及其能带结构示意图

## 4.7.2 肖特基光电二极管

肖特基光电探测器(光电二极管)是指把原来的 pn 结或 pin 结替换成肖特基结而制成的一种光电探测器。它的结构及其能带示意图如图 4-7-3 所示。该光电探测器工作的核心是肖特基结。

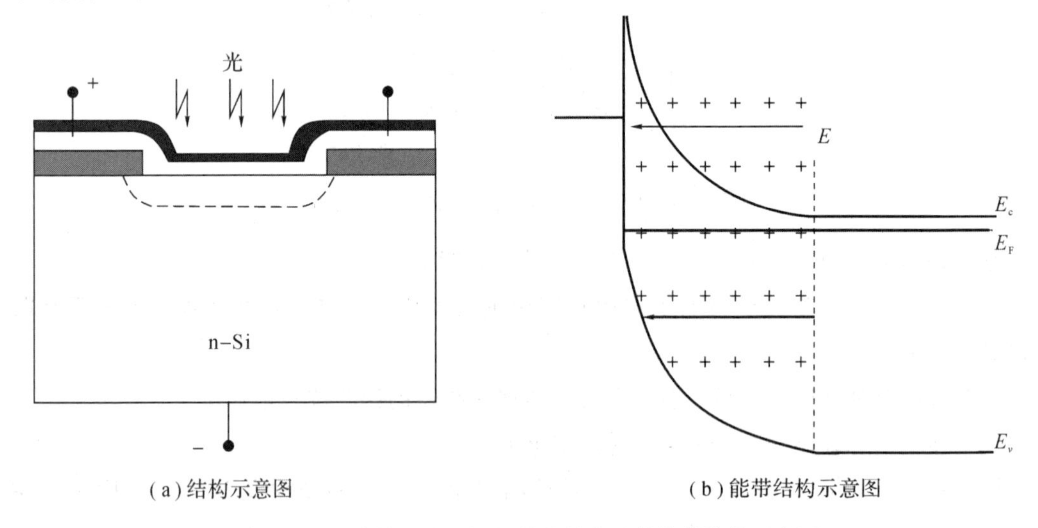


(a) 结构示意图　　(b) 能带结构示意图

图 4-7-3　肖特基光电二极管的结构及其能带结构示意图

肖特基势垒是由功函数不相同的金属与半导体接触时所形成的势垒。当作为正极的金属与作为负极的半导体(一般为 n 型半导体)接触时，n 型半导体中电子会从半导体向金属中扩散。随着电子的不断扩散，半导体表面的电子浓度不断降低，表面电中性被破坏就形成了势垒，其电场方向是由半导体指向金属。当由电场引起的电子漂移运动和由于浓度梯度引起的电子扩散运动达到动态平衡时，肖特基势垒形成。肖特基势垒可以看成是一个结深为0且表面覆盖着薄而透明的金属膜的pn结，基本上所有的光子都可以在结区(即肖特基势垒区)被吸收，这样就避免了电子-空穴对扩散到结区的运动过程。

肖特基光电探测器可以实现各种光波探测，其中在红外光电探测器中应用较多。肖特基红外光电探测器最主要的优势是响应速度快，这由以下两个方面原因造成：

(1) 它是一种单一载流子输运电荷的器件，这样很大程度上减少了复合。

(2) 其独特的结构使光子主要被肖特基势垒区所吸收，避免了电子-空穴对先扩散到结区再分离的运动模式。

除此之外，肖特基光电探测器还具有低功耗、工艺制作简单等优点。但其反向耐压较低、漏电流较大等问题，也制约了它的应用。

# 4.8 雪崩光电二极管

## 4.8.1 雪崩光电二极管的工作机制

一般光电二极管的灵敏度都不够高，而雪崩光电二极管(APD)利用了高反向偏压下二极管耗尽层产生载流子雪崩倍增效应，而获得很高的光电流增益，其增益可达$10^2 \sim 10^4$。因此，APD灵敏度很高，响应速度很快，可达$10^5$ MHz，适用于探测弱光信号，可广泛地应用于光通信探测、红外探测、紫外探测等方面，是一种很有发展前途的光电探测器。图4-8-1是几种常见的雪崩光电二极管的结构。其中，图4-8-1(e)的边界部分可以通过对pn结进行磨角改善器件中电场的均匀度。

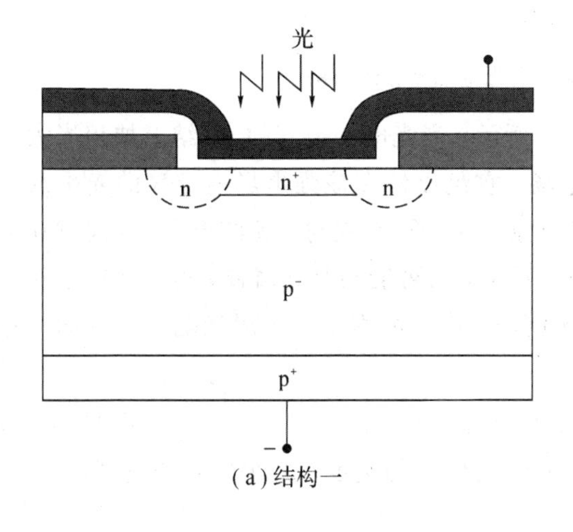

(a)结构一

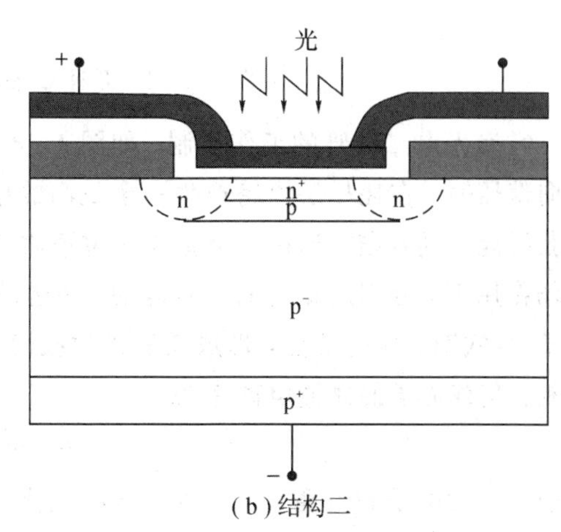

(b)结构二

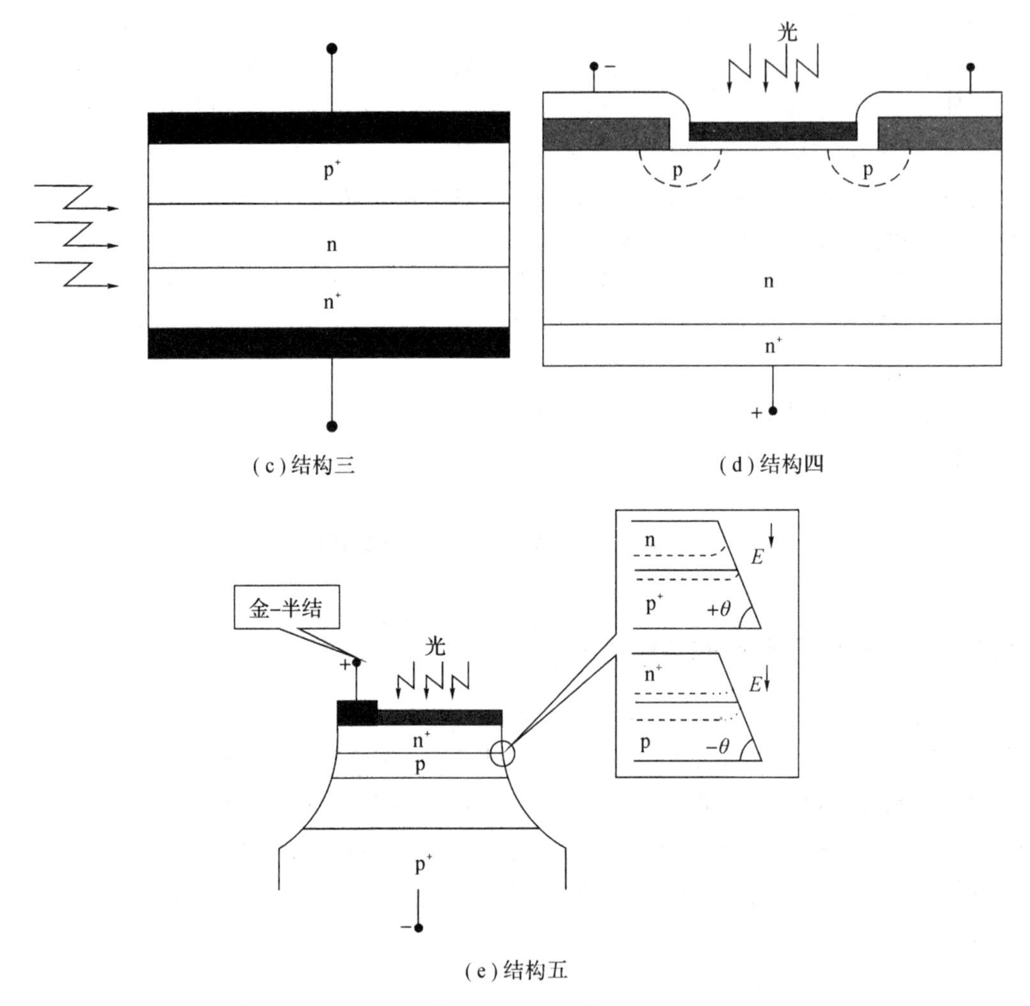


(c)结构三　　(d)结构四

(e)结构五

图 4-8-1　几种常见的雪崩光电二极管的结构

雪崩光电二极管的工作机制，如图 4-8-2 所示。当光电二极管的 pn 结上加相当大的反向偏压时，在耗尽层内将产生一个很高的电场，它足以使在该强电场内漂移的光生载流子获得充分的动能，通过与晶格原子碰撞将产生新的电子-空穴对。新的电子-空穴对在强电场作用下，分别向相反的方向运动，在运动过程中，又可能与晶格碰撞，再一次产生新的电子-空穴对。如此反复，形成雪崩式的载流子倍增。这个过程就是雪崩光电二极管的工作机制，其载流子的碰撞电离率为

$$g=\alpha_n n v_n+\alpha_p p v_p \tag{4-8-1}$$

其中，$\alpha_n$ 为电子的电离率；$\alpha_p$ 为空穴的电离率；$v_n$ 为电子的速度，$v_p$ 为空穴的速度。

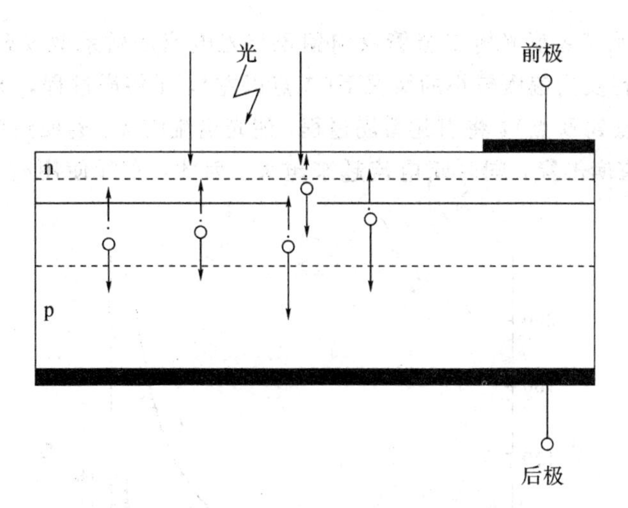


图 4-8-2　雪崩光电二极管的工作机制

在正常情况下，雪崩光电二极管的反向工作偏压一般略低于反向击穿电压。在无光照时，pn 结内不会发生雪崩倍增效应。但势垒区一旦有光照射，激发出的光生载流子就被临界强电场加速而导致雪崩倍增。

### 4.8.2　雪崩光电二极管的倍增因子(系数)

雪崩光电二极管的内增益通常用光电倍增系数 $M_{ph}$ 来表示。$M_{ph}$ 定义为倍增光电流 $i_{ph}$ 与不发生倍增效应时的光电流 $i_{ph0}$ 之比，即

$$M_{ph}=\frac{i_{ph}}{i_{ph0}}=\frac{i-i_{MD}}{i_0-i_D}\approx\frac{1}{1-\left(\frac{U_R-iR_s}{U}\right)^n} \tag{4-8-2}$$

其中，$i$ 为倍增后总电流；$i_0$ 为倍增前总电流；$i_{MD}$ 为倍增后暗电流，$i_D$ 为倍增前暗电流；$U_R$ 为反向击穿电压；$U$ 为外加反向偏压；$R_s$ 为等效串联电阻；$n$ 为调整参数，它取决于半导体材料、器件结构和入射光的波长。n 型 Si 取 4，p 型 Si 取 2；n 型 Ge 取 3，p 型 Ge 取 6。

从式(4-8-2)中可以看出，当 $U$ 接近 $U_R$ 时，$M_{ph}$ 将增大。但当 $U$ 增大时，由于热激发载流子所形成的暗电流也增大，使噪声也随之增加，因此在实际使用时，加在雪崩光电二极管上的反向偏压要适度。

光电倍增因子的最大值为

$$M_{phmax}=\left[1-\left(\frac{U_R-iR_s}{U}\right)^n\right]^{-1}\Bigg|_{U\to U_R}\approx\frac{U_R}{niR_s} \tag{4-8-3}$$

图 4-8-3 给出了雪崩光电二极管反向偏压与光电流倍增系数及暗电流的关系曲线。从图中可以看出，在反向偏压较小的情况下($A$ 点以左)，无雪崩过程，光电流较小，随着反向偏压升高(从 $A$ 点到 $B$ 点)，将引起雪崩过程，使光电流增大。若反向偏压再继续升高(超出 $B$ 点)，将发生雪崩击穿，同时暗电流越来越大。因此，实际使用时反向工作偏压必须适度。

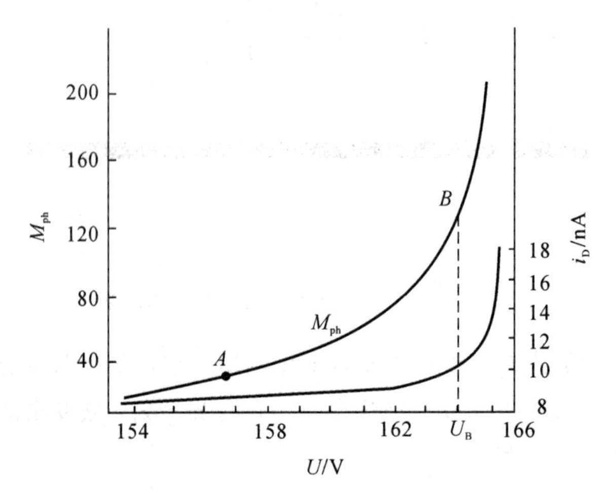


图 4-8-3 雪崩光电二极管反向偏压与光电流倍增系数及暗电流的关系曲线

## 4.8.3 雪崩光电二极管的信噪比

雪崩光电二极管工作时雪崩过程有起伏，其噪声主要由散粒噪声和热噪声构成，倍增后散粒噪声电流均方值为

$$\overline{i_S^2}=2q(i_{ph}+i_D+i_b)\overline{M^2}\Delta f \tag{4-8-4}$$

其中，$\overline{M^2}$ 为倍增因子均方值，$\overline{M^2}>M^2$(倍增因子平均值的平方)。热噪声电流的均方值为

$$\overline{i_T^2}=\frac{4k_0T\Delta f}{R_L} \tag{4-8-5}$$

倍增后的均方根调制电流为

$$i_{ph}=\frac{q\eta P_0M}{\sqrt{2}h\nu} \tag{4-8-6}$$

或者

$$i_{ph}=\frac{q\eta(1-R)P_0M}{\sqrt{2}h\nu} \tag{4-8-7}$$

如果后续有放大电路，并且输入阻抗为 $R_i$，则 $R_L$ 应改为 $R_{eq}\approx R_L/\!/R_i$。此时，雪崩光电二极管的信噪比为

$$\frac{S}{N}=\frac{\frac{1}{2}\left(\frac{q\eta P_0 M}{h\nu}\right)^2}{2q(i_{ph}+i_D+i_b)\overline{M}^2\Delta f+\frac{4k_0T\Delta f}{R_L}}$$

$$=\frac{\frac{1}{2}\left(\frac{q\eta P_0}{h\nu}\right)^2}{2q(i_{ph}+i_D+i_b)\frac{\overline{M}^2}{M^2}\Delta f+\frac{4k_0T\Delta f}{R_LM^2}}$$

$$=\frac{\frac{1}{2}\left(\frac{q\eta P_0}{h\nu}\right)^2}{2q(i_{ph}+i_D+i_b)F(M)\Delta f+\frac{4k_0T\Delta f}{R_LM^2}} \tag{4-8-8}$$

其中，$F(M)=\frac{\overline{M}^2}{M^2}$。

从式(4-8-8)中可以看出，要提高信噪比，首先要提高倍增因子平均值的平方$M^2$，即减小$F(M)$的值，有

$$F(M)=\frac{\overline{M}^2}{M^2}\approx K_MM+\left(2-\frac{1}{M}\right)(1-K_M) \tag{4-8-9}$$

其中，$K_M=\alpha_n/\alpha_p$或$K_M=\alpha_p/\alpha_n$。

在一般常见的Si、Ge和GaAs材料中，$\alpha_n(\mathrm{Si})>\alpha_p(\mathrm{Si})$，$\alpha_n(\mathrm{Ge})<\alpha_p(\mathrm{Ge})$，$\alpha_n(\mathrm{GaAs})=\alpha_p(\mathrm{GaAs})$。若$\alpha_n\gg\alpha_p$或$\alpha_p\gg\alpha_n$，则$F(M)\approx 2$，此时噪声小，信噪比大。若$\alpha_n=\alpha_p$，则$F(M)=M_{ph}$。

由$d(S/N)/dM=0$，可得最佳的$M_{ph0}$，将$M_{ph0}$带入$S/N$，可得最大的$S/N$，即

$$\left.\frac{S}{N}\right|_{max}\propto\eta \tag{4-8-10}$$

采用不同材料、结构和工艺，我们可得到不同类型的雪崩光电二极管。为使其产生均匀有效的内部增益，就要保持载流子在整个光敏区内有均匀的倍增性能。为此，应设法消除结区边缘的过剩漏电流和微等离子体。微等离子体是指半导体中存在小面积区域，其中的击穿电压小于整个结的击穿电压。这就需要选用无缺陷和掺杂均匀的衬底材料，并且采用加保护环的平面或台面结构以及选用更高的工艺标准等措施。

图4-8-4为实际常用的有保护环的pn结雪崩光电二极管结构。图4-8-4(a)是以p型Si材料作为衬底，用P扩散形成重掺杂$n^+$型区；图4-8-4(b)是以n型Si材料作为衬底，用B扩散形成重掺杂$p^+$型区；图4-8-4(c)是pin型结构，其中i层能有效地增加管子的耐压能力。它同普通的pin型光电二极管的区别在于$p^+$型区做得很薄，保证在一定的反向偏压下有足够的电场分布，以使电子获得足够的能量而碰撞电离出更多的二次电子。

以上三种均为有保护环的平面型结构，当然也可以做成有保护环的台面结构，还可以有肖特基势垒保护环结构。

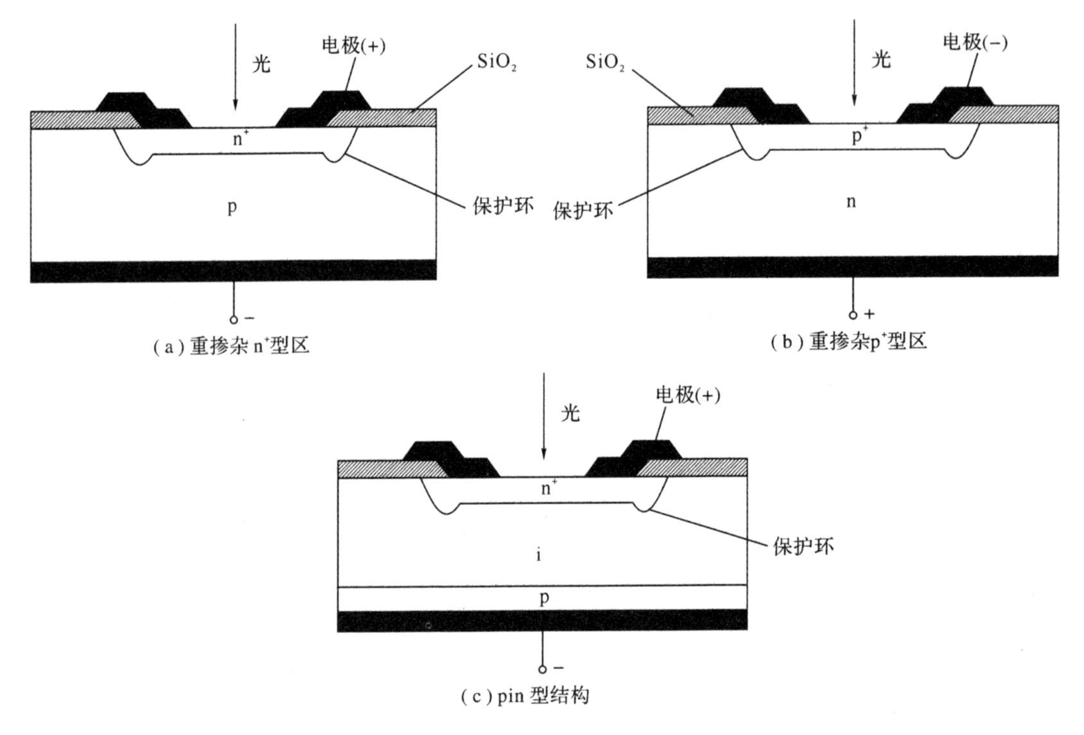

(a)重掺杂$n^+$型区

(b)重掺杂$p^+$型区

(c)pin 型结构

图 4-8-4　雪崩光电二极管的结构示意图

雪崩光电二极管保护环的作用有两个：一是由于保护环为深扩散，在保护环处 pn 结区拉得较宽，它呈现高阻抗，可以减小表面漏电流，并承受一定的击穿电压；二是避免由于结边缘材料的不均匀及缺陷，使结边缘过早击穿。所以有保护环的雪崩光电二极管也可称为保护环雪崩光电二极管，记作 GAPD。

## 4.9　光电晶体管和光敏场效应管

光电晶体管是在光电二极管的基础上发展起来的，其结构相当于在基极和集电极之间接有光电二极管的三极管。与光电二极管相比，它具有较大的内增益和较大的输出电流(一般在毫安级)，多用于输出电流较大的场合。

### 4.9.1 光电晶体管

图 4-9-1(a)、(b)分别是光电晶体管(以 npn 型为例)的结构及其能带结构示意图。通常基极处于开路状态，在发射极和集电极之间施加反向偏压。

当光照射在光电晶体管上时，基极和集电极之间的耗尽层吸收光子产生电子-空穴对，其中电子移向集电极、空穴移向基极。这时空穴电流所起的作用如同一般双极型晶体管中的基极电流，即当空穴进入基极使基极电位高，降低了基极与发射极间的电子势垒，使电子比较容易地注入基极。设基极的空穴电流(光电流)为 $i_{ph}$，则集电极电流为

$$i_{cp}=(1+\beta)i_{ph} \tag{4-9-1}$$

集电极电流为光电流的$(1+\beta)$倍，其等效电路如图 4-9-1(c)所示。光电晶体管具有灵敏度高的优点，但入射光强和输出电流之间不为线性关系，并且频率特性和响应速度比较差。

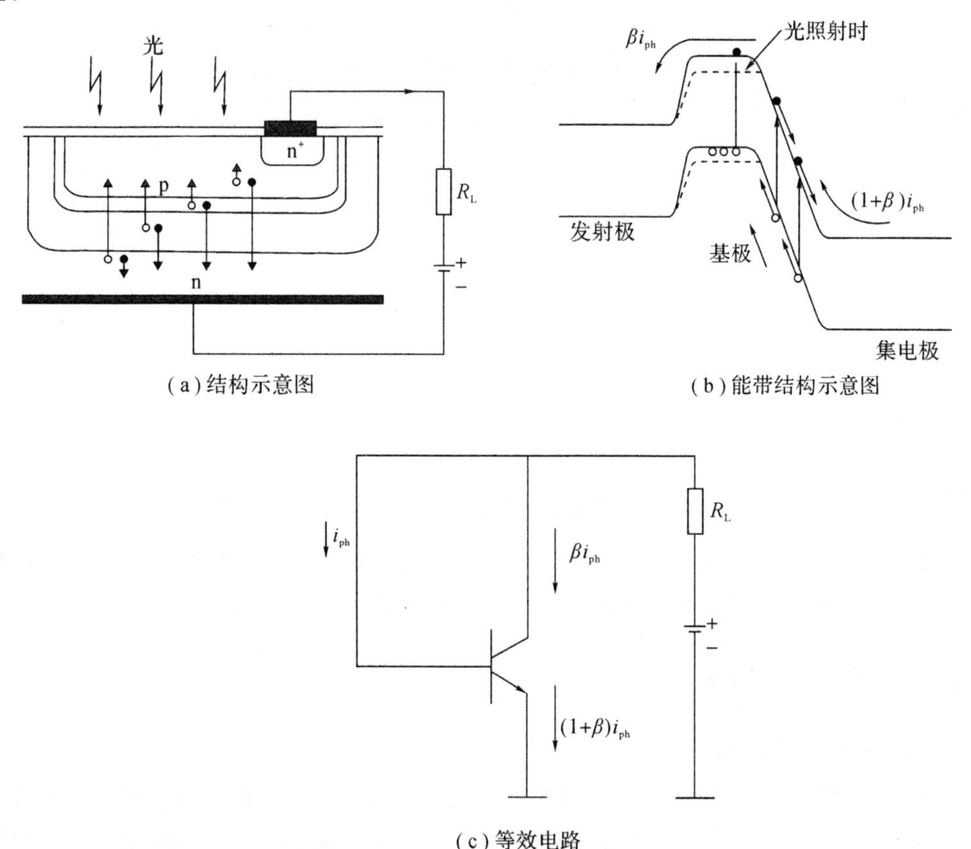


图 4-9-1　光电晶体管的结构、能带结构示意图及其等效电路

## 4.9.2 光敏场效应管

光敏场效应管在原理上可以看成是光电二极管与具有高输入阻抗和低噪声的场效应晶体管的有机结合。它与其他光电器件相比，具有灵敏度高、线性动态范围大、光谱响应范围宽、输出阻抗低等优点。因此，在对微弱光信号和紫外光的检测中得到广泛的应用。下面仅就其结构、工作原理和主要特性做简单介绍。

图 4-9-2 是 n 型沟道光敏场效应晶体管的工作原理示意图。在一块 n 型半导体 Si 片的上、下面各做一 p 型区，形成两个 pn 结，用其控制栅极 G，pn 结耗尽层厚度由加在栅极上的偏压的大小来控制。同时，在 n 型半导体两端各引出一个源极 S 和漏极 D，并在源、漏极之间加上电源，使漏极 D 接正，源极 S 接负，这样就有电子(n 型半导体中的多数载流子)从源极 S 通过 n 沟道向漏极 D 漂移，这时 n 型半导体起电阻作用，称为沟道电阻。

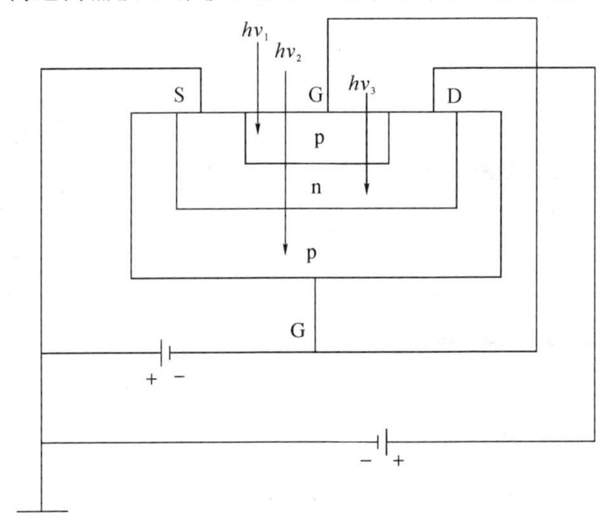


图 4-9-2 n 型沟道光敏场效应晶体管的工作原理示意图

高能量光子在上面 p 区被吸收，它对应于波长较短的蓝光；低能量光子在 n 区被吸收，它对应于波长极长的红光，对于波长更长的光，将在图中的 p 区被吸收。

## 4.9.3 色敏光电二极管

### 1. 双结色敏光电二极管

半导体材料的本征吸收系数随入射光波长的变化而变化，在红外部分吸收系数小，在紫外部分吸收系数大。利用半导体的这个特性可以制成如图 4-9-3(a)所示的双结色敏光电二极管。其中，浅结二极管对高能量光子敏感，深结二极管对低能量光子敏感度高，如图

4-9-3(b)所示。因此，可利用两个光敏二极管中电流的比值确定光的颜色(波长)。

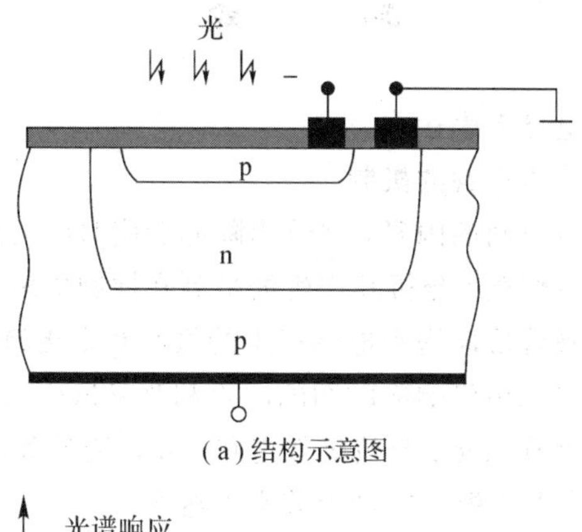


(a)结构示意图

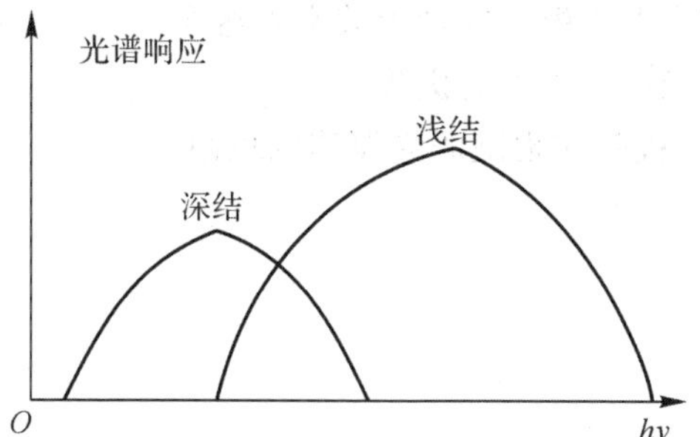


(b)双结色敏光电二极管中两个结中的光谱响应

图 4-9-3　双结色敏光电二极管

**2. 全色光电二极管**

分别在三个光电二极管上放上红、绿、蓝三个颜色的滤片，每个光电二极管只能探测到某一种颜色的光波，以此判断入射光的颜色。全色光电二极管的结构示意图如图 4-9-4 所示。

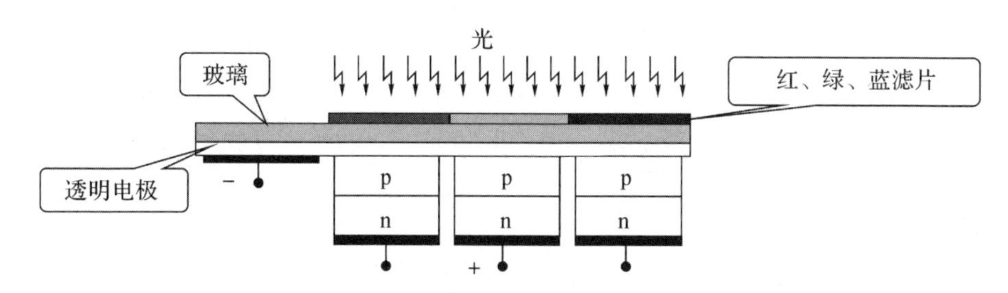


图 4-9-4　全色光电二极管的结构示意图

## 习　题

1. 推导半导体附加光电导率表达式。
2. 分析半导体光电导产生增益的机制。
3. 分析影响光电导响应时间的因素，并给出降低响应时间的措施。
4. 光电探测器的噪声有哪些？分析其产生的机制和抑制措施。
5. 分析半导体光电二极管反向饱和电流产生的机制及变化趋势。
6. 分析影响半导体光电二极管响应时间的因素和改善措施。
7. 画出半导体光电二极管的交、直流等效电路，并说明各等效参数的物理含义。
8. 推导半导体 pin 型光电二极管的量子效率表达式。
9. 分析异质结 pin 型光电二极管的优势。
10. 分析雪崩型光电二极管实现微弱光探测的机制。

# 第五章　半导体光电耦合器件

CCD(Charge Coupled Devices)是电荷耦合器件，它可以实现光电转换，信号存储、转移(传输)、输出、处理以及电子快门等一系列功能。1969年，美国贝尔实验室的Boyle和Smith等人在研究磁泡时，发现了电荷通过半导体势阱发生转移的现象，提出了电荷耦合这一概念和一维CCD模型；同时预言了CCD在信号处理、信号储存及图像传感中的应用前景。这种器件很快得到了实现，并应用于各种图像采集系统。

虽然CCD也属于一种集成电路，但它不同于普通的MOS、TTL等集成电路，具有体积小、噪声低、分辨率高、灵敏度高、功耗小、寿命长、抗震性及抗冲击性好、不受电磁干扰、可靠性高、便于数字化处理和便于同计算机接口等诸多优点，在国民经济各领域以及军事、公安等部门有着十分广阔的应用前景。本章主要介绍CCD和CMOS图像传感器的工作原理、特点及性能表征。

## 5.1　CCD的基本结构

CCD是由光敏单元、转移结构、输出结构组成的一种集光电转换、电荷存储、电荷转移为一体的光电传感器件。其中，光敏单元是CCD中注入和存储信号电荷的部分；转移结构的基本单元是MOS结构，它的作用是将存储的信号电荷进行转移；输出结构是指信号电荷以电压或电流形式输出的部分。

CCD的突出特点是以电荷作为信号，而不同于其他大多数器件是以电流或者电压为信号。CCD的基本功能是电荷的存储和转移。因此，CCD工作过程中存在的主要问题是信号电荷的产生、存储、传输和检测。

CCD有两种基本类型：一类是电荷包存储在半导体与绝缘体之间的界面，并沿界面传输，这类器件称为表面沟道CCD(简称SCCD)；另一类是电荷包存储在离半导体表面一定深度的体内，并在半导体体内沿一定方向传输，这类器件称为体沟道或埋沟道CCD(简称BCCD)。本节以SCCD为主介绍CCD的基本工作原理。

表面沟道CCD的典型结构由三部分组成：① 输入部分，包括一个输入二极管和一个输入栅，其作用是将信号电荷引入到CCD的第一个转移栅下的势阱中；② 主体部分，即信号电荷转移部分，实际上是一串紧密排布的MOS电容器，其作用是存储和转移信号电荷；

③ 输出部分，包括一个输出二极管和一个输出栅，其作用是将 CCD 最后一个转移栅下的势阱中的信号电荷引出，并检出电荷所运输的信息。图 5－1－1 是一个典型的三相 CCD 结构。其中 $\Phi_1$、$\Phi_2$、$\Phi_3$ 为不同步的时钟信号。

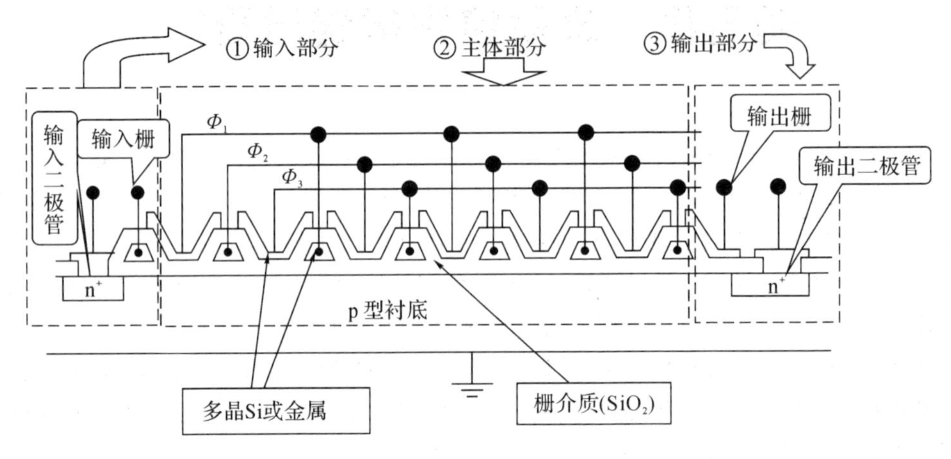


图 5－1－1　三相 CCD 结构示意图

## 5.2　CCD 中电荷的存储与转移

CCD 中的关键部分就是电荷存储与转移部分，其功能的实现是 CCD 器件正常工作的关键，本节将重点介绍 CCD 中电荷的存储与转移过程。

### 5.2.1　电荷存储

CCD 的基本结构是在 n 型或 p 型单晶 Si 衬底上生长一层很薄的 $SiO_2$ 层，然后再在 $SiO_2$ 层上蒸镀一层间距很小的并排金属(铝等)电极，形成一种 MOS 阵列，如图 5－2－1 所示。根据不同应用要求加入输入端和输出端，就构成了 CCD 的主要组成部分。

对衬底为 p 型材料的器件，在栅极 G 上施加偏压之前，p 型半导体中空穴(多数载流子)的分布是均匀的。当栅极 G 上施加正向偏压 $U_G$(此时 $U_G$ 小于 p 型半导体的阈值电压 $U_{th}$)后，空穴被排斥，产生耗尽区，偏压继续增加，耗尽区将进一步向半导体体内延伸。当 $U_G > U_{th}$ 时，半导体与绝缘体界面上的电势(即表面电势，常称为表面势，用 $V_s$ 表示)变得非常高，以至于将半导体体内的电子(少数载流子)吸引到表面，形成一层极薄但电荷浓度很高的反型层。反型层电荷的存在表明了 MOS 结构具有存储电荷的功能。当提供足够的少数载流子时，表面势 $V_s$ 可下降到两倍的半导体材料费米能级 $E_{Fn}$($E_i$ 为参考点)。例如，对于掺杂为 $10^{15}\ cm^{-3}$ 的 p 型半导体，费米能级为 0.3 eV。耗尽区收缩到最小时，表面势 $V_s$ 下降到最低值(0.6 V)，其余电压降在氧化层上。

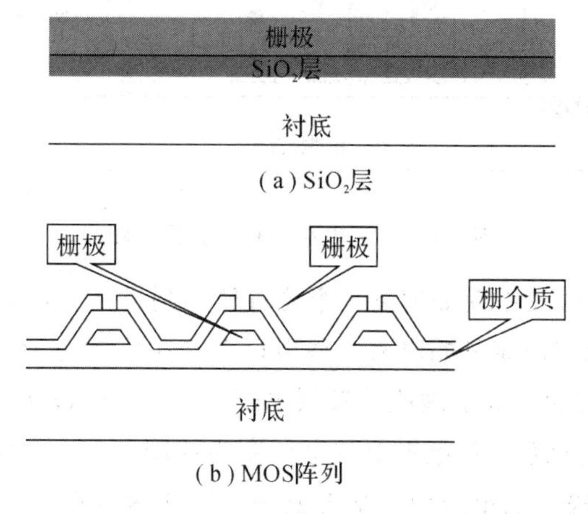


(a) $SiO_2$层

(b) MOS阵列

图 5-2-1　CCD结构示意图

对于任一个 MOS 电容来说，可以用下面的方程来加以描述，即

$$V_s = U_G - U_{FB} - \frac{1}{C_{ox}}\sqrt{2\varepsilon_0\varepsilon_s q N_A (U_G - U_{FB})} \tag{5-2-1}$$

其中，$U_{FB}$为平带电压；$C_{ox}=\frac{\varepsilon_0\varepsilon_i}{d_{ox}}$为单位面积氧化层电容。

我们不难看出，在深耗尽状态时，表面势 $V_s$ 特别大，表面处电子的静电势能 $qV_s$ 特别低，形成了电子的深势阱，其深度为 $qV_s$，那些代表信息的电子电荷就存储在这一势阱中。还需要指出的是，后面两项在通常情况下数值很小，有 $V_s \approx U_G$，也就是说，两者基本上是呈线性关系的，偏置电压越高，势阱越深。势阱能够存储的最大电荷量又称为势阱容量。势阱容量与所加的栅压近似成正比，当反型层电荷足够多，使势阱被填满时，表面势 $V_s$将无法束缚多余的电子，会产生“溢出”现象。这样，表面势 $V_s$可作为势阱深度的量度，而表面势 $V_s$又与栅极电压 $U_G$、氧化层的厚度 $d_{ox}$有关，即与 MOS 电容容量和 $U_G$ 的乘积有关。势阱的横截面积取决于栅极电极的面积 $A$。因此，MOS 电容存储信号电荷的容量为

$$Q = C_{ox} U_G A \tag{5-2-2}$$

## 5.2.2　电荷转移

通过将一定规则变化的电压加到 CCD 各电极上，使电极下的电荷包沿半导体表面按一定的方向移动。通常把 CCD 电极分为几组，每一组称为一相，并施加同样的时钟脉冲。在如图 5-2-2 所示的三相 CCD 中，电荷在三相时钟的作用下始终存储在高电平电极下的深势阱中，并随着高电平时钟的向右移动，电荷依次被移出。

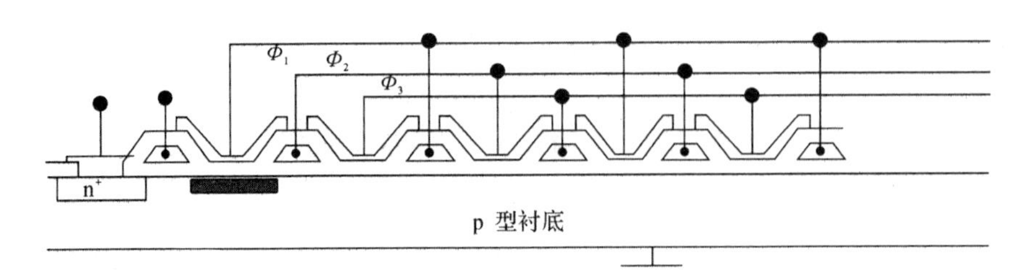


图 5-2-2 电荷转移部分示意图

为了理解 CCD 中势阱及电荷如何从一个位置转移到另一个位置，可观察图 5-2-3 中 4 个彼此靠得很近的电极。假定开始时有一些电荷存储在偏压为 10 V 的第一个电极下面的深势阱中，其他电极上均加有大于阈值的较低电压(如 2 V)。设图 5-2-3(a)所示为零时刻(初始时刻)，经过 $t_1$ 时刻后，各电极上的电压变为如图 5-2-3(b)所示，第一个电极仍保持为 10 V，第二个电极上的电压由 2 V 变到 10 V，因为这两个电极靠得很紧，所以它们各自的对应势阱将合并在一起，原来在第一个电极下的势阱中的电荷会为这两个电极下的势阱所共有，如图 5-2-3(b)和(c)所示，若此后电极上的电压变为如图 5-2-3(d)所示，第一个电极电压由 10 V 变为 2 V，第二个电极电压仍为 10 V，则共有的电荷转移到第二个电极下面的势阱中，如图 5-2-3(e)所示。由此可见，深势阱及电荷包向右移动了一个位置。

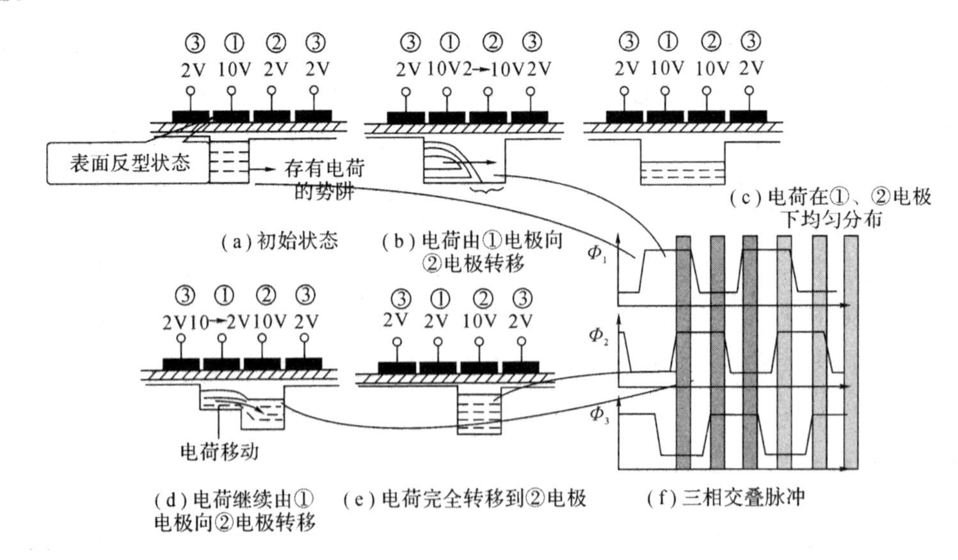


图 5-2-3 三相 CCD 中电荷的转移过程

CCD 的内部结构决定了其正常工作所需要的相数。图 5-2-3(a)所示的结构需要三相时钟脉冲，其波形图如图 5-2-3(f)所示，这样的 CCD 称为三相 CCD。三相 CCD 的电荷耦合(传输)方式必须在三相交叠脉冲的作用下，电荷才能沿一定的方向逐个转移。另外必须特别指出的是，CCD电极间隙必须很小，电荷才能不受阻碍地从一个电极下转移到相邻电极下。这对于如图5-2-3(a)所示的电极结构是一个关键问题。如果电极间隙比较大，两个相邻电极间的势阱将被势垒隔开，不能合并，电荷也不能从一个电极下的势阱向另一个电极下的势阱完全转移，CCD便不能在外部脉冲作用下正常工作。

需要说明的是，以电子为信号电荷的CCD称为n型沟道CCD，简称为n型CCD。而以空穴为信号电荷的CCD称为p型沟道CCD，简称为p型CCD。由于电子的迁移率远大于空穴的迁移率，因此，n型CCD比p型CCD的工作频率高得多。

## 5.3　CCD中电荷的注入与检测

在CCD中，电荷的注入与检测部分是与外部连接的部分，其功能的实现决定了CCD的应用。本节重点介绍电荷的注入与检测方法。

电荷注入的方法有很多，归纳起来，可分为光注入和电注入两类。

### 5.3.1　电荷的光注入

CCD是由许多个光敏像元组成的，每个像元就是一个MOS电容器(现今大多为光敏二极管)。当一束光线投射到MOS电容上时，光子穿过透明电极及氧化层进入衬底，衬底中处于价带的电子吸收光子能量而跃入导带，价电子能否跃迁至导带形成电子-空穴对，将由入射光子能量$h\nu$是否大于等于半导体禁带宽度$E_g$来决定，选用不同的衬底材料，器件将具有不同的光谱特性，从而可适用于不同的场合。

光子进入衬底时产生电子跃迁，形成电子-空穴对，电子-空穴对在外加电场的作用下分别向电极两端移动，这就是光生电荷。CDD中电荷的光注入示意图如图5-3-1所示。这些光生电荷将存储在由电极形成的势阱中。光生电荷的产生决定于入射光子的能量(即投射光波长)及光子的数量(即入射光强)。光注入电荷为

$$Q_{IP}=\eta q\Delta n_{c0}At_c \tag{5-3-1}$$

其中，$\eta$为材料的量子效率；$\Delta n_{c0}$为入射光的光子流速率；$A$为光敏单元的受光面积；$t_c$为光注入时间。

由式(5-3-1)可以看出，当CCD确定以后，$\eta$和$A$均为常数，注入势阱中的信号电荷(即光注入电荷)$Q_{IP}$与入射光的光子流速率$\Delta n_{c0}$及注入时间$t_c$成正比。注入时间$t_c$由CCD驱动器转移脉冲的周期决定。当所设计的驱动器能够保证其注入时间稳定不变时，注入势阱中的信号电荷只与入射光的光子流速率$\Delta n_{c0}$成正比。在单色光入射时，入射光的光子流速率与入射光谱辐射通量的关系为$\Delta n_{c0}=P_0q/h\nu$。因此，在这种情况下，光注入的电荷量与入射的光谱辐射量$P_0$呈线

性关系。该线性关系是应用CCD检测光谱强度和进行多通道光谱分析的理论基础。

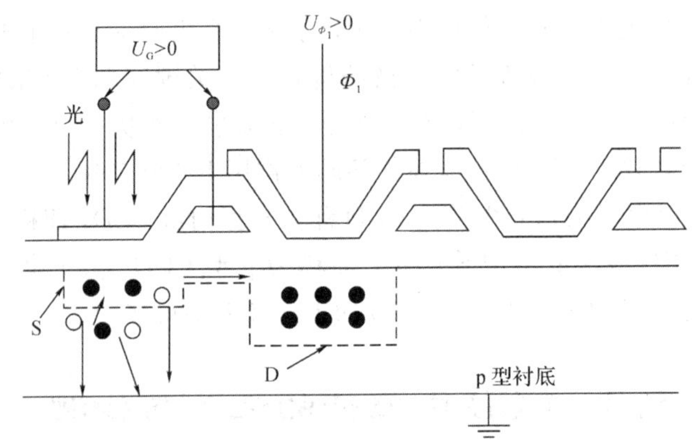


图5-3-1　CCD中电荷的光注入示意图

由于光子入射时经历了多层膜的吸收、反射和干涉，光谱曲线呈现出多个谷、峰，使得量子效率降低，灵敏度也就降低了。再者由于多晶Si电极对光谱中短波部分吸收能力很强，造成蓝光响应差，短波长灵敏度更低。鉴于上述原因，目前CCD均采用光敏二极管代替过去的MOS电容器，光敏二极管与MOS电容器相比，具有灵敏度高、光谱响应宽、蓝光响应好、暗电流小等特点。如果将一系列的MOS电容器或光敏二极管排列起来，并以两相、三相或四相工作方式把相应的电极并联在一起，在每组电极上加上一特定时序的驱动脉冲，这样就具备了CCD的基本功能。

## 5.3.2　电荷的电注入

电荷的电注入是指CCD通过输入结构对信号电压或电流进行采样，然后将信号电压或电流转换为信号电荷，如图5-3-2所示。电注入的方法很多，这里仅介绍两种常用的方法：电流注入法和电压注入法。

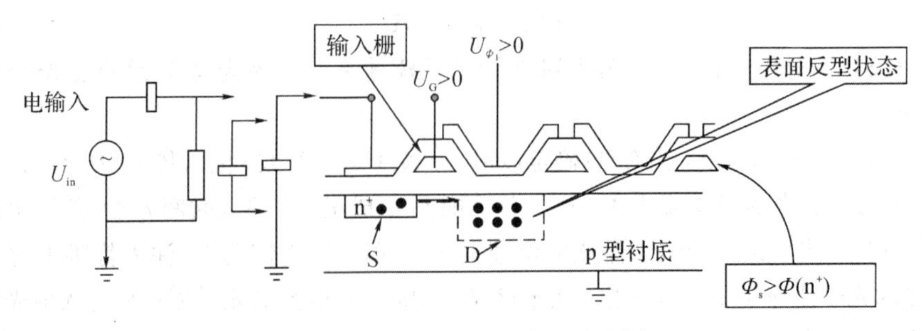


图5-3-2　电荷的电注入示意图

**1. 电流注入法**

电流注入法如图 5-3-3(a)所示。$n^+$扩散区和 p 型衬底构成输入二极管。在 CCD 的输入栅上加适当的正向偏压 $U_G$以保持沟道开启并作为基准电压。输入信号 $U_{in}$叠加在输入二极管直流偏压 $U_D$上，可将 $n^+$区看成是 MOS 晶体管的源极，将转移栅 $\Phi_2$看成是 MOS 晶体管的漏极。当它工作在饱和区时，输入栅控制的沟道电流为

$$I_s=\mu\frac{W}{L}\cdot\frac{C_{ox}}{2}(U_{in}-U_G-U_{th})^2 \tag{5-3-2}$$

其中，$W$ 为信号沟道宽度；$L$ 为输入栅的长度。经过 $t_c$ 时间注入后，在 $\Phi_2$下的势阱中的信号电荷量为

$$Q_s=I_st_c \tag{5-3-3}$$

由此可见，这种注入方式的信号电荷量 $Q_s$不仅依赖于$U_{in}$和 $t_c$，而且与输入二极管所加偏压的大小有关。因此，$Q_s$与 $U_{in}$的线性关系很差。

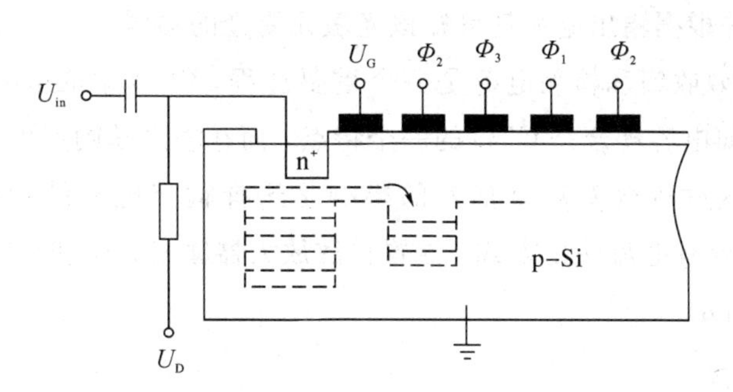


(a) 电流注入法

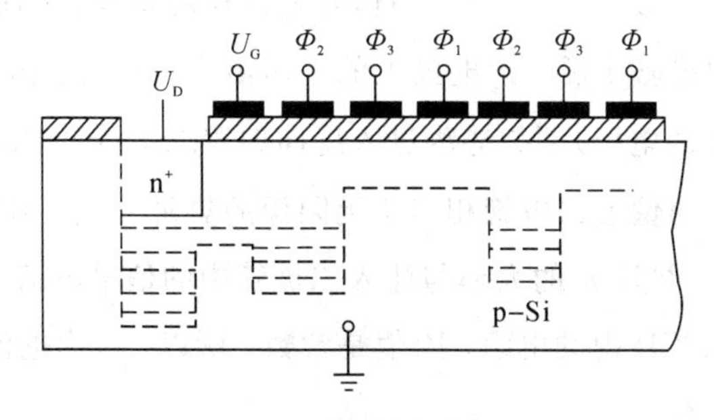


(b) 电压注入法

图 5-3-3　电注入的方法

**2. 电压注入法**

电压注入法如图 5-3-3(b)所示。它与电流注入法类似，也是把信号加到源极扩散区

上，所不同的是输入电极上加有与 $\Phi_2$ 同相位的选通脉冲，但其宽度小于 $\Phi_2$ 的脉宽。在选通脉冲的作用下，电荷被注入第一个转移栅 $\Phi_2$ 下的势阱中，直到势阱的电位与 $n^+$ 区的电位相等时，注入电荷才停止。在 $\Phi_2$ 下的势阱中的电荷向下一级转移之前，由于选通脉冲已经终止，输入栅下的势垒开始把在 $\Phi_2$ 下的势阱和 $n^+$ 的势阱分开，同时，留在输入电极下的电荷被挤到 $\Phi_2$ 下的势阱和 $n^+$ 的势阱中。由此引起的起伏将产生输入噪声，使信号电荷量 $Q$ 与 $U_D$ 线性关系变坏。这种起伏，可以通过减小输入电极的面积来克服。另外，选通脉冲的截止速度减慢也能减小这种起伏。电压注入法的电荷注入量 $Q$ 与时钟脉冲频率无关。

### 5.3.3 电荷的检测(输出)

我们可以把输出过程看成是输入过程的逆过程。CCD 最后一个栅极中的电荷被收集并送入前置放大器，从而完成电荷包上的信号检测。根据输出先后可以判别出电荷是从哪个光敏元传出来的，并根据输出电荷量可知该光敏元受光的强弱。

在 CCD 中，有效收集和检测电荷是一个重要过程。CCD 中的信号电荷在转移过程中与时钟脉冲没有任何电容耦合是 CCD 的一个特点，而在输出端则不可避免会发生耦合。因此，尽可能地减小这种耦合对输出信号的影响是选择输出电路结构的标准之一。目前，CCD 的输出方式主要有电流输出方式、浮置扩散放大器输出方式和浮置栅放大器输出方式等，如图 5-3-4 所示。

**1. 电流输出方式**

电流输出方式如图 5-3-4(a)所示。当信号电荷在转移脉冲的驱动下向右转移到末级电极(图中 $\Phi_2$ 电极)下的势阱中后，$\Phi_2$ 电极上的电压由高变低时，由于势阱提高，信号电荷将通过输出栅(加有恒定的电压)下的势阱进入反向偏置二极管(图中 $n^+$ 区)。由 $U_D$、电阻、衬底 p 和 $n^+$ 区构成的反向偏置二极管相当于无限深的势阱。进入到反向偏置二极管中的电荷，将产生输出电流 $I_D$，并且 $I_D$ 的大小与注入二极管中的信号电荷量成正比，与电阻 $R$ 成反比。电阻 $R$ 是制作在 CCD 内的电阻，阻值是常数。所以，输出电流 $I_D$ 与注入二极管中的电荷量 $Q_s$ 呈线性关系，有

$$Q_s = I_D \mathrm{d}t \tag{5-3-4}$$

由于 $I_D$ 的存在，使得 $A$ 点的电位发生变化，$I_D$ 增大，$A$ 点电位降低。所以可以用 $A$ 点的电位来检测二极管的输出电流 $I_D$，用隔直电容将 $A$ 点的电位变化取出，再通过放大器输出。

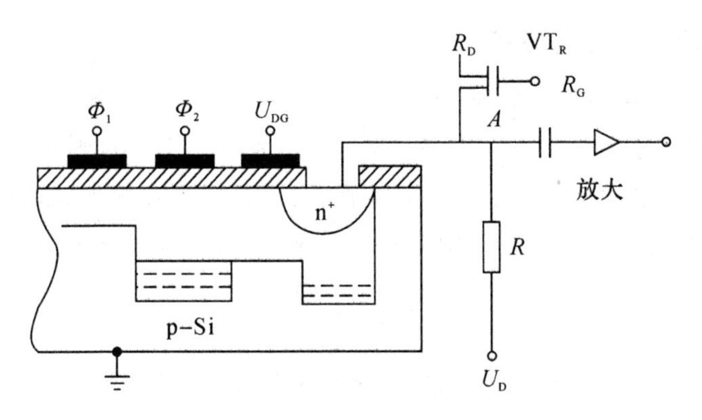


(a) 电流输出方式

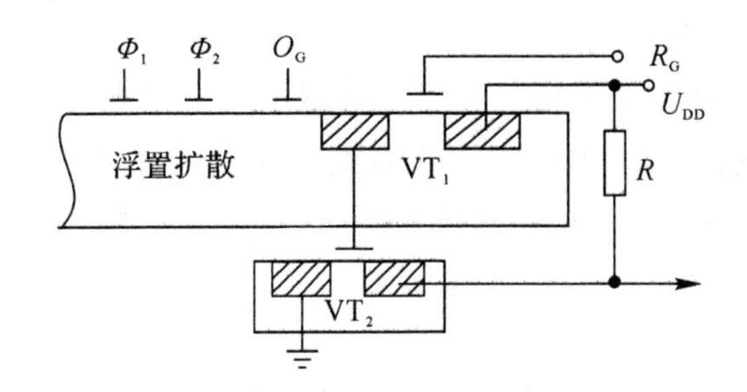


(b) 浮置扩散放大器输出方式

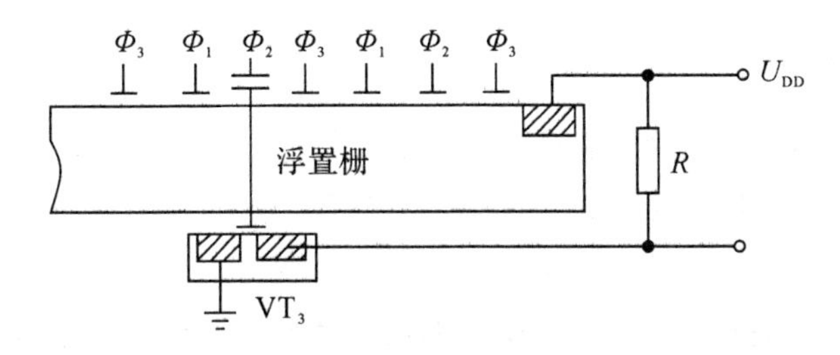


(c) 浮置栅放大器输出方式

图 5-3-4　CCD 的输出方式

图 5-3-4(a)中的复位场效应管 $VT_R$(简称为复位管)的主要作用是将一个读出周期内输出二极管没有来得及输出的信号电荷通过复位场效应管输出。因为在复位场效应管的复位栅为正脉冲时，复位场效应管导通，它的动态电阻远远小于偏置电阻 $R$，可将二极管中的剩余电荷迅速抽走，使 $A$ 点的电位快速恢复到起始的高电平。

**2. 浮置扩散放大器输出方式**

浮置扩散放大器输出方式如图 5-3-4(b)所示。其前置放大器与 CCD 在同一个 Si 片上，$VT_1$ 为放大管。复位管在 $\Phi_2$ 下的势阱未形成之前，在 $R_G$ 端加复位脉冲 $\Phi_R$，使复位管导通，把浮置扩散区的剩余电荷抽走，复位到 $U_{DD}$。而当电荷到来时，复位管截止，由浮置扩散区收集的信号电荷来控制 $VT_1$ 的栅极电位变化。设电位变化量为 $\Delta V$，则有

$$\Delta V=\frac{Q_s}{C_{FD}} \tag{5-3-5}$$

其中，$C_{FD}$ 为与浮置扩散区有关的总电容。经放大器放大 $K$(该值为放大倍数)倍后，输出的信号为

$$V_0=K\Delta V \tag{5-3-6}$$

**3. 浮置栅放大器输出方式**

图 5-3-4(c)为浮置栅放大器输出方式。$VT_3$ 的栅极不是直接与信号电荷的转移沟道相连接，而是与沟道上面的浮置栅相连。当信号电荷转移到浮置栅下面的沟道时，在浮置栅上感应出镜像电荷，以此来控制 $VT_3$ 的栅极电位，达到信号检测与放大的目的。显然，这种机构可以实现电荷在转移过程中进行非破坏性检测。

## 5.4 CCD 的性能参数

### 5.4.1 电荷转移损失率

CCD 是一种电荷转移器件，因此电荷转移效率必然是一个重要的参数。一次转移后到达下一个势阱中的电荷与原来势阱中的电荷之比称为转移效率。例如，在 $t=0$ 时，注入某电极下的势阱中的电荷为 $Q(0)$；经过 $t$ 时刻后，大多数电荷在电场作用下转移到了下一个电极的势阱中，但总有一小部分电荷由于某种原因留在原电极下(势阱已消失)。将经过时间 $t$ 后，存留在原电极下的电荷 $Q(t)$ 与原来在该电极下的势阱中的电荷 $Q(0)$ 之比定义为电荷转移损失率，即

$$\varepsilon(t)=\frac{Q(t)}{Q(0)}\times 100\% \tag{5-4-1}$$

如果没有其他的丢失，则转移效率为

$$\eta=1-\varepsilon \tag{5-4-2}$$

在理想情况下，$\eta$ 应等于 1，但实际上电荷在转移中有损失，所以 $\eta$ 总是小于 1(常为 0.9999 以上)。一个电荷为 $Q(0)$ 的电荷包，经过 $n$ 次转移后，所剩下的电荷为

$$Q(n)=Q(0)\eta^{n}=Q(0)(1-\varepsilon)^{n}\approx Q(0)(1-n\varepsilon)\approx Q(0)\mathrm{e}^{-n\varepsilon} \tag{5-4-3}$$

若 $\eta=0.99$，经 24 次转移后，$Q(n)/Q(0)=78\%$，而经过 192 次转移后，$Q(n)/Q(0)=14\%$。由此可见，提高转移效率 $\eta$ 是电荷耦合器件能否实用的关键。决定转移效率的因素主要有以下两点。

**1. 由电荷转移快慢决定的本征转移损失**

与 pn 结一样，电荷运动包括在电场作用下的漂移运动和由于浓度梯度而产生的扩散运动。因此，较短的电极(高电场)，高的表面迁移率和低掺杂的衬底有助于降低本征转移损失。由于 $\mu_n>\mu_p$，故 n 沟道 CCD 更有利于电荷转移。

**2. 界面态的俘获**

当电荷沿 $Si/SiO_2$ 界面运动时，由于 $Si/SiO_2$ 界面处存在着俘获少子的陷阱，如果在信号电荷未注入之前陷阱是空的，当信号电荷注入后，一部分电荷将被陷阱所俘获。而在信号经过电极的过程中，这些被俘获的电荷又有一部分会重新从陷阱中发射出来。在这些发射出来的电荷之中，有些可以跟得上原来的信号电荷，有些却落在后面，这些落在后面的电荷就构成损失部分，它们只能加入到下面的信号，结果造成信号失真。

为减少界面态俘获对电荷损失的影响，可以采用以下方法。

(1) 采用“胖零”工作模式。由于俘获率与空的界面态密度成正比，因此在“胖零”工作模式下，不管有无信号电荷注入，都有一定的背景电荷在器件中通过，使界面态基本上被填满。当有信号电荷注入时，由于俘获而产生的损失很少，即使有少量由于俘获而损失的电荷，也可以从被俘获的背景电荷重新发射来得到补充，从而降低转移损失率。同时，“胖零”工作模式可使半导体表面总处于耗尽以减少复合作用，降低复合损失率。

(2) 采用埋沟 CCD 结构。为了避免界面态俘获产生的电荷转移损失，可以采用使沟道形成离界面较远的埋沟 CDD 结构，从而使信号电荷迁移率与转移效率提高。

此外，由于(100)晶面衬底的界面态与 $SiO_2$ 层中的固定正电荷都较少，因此多选用(100)晶面做衬底。同时，在金属化后应在 $N_2$、$H_2$ 气氛中烘焙，以降低界面态。

## 5.4.2　工作频率

**1. 工作频率的下限**

为了避免由于少数载流子复合对注入信号的干扰，注入电荷从一个电极转移到另一个电极所用的时间 $t$ 必须小于少数载流子的寿命 $\tau$，即 $t<\tau$。在正常工作条件下，对于三相 CCD，则有

$$t=\frac{T}{3}=\frac{1}{3f} \tag{5-4-4}$$

其中，$T$ 为电荷转移的周期，$T=\frac{1}{f}$。因此有

$$f>\frac{1}{3\tau} \tag{5-4-5}$$

由此可见，工作频率的下限与少数载流子的寿命有关，少子的寿命越长，工作频率的下限也越低。

**2. 工作频率的上限**

当工作频率升高时，若电荷本身从一个电极转移到另一个电极所需要的时间 $t$ 大于驱动脉冲使电荷转移的时间，则信号电荷跟不上驱动脉冲的变化，将会使转移效率大大下降。为此，要求

$$f\leqslant\frac{1}{3t} \tag{5-4-6}$$

这就是电荷自身的转移时间对驱动脉冲频率上限的限制。由于电荷转移的快慢与载流子迁移率、电极长度、衬底杂质浓度和温度等因素有关。因此，对于相同的结构设计，n 沟道 CCD 比 p 沟道 CCD 的工作频率高。

## 5.5 CCD 电极的基本结构

CCD 电极的基本结构包括转移电极结构、转移沟道结构、信号输入结构和信号检测结构。这里主要讨论转移电极结构，其基本结构如图 5-1-1 所示。这种结构需要三相或三相以上的时钟脉冲驱动，才能形成不对称的势阱分布，以使电荷定向转移。这种结构虽然简单，但为了保证电荷转移，避免产生电极间隙处的势垒来阻碍电荷运动，要求电极间隙很小，给光刻工艺带来很大困难。其次，电极间隙处的势垒的形成与电极间隙氧化层的电荷分布有关。第三，电极间隙对环境影响很敏感，直接影响势能分布，而电极间隙恰恰暴露于外界，很易受到污染。此外，由于采用三相工作，存在着电极交叉，不得不使用扩散隧道进行连接，在结构布局上也不尽合理。为克服这些缺点，已发展了许多新型 CCD 结构。这些新结构对提高器件的转移效率、工作频率，简化驱动电路，改进输入输出装置，完成一些特殊功能分别做出了新贡献。由于 CCD 技术发展很快，到目前为止，常见的 CCD 电极结构已有 20 余种，但它们都必须满足使电荷定向转移和相邻势阱耦合的基本要求。

## 5.5.1　降低电极间势垒的结构

### 1. 交叠栅结构

交叠栅结构是采用较多的一种结构，其电极之间的间距可以不受光刻精度的限制而做得很小，能较好地控制沟道区的表面势。即使没有裸露在外面的薄 $SiO_2$ 层，器件的稳定性也比较好。对于三相器件来说，最常见的交叠栅结构如图 5-5-1 所示。该结构是一种三层多晶 Si 的三相交叠栅结构。

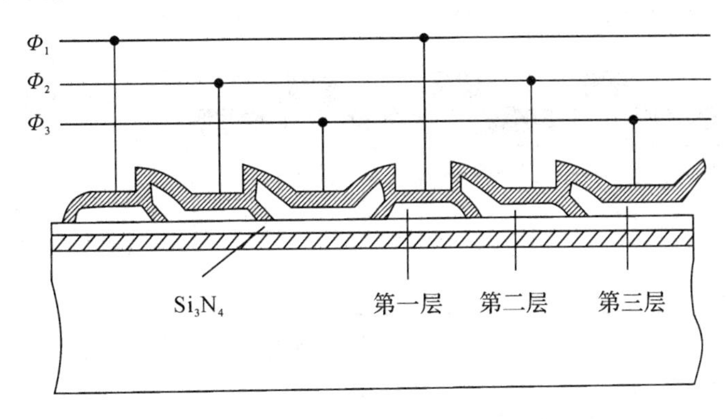


图 5-5-1　采用三层多晶 Si 的三相交叠栅结构

交叠栅结构首先用热氧化法在第一层电极表面形成一层氧化物，以便与接着淀积的第二层多晶 Si 绝缘。第二层多晶 Si 用同样方法刻出第二组电极后进行氧化。重复上述工艺步骤，以形成第三层电极。这种结构的电极间隙仅为电极间氧化层的厚度，只有零点几微米，单元尺寸也小，沟道是封闭形成的，因而成为被广泛采用的三相结构。在上述工艺流程中，$Si_3N_4$ 的作用是在腐蚀多晶 Si 电极图形时，保护下面的氧化层。同样的电极结构也可以通过不采用 $Si_3N_4$ 的工艺流程得到，可在每组电极下面重新生长氧化层。另外，也有用铝电极制成交叠栅结构，用阳极氧化工艺提供电极之间的绝缘层。这种结构的主要问题是高温工序较多，而且必须防止层间短路。

### 2. 阶梯氧化层

阶梯氧化层结构的特点是用不同方法在 Si 片上形成厚度不同的 $SiO_2$ 层，然后再在这个阶梯上分别淀积相互隔离的金属电极。图 5-5-2 是两种工艺流程实现阶梯氧化层结构。

第一种工艺流程得到的电极结构如图 5-5-2(a)所示。在 400 nm 的厚栅氧化层($SiO_2$ 层)上面覆盖 100 nm 的 $Al_2O_3$，$Al_2O_3$ 刻出图形后被作为掩蔽膜将未遮掩的厚栅氧区腐蚀至厚度约为 100 nm。在这个过程中，被 $Al_2O_3$ 掩蔽的区域边缘出现横向腐蚀形成突出部，金属 Al 引线在此突出部会出现断条，从而使相邻电极隔离。

第二种工艺流程得到的电极结构如图 5-5-2(b)所示。其也能得到与第一种工艺流程基本相同的结构。在第二种工艺流程中，基于光致抗蚀剂形成掩蔽膜可将暴露的厚栅氧化层厚度从 0.5 μm 腐蚀至 0.1 μm，从而形成阶梯状氧化物结构。在进行腐蚀时，必须尽可能使厚氧区与薄氧区之间台阶的边缘保持垂直、整齐。然后从一定的斜角方向蒸发一层金属栅，金属在厚氧区一侧覆盖住台阶，而在另一侧完全出现断条。

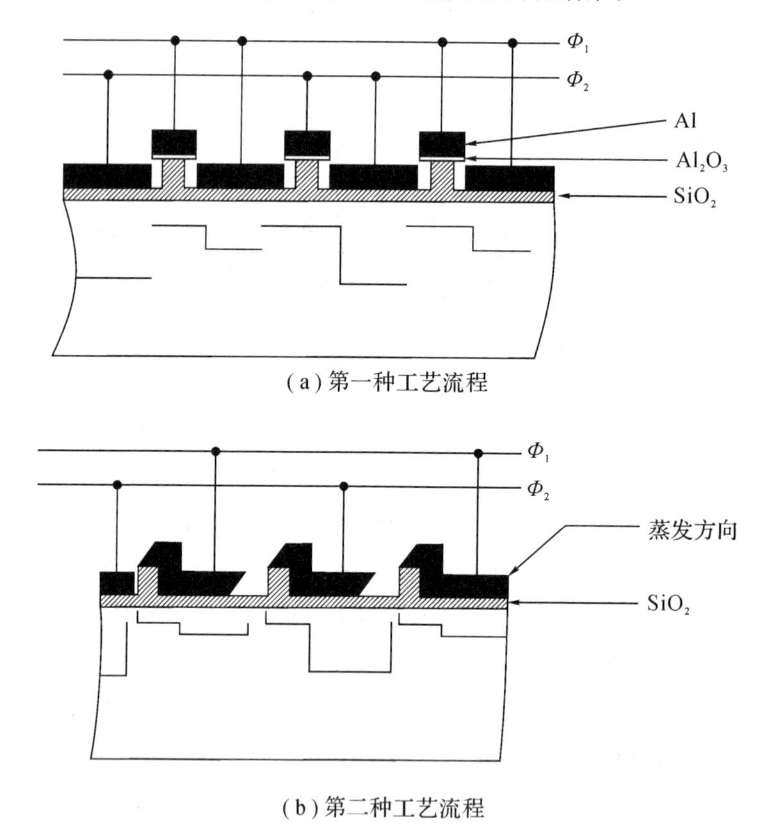


(a) 第一种工艺流程

(b) 第二种工艺流程

图 5-5-2　两种工艺流程实现阶梯氧化层结构

## 5.5.2　简化驱动电路的结构

对于单层金属电极结构，为了保证电荷定向转移，驱动脉冲至少需要三相。当信号电荷自 $\Phi_2$ 电极向 $\Phi_3$ 电极转移时，在 $\Phi_1$ 电极下面形成势垒，以阻止电荷倒流。如果想用二相脉冲驱动，就必须在电极结构中设计并制造出某种不对称性，即由电极结构本身保证电荷转移的定向性。产生这种不对称性最常用的方法是利用绝缘层厚度不同的台阶以及离子注入产生的势垒。实际上，图 5-5-2 所示的具有阶梯状氧化物 CCD 结构就实现了这种功能。

**1. 二相硅-铝交叠栅结构**

二相硅-铝交叠栅结构的第一层电极采用低电阻率多晶 Si。在这些电极上热生长绝缘氧化物的过程中，没有被多晶 Si 覆盖的厚栅氧化层的厚度也将增长。第二层电极采用 Al 材料，Al 栅(表面电极)下绝缘物厚度与多晶 Si 栅下绝缘物厚度不同，因而在相同栅压下形成势垒，如图 5-5-3 所示。相邻的一个 Al 栅和一个低电阻多晶 Si 栅($SiO_2$中的电极)并联构成一相电极，加时钟脉冲 $\Phi_1$，另一相电极加时钟脉冲 $\Phi_2$。

Si 栅、Al 栅下面是势垒。它的作用是将各个信号电荷包隔离并且限定电荷转移的方向。在如图 5-5-3 所示的情形中，电荷将处在势阱比较深的右半部内，势垒阻挡住电荷，使电荷只能向右转移。

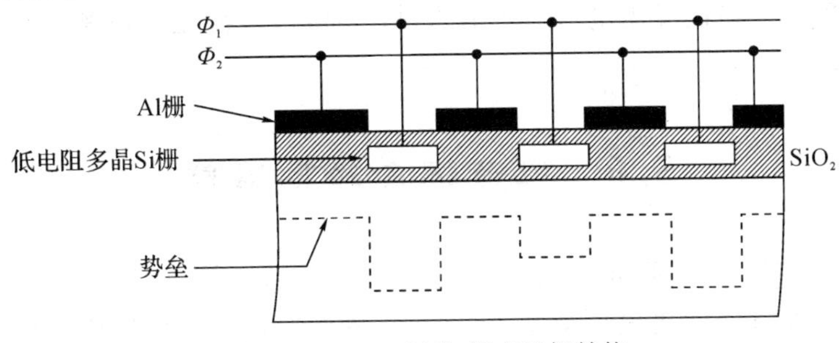


图 5-5-3　二相硅-铝交叠栅结构

**2. 注入势垒二相结构**

用离子注入的方法在结构上引进不对称的表面势，可以用二相时钟脉冲驱动，使电荷做定向转移。图 5-5-4 给出了其典型的结构。在 p 型衬底的每个电极的左方注入 $p^+$ 区，从而在 $p^+$ 区形成浅的电子势阱，p 区形成较 $p^+$ 区更深的电子势阱，这样就形成了转移-存储对，实现了二相时钟脉冲驱动。

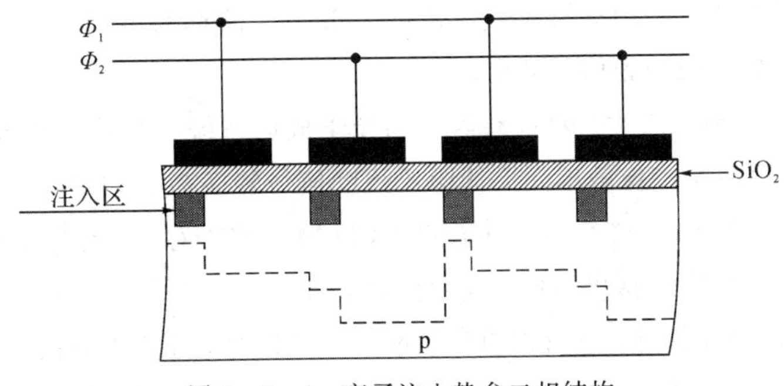


图 5-5-4　离子注入势垒二相结构

与上述阶梯状氧化物栅结构相比，离子注入技术容易制成较高的自建电势，而且如果注入的离子都集中在界面附近，势垒高度受电极电势的影响就比较小。当然，离子注入势垒二相结构具有损失电极储存面积的问题。

在上面介绍的CCD中，信号电荷只在贴近界面的极薄衬底内运动。由于界面处存在陷阱，信号电荷在转移过程中将受到影响，从而降低工作速度和转移效率。为了减轻或避免上述问题，可采用体沟道或埋沟道CCD。

埋沟道CCD的最大电荷存储量较小。在CCD阵列中，当单个CCD检测容量达到饱和后，额外的电荷将以电荷溢出的形式向邻近CCD像素溢出，从而干扰了邻近像素的信号。为减少单个CCD的电荷溢出，一般采用了抗溢出结构，如分段阵列CCD检测器(SCD)，采用一道电荷传导警戒带包围每一阵列模块，以防止电荷从一个阵列模块流向另一个模块。而另一种是在CCD设计上采用一些供溢出电荷流入的边槽，使溢出电荷流入边槽而不溢出进入其他像素。

## 5.6 电荷耦合摄像器件

电荷耦合摄像器件一经问世，人们就对它在摄像领域中的应用产生了浓厚的兴趣，于是设计出了各种CCD线阵摄像器件和CCD面阵摄像器件。CCD摄像器件不但具有体积小、重量轻、功耗小、工作电压低和抗烧毁等优点，而且在分辨率、动态范围、灵敏度、实时传输和自扫描等方面都具有优越性。它不仅广泛地应用在民用领域，还在空间遥感遥测、卫星侦察及水下扫描摄像机等军事侦察系统中发挥着重要作用。本节将重点讨论线、面阵摄像器件的基本原理、结构及其特性参数。

### 5.6.1 工作原理

电荷耦合摄像器件就是用于摄像或像敏的CCD，又简称为ICCD，它的功能是把二维光学图像信号转换为一维视频信号输出。

CCD有线型和面型两大类。两者都需要用光学成像系统将景物图像成像在CCD的像敏面上。像敏面将照在每一像敏单元上的图像照度信号转换为少数载流子密度信号并存储于像敏单元(MOS电容)中。然后，再转移到CCD的移位寄存器(转移电极下的势阱)中，在驱动脉冲的作用下顺序地移出器件，成为视频信号。

对于线型CCD摄像器件，它可以直接接收一维光信息，而不能直接将二维图像转换为视频信号输出。为了得到整个二维图像的视频信号，就必须用扫描的方法实现。

**1. 线型 CCD 摄像器件**

线型 CCD 摄像器件的两种基本形式：单沟道线型 CCD 和双沟道线型 CCD。

1）单沟道线型 CCD

图 5-6-1 所示为单沟道线型 CCD 的结构图。由图可见，光敏阵列与转移区的移位寄存器是分开的，移位寄存器被遮挡。在曝光周期中，这种器件光栅电极电压为高电平，光敏区在光的作用下产生光生电荷存于光敏 MOS 电容势阱中。

当转移脉冲到来时，线型光敏阵列势阱中的信号电荷并行转移到 CCD 移位寄存器中，最后在时钟脉冲的作用下一位位地移出器件，形成视频脉冲信号。这种结构 CCD 的转移次数多、效率低、调制传递函数较差，只适用于像敏单元较少的摄像器件。

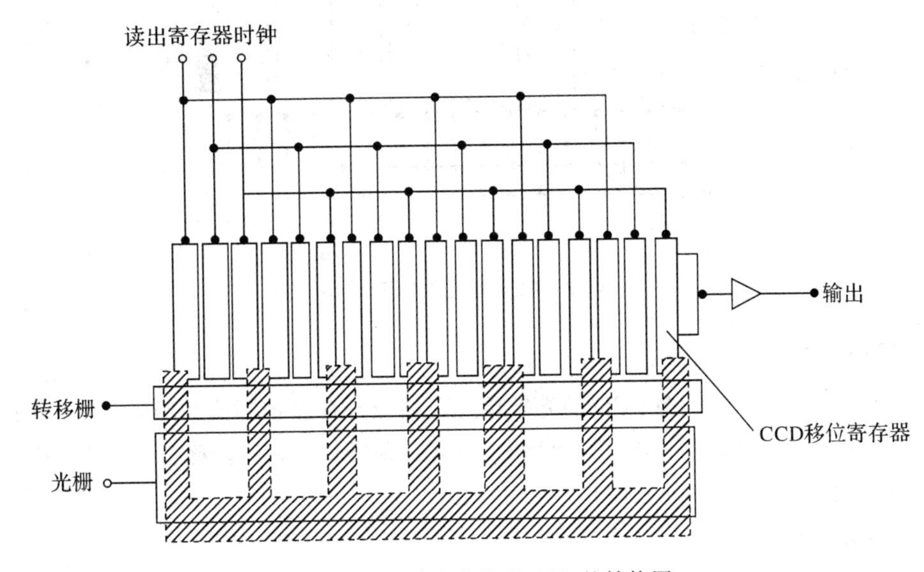


图 5-6-1 单沟道线型 CCD 的结构图

2）双沟道线型 CCD

图 5-6-2 为双沟道线型 CCD 的结构图。它具有两列 CCD 移位寄存器 A 与 B，分列在 CCD 阵列的两边。当转移栅 A 与 B 为高电位(对于 n 沟道 CCD)时，光积分阵列的信号电荷包同时按箭头方向转移到对应的移位寄存器内，然后在驱动脉冲的作用下分别向右转移，最后以视频信号输出。显然，双沟道线型 CCD 要比单沟道线型 CCD 的转移次数少一半，它的总转移效率也大大提高，故一般高于 256 位的线型 CCD 都为双沟道的。

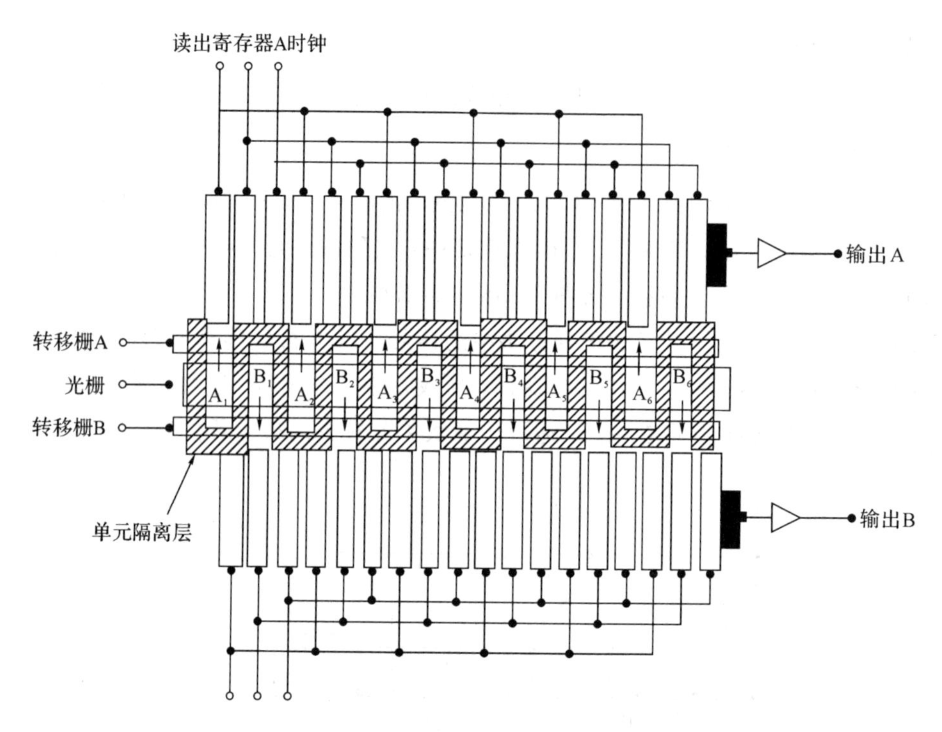


图 5-6-2　双沟道线型 CCD 的结构图

**2. 面阵 CCD**

按一定的方式将一维线型 CCD 的光敏单元及移位寄存器排列成二维阵列，即可以构成二维面阵 CCD。由于排列方式不同，面阵 CCD 常有帧转移、隔列转移、线转移和全帧转移等方式。下面重点介绍前两种方式。

1）帧转移面阵 CCD

图 5-6-3 为三相帧转移面阵 CCD 的结构图。它由成像区(即光敏区)、暂存区和水平读出寄存器三部分构成。成像区由并行排列的若干电荷耦合沟道组成(图中的虚线方框)，各沟道之间用沟阻隔开，水平电极横贯各沟道。假定有 $M$ 个转移沟道，每个沟道有 $N$ 个成像单元，整个成像区共有 $M\times N$ 个单元。暂存区的结构和单元数都与成像区相同。暂存区与水平读出寄存器均被遮蔽。

帧转移面阵 CCD 的工作过程是：图像经物镜成像到光敏区，当光敏区的某一相电极(如 $\Phi_1$)加有适当的偏压时，光生电荷将被收集到这些电极下方的势阱中，这样就将被摄光学图像变成了电极下的电荷包。

当曝光周期结束时，加到成像区和存储区电极上的时钟脉冲使所收集到的信号电荷迅速转移到存储区水平读出寄存器中。然后依靠加在存储区和水平读出寄存器上的驱动脉冲驱动水平读出寄存器经输出通道输出一帧信息。当第一场信息读出时，第二场信息通过光积分又收集到势阱中。一旦第一场信息被全部读出，第二场信息马上就传送给寄存器，使之连续地被读出。

帧转移面阵 CCD 的特点是结构简单，光敏单元的尺寸可以很小，所占总面积的比例也小。

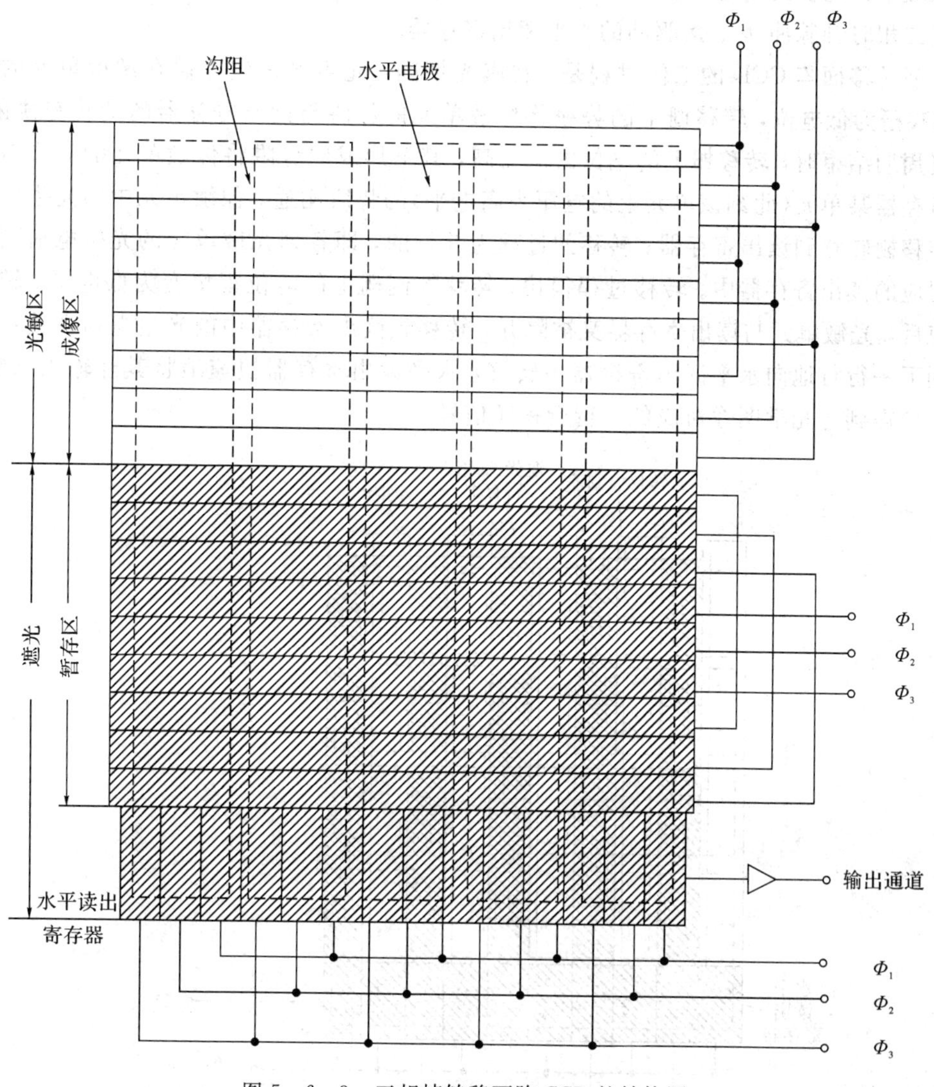


图 5-6-3　三相帧转移面阵 CCD 的结构图

2）隔列转移面阵 CCD

隔列转移面阵 CCD 的结构如图 5-6-4(a)所示。它的像敏单元(图中虚线方块)呈二维排列，每列像敏单元被遮光的读出寄存器及沟阻隔开，像敏单元与读出寄存器之间又有转移控制栅。由图可见，每一像敏单元对应于两个遮光的读出寄存器单元(图中斜线表示被遮蔽，斜线部位的方块为读出寄存器单元)。读出寄存器与像敏单元的一侧被沟阻隔开。由于每列像敏单元均被读出寄存器所隔开，因此这种面阵 CCD 称为隔列转移面阵 CCD。图中最下面是二相时钟脉冲 $\Phi_1$、$\Phi_2$ 驱动的水平读出寄存器。

隔列转移面阵 CCD 的工作过程是：在曝光期间，光生电荷包存储在像敏单元的势阱里，转移栅为低电位，转移栅下的势垒将像敏单元的势阱与读出寄存器的变化势阱隔开；当曝光周期结束时，转移栅上的电位由低变高，其下形成的势阱将像敏单元的势阱与此刻读出寄存器某单元(此刻该单元上的电压为高电平)的势阱沟通，像敏单元中的光生电荷便经过转移栅转移到读出寄存器；转移的过程为并行的，即各列光敏单元的光生电荷同时转移到对应的读出寄存器中。转移过程很快，转移控制栅上的电位很快变为低电平。转移过程结束后，光敏单元与读出寄存器又被隔开，转移到读出寄存器中的光生电荷在读出脉冲的作用下一行行地向水平读出寄存器中转移，水平读出寄存器快速地将其经输出端输出。在输出端得到与光学图像对应的一行行视频信号。

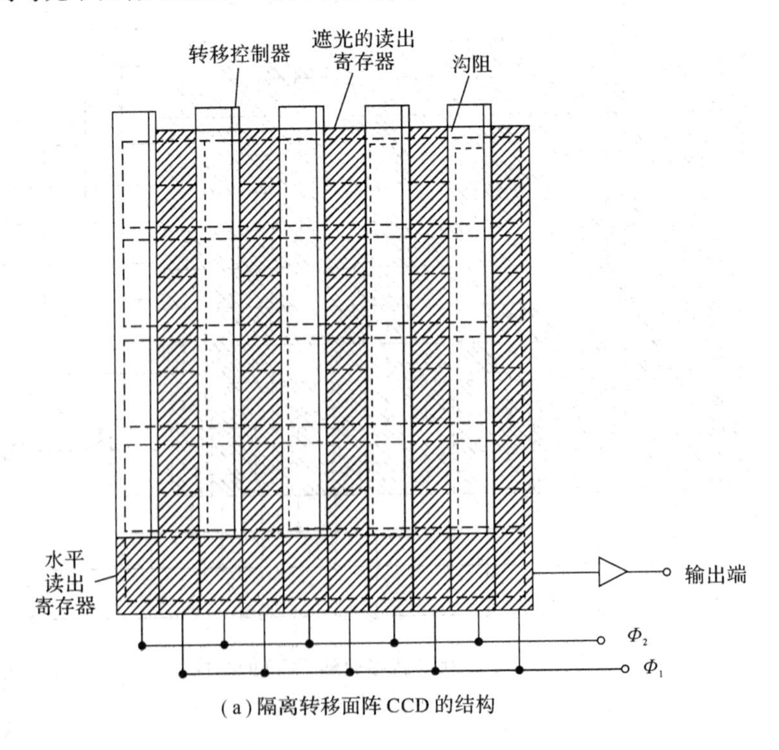


(a)隔离转移面阵 CCD 的结构

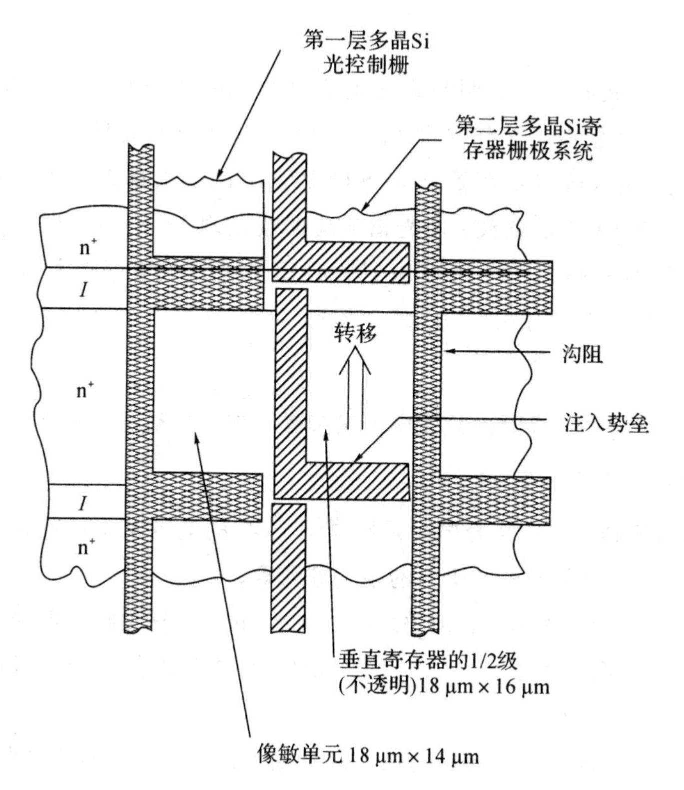


(b)像敏单元与寄存器单元的结构

图 5-6-4 隔列转移面阵 CCD 的结构图

图 5-6-4(b)是隔列转移面阵 CCD 的二相注入势垒器件的像敏单元和寄存器单元的结构。该结构采用两层多晶 Si。第一层提供像敏单元上的 MOS 电容器电极，又称为多晶 Si 光控制极；第二层基本上是连续的多晶 Si，选择掺杂后得到二相转移栅极系统，称为多晶 Si 寄存器栅极系统。转移方向用离子注入形成势垒，使电荷只能按规定的方向转移，沟阻常用来阻止电荷向外扩散。

## 5.6.2 CCD 的基本特性参数

### 1. 光电转移特性

在 CCD 中，电荷包是由入射光子被 Si 衬底吸收产生的少数载流子形成的，因此，它具有良好的光电转换特性。它的光电转换因子 $\gamma$ 可达到 99.7%。

**2. 光谱响应**

CCD 接受光的方式有正面光照与背面光照两种。由于 CCD 的正面布置着很多电极，电极的反射和散射作用使得正面照射的光谱灵敏度比背面照射时低，即使是透明的多晶 Si 电极，也会因为电极的吸收以及在整个 Si/$SiO_2$ 界面上的多次反射而引起某些波长的光产生干涉现象，出现若干个明暗条纹，使光谱响应曲线出现若干个峰与谷，即发生起伏。为此，CCD 常采用背面照射的方法。采用 Si 衬底的 CCD 光谱响应范围为 0.3～1.1 μm，平均量子效率为 25%，绝对响应为 0.1～0.2(A/W)。

**3. 动态范围**

动态范围是由势阱中可存储的最大电荷量和噪声决定的最小电荷量之比。

1）势阱中的最大信号电荷量

CCD 势阱中可容纳的最大信号电荷量取决于 CCD 的电极面积及器件结构(SCCD 还是 BCCD)、时钟驱动方式及驱动脉冲电压的幅度等因素。

设 CCD 的电极有效面积为 $A$，杂质浓度为 $10^{15}\ \mathrm{cm}^{-3}$，氧化膜厚度为 0.1 μm，电极尺寸为 10 μm×20 μm，栅极电压为 10 V，则 SCCD 势阱中的电荷量 $Q$ 由式(5-2-2)计算可得 0.6 pC 或 $3.7\times10^6$ 个电子。

在 BCCD 中计算比较复杂，随着沟道深度增加，势阱中可以容纳的电荷量减少。对于与上述 SCCD 条件相同的 BCCD，若氧化膜厚度为 0.1 μm，则 $Q_{SCCD}/Q_{BCCD}$ 约为 4.5。

2）噪声

在 CCD 中有几种噪声源：① 由于电荷注入器件引起的噪声；② 电荷转移过程中，电荷量的变化引起的噪声；③ 由检测时产生的噪声。此外，器件的单元尺寸不同或间隔不同也会成为噪声源，但这种噪声源可以通过改进光刻技术而减少。

**4. 暗电流**

在正常工作的情况下，MOS 电容处于未饱和的非平衡态。然而随着时间的推移，由热激发而产生的少数载流子使系统趋向平衡。因此，即使在没有光照或其他方式对器件进行电荷注入的情况下，也会存在不希望有的暗电流。暗电流是大多数摄像器件所共有的特性，是判断一个摄像器件好坏的重要标准，尤其是暗电流在整个摄像区域不均匀时更是如此。产生暗电流的主要原因有以下几点。

1）耗尽的 Si 衬底中电子自价带至导带的本征跃迁

暗电流密度的大小由下式决定：

$$I_i = q\frac{n_i}{\tau_i}x_d \tag{5-6-1}$$

2）少数载流子在中性区内的扩散

在 p 型材料中，每单位面积内由于少数载流子在中性区内的扩散而产生的暗电流为

$$I_b = \frac{qn_i^2}{N_A\tau_n}L_n \tag{5-6-2}$$

这个暗电流受 Si 中缺陷和杂质数目影响很大，因此很难预测大小。

3）$Si/SiO_2$界面引起的暗电流

$Si/SiO_2$界面引起的暗电流为

$$I_s = 10^{-3}\delta_S N_{SS} \tag{5-6-3}$$

其中，$\delta_S$ 为界面态的俘获截面，$N_{SS}$为界面态密度。

在大多数情况下，以第三种原因产生的暗电流为主，在室温下暗电流密度可达 5 nA/cm$^2$。另外，暗电流还与温度有关。温度越高，热激发产生的载流子越多，因而，暗电流就越大。据计算，温度每降低 10℃，暗电流可降低 1/2。

**5. 分辨率**

分辨率是图像传感器的重要特性。线阵 CCD 固体摄像器件向更多位光敏单元发展，像元位数高的器件具有更高的分辨率。尤其是用于物体尺寸测量中，采用高位数光敏单元的线阵 CCD 器件可以得到更高的测量精度。另外，当采用机械扫描装置时，亦可以用线阵 CCD 摄像器件得到二维图像的视频信号。扫描所获得的分辨取决于扫描速度与 CCD 光敏单元的高度等因素。

二维面阵 CCD 的输出信号一般遵守电视系统的扫描方式。它在水平方向和垂直方向上的分辨率是不同的，水平分辨率要高于垂直分辨率。在评价面阵 CCD 的分辨率时，只评价它的水平分辨率，且利用电视系统对图像分辨率的评价方法——电视线数的评价方法。电视线评价方法表明，在一幅图像上，在水平方向能够分辨出的黑白条数为其分辨率。水平分辨率与水平方向上 CCD 的像元数量有关，像元数量越多，分辨率越高。现有的面阵 CCD 的像元数已发展到 512×500、795×596、1024×1024、2048×2048、5000×5000 等多种，分辨率越来越高。

## 5.6.3 CCD 在信号处理领域的应用

模拟信号处理已经成为 CCD 最重要的一个应用领域。与其他模拟信号处理方法和元件相比，CCD 的独特之处在于模拟性和数字性相结合。简而言之，CCD 所处理的是对模拟信

号的采样，无论传输过程中的信号电荷包，还是输出电压，都是模拟量。但是在时间关系上，这些信号受精确、稳定的时钟脉冲控制，类似于数字移位寄存器。由于这个特点，CCD能在模拟领域完成采样数据滤波功能，从而省去了A/D和D/A转换，简化了电子线路，在延时线、横向滤波器和多路分路结构等方面应用很广。

虽然CCD在技术上比较成熟，但也有其局限性，主要表现在以下几个方面：

(1) CCD制造过程比较复杂，工艺要求严格。为了获得信号的完整性，在像素间信号需要完美的电荷转移，随着阵列尺寸的增加，电荷转移要求更加严格准确。

(2) 由于制作CCD时不能采用深亚微米超大规模集成技术，只能在同一芯片上实现光敏像素阵列，故不能将像素阵列与其他功能部件集成在一起，致使图像系统难于实现单片一体化。

(3) CCD阵列时钟驱动脉冲复杂，需要使用多种工作电压，功耗高。

(4) 图像信息不能随机读取，而这种随机读取在一些应用中是不可或缺的。

## 5.7 CMOS图像传感器

CMOS图像传感器是20世纪70年代在美国航空航天局(NASA)的喷气推进实验室(JPL)诞生的，同CCD图像传感器几乎是同时起步的。诞生之初由于其性能的不完善、图像质量不高，制约了它的发展和应用。进入20世纪90年代，由于对小型化、低功耗和低成本成像系统消费的需求增加与芯片制造和信号处理技术的发展，为新一代低噪声、优质图像和高彩色还原度的CMOS图像传感器的实现提供了条件，CMOS图像传感器的性能也得到大幅度提高，CMOS图像传感器逐渐成为固体图像传感器研究与开发的热点。

### 5.7.1 CMOS图像传感器的独特优势

CMOS图像传感器具有结构简单、成本低、成像速度快、芯片利用率高等特点，使信息获取和转移的成本大大降低，并能给出直观真实、多层次、内容丰富的可视图像信息。其具有以下特点：

(1) 电荷读出方式简单。CMOS图像传感器经光电二极管的光电转换后直接产生电压信号，信号电荷不需要转移。

(2) 与集成电路工艺兼容。CMOS图像传感器制造工艺与半导体器件制造工艺的相同之处约有90%，成品率高，制造成本低。

(3) 集成度高。CMOS图像传感器能在同一个芯片上集成各种信号和图像处理模块，如垂直位移、水平位移暂存器、传感器阵列驱动与控制系统(CDS)、模数转换器(ADC)接口电路等完全可以集成在一起，实现单芯片成像。

(4) 功耗低。CMOS 图像传感器使用单一工作电压，芯片中的图像处理部分采用 CMOS 集成电路，电路静态功耗非常小，只有在电路接通的时候才有电量的消耗，其功耗仅相当于 CCD 的 1/100～1/10。

(5) 速度快。高速性是 CMOS 电路的固有特性，CMOS 图像传感器含有可以极快地驱动成像阵列的列总线，并且 ADC 在片内工作速率极快，对输出信号和外部接口干扰敏感性低，有利于与下一级处理器连接。CMOS 图像传感器具有很强的灵活性，可以对局部像素图像进行随机访问，增加了工作灵活性。

(6) 抗辐射性好。CMOS 图像传感器的光电转换只由光电二极管或光栅构成，因此 CMOS 图像传感器的抗辐射能力比 CCD 强十多倍，有利于军用和辐射环境应用。

(7) 响应范围宽。CMOS 图像传感器除了可见光外，对红外等非可见光波也有响应。

(8) 灵敏度高。CMOS 图像传感器在 890～980 nm 范围内，其灵敏度比 CCD 图像传感器的灵敏度要高出许多，并随波长增加而衰减得慢一些。

### 5.7.2 CMOS 图像传感器像素单元的基本结构

图 5-7-1 给出了 CMOS 光电转换示意图。图中光电二极管和 MOS 管就相当于一个像素单元。在光照期间，光电二极管内部产生的光生载流子在 pn 结两侧堆积(或存储)，形成光生电势差。当光照结束时，MOS 管栅极施加脉冲信号，使 MOS 管导通，此时光电二极管复位，并在负载上引起电流，其电流的大小受光生电势差影响，即受光强的影响，与其成一定比例。通过检测负载上流过的电流大小，就可以获得光强。

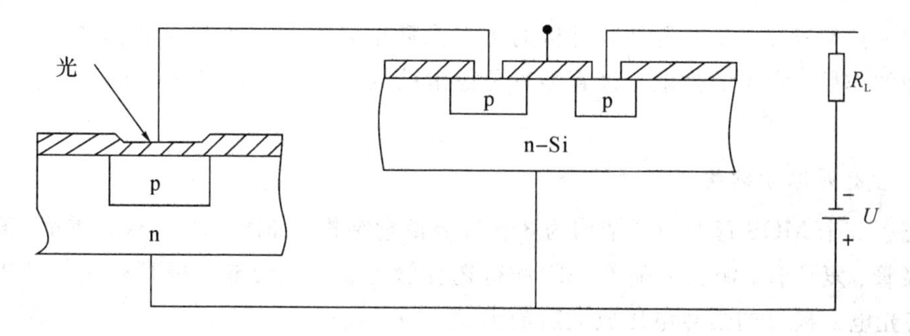


图 5-7-1　CMOS 光电转换示意图

CMOS 图像传感器按像素单元结构的不同可以分为：CMOS 无源像素图像传感器(CMOS Passive Pixel Sensor，CMOS-PPS)、CMOS 有源像素图像传感器(CMOS Active Pixel Sensor，CMOS-APS)和 CMOS 数字像素图像传感器(CMOS Digital Pixel Sensor，CMOS-DPS)。

**1. 无源像素结构**

光电二极管型无源像素结构的像素单元由一个被反向偏置的光电二极管和行选择管组成，没有信号放大的作用，如图 5-7-2 所示。在光照开始时，光电二极管将入射光信号转换为电信号，此时行选择管一直处于关断状态。光照结束后，行选择管导通，光电二极管与列总线连通，光电二极管中收集的光生电荷转移至列总线端，由末端的电荷积分放大器转换为电压信号输出。随后，再给光电二极管施加一复位电压使其恢复初始状态，这样即完成一次读取操作。

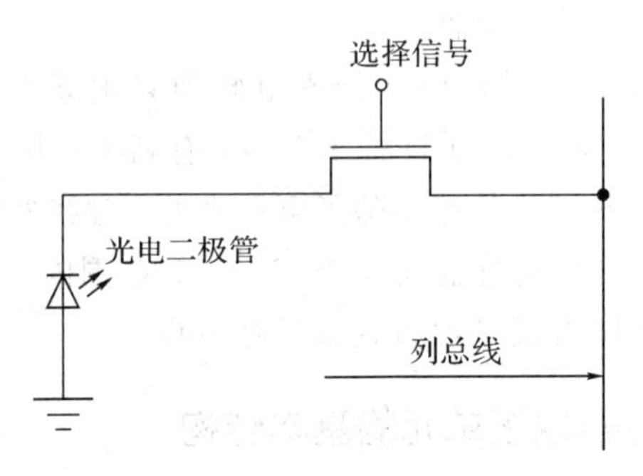


图 5-7-2　CMOS 传感器无源像素结构的像素单元

无源像素结构有着结构简单、量子效率高以及填充因子高等优点，可以制造较小的像素单元。但是其读出噪声大、灵敏度低，因而难以制造高分辨率和高动态范围的图像传感器，同时也不适合向大型阵列发展。

**2. 有源像素结构**

相比无源像素结构，有源像素结构的每个像素单元都有一个有源放大器，具有信号放大和缓冲的作用。常见的光电二极管型有源像素结构有 3 管有源像素结构和 4 管有源像素结构。

1) 3 管有源像素结构

采用了 3 个 MOS 管的像素结构为 3 管有源像素结构，如图 5-7-3(a)所示。其主要由光电二极管、复位管、源极跟随器(SF)和行选择管等组成。光电二极管直接与源极跟随器相连，将光电二极管的信号电压放大后输出。

3 管有源像素结构的工作时序如图 5-7-3(b)所示。$t_1$时刻，复位管置为高电平，对光电二极管进行复位，使其反向偏置；复位完成后，开始光照。$t_2$时刻，光照结束，行选择管为高电平，光电二极管节点处电压通过源极跟随器放大后经行选择管输出，采样第一次光照后的电压 $U_1$。$t_3$时刻，复位管再次置为高电平，给光电二极管再次复位，待复位完成后，对其进行第二次采样，得复位电压 $U_2$。求出两次采样的电压差值，即得到信号输出电压。

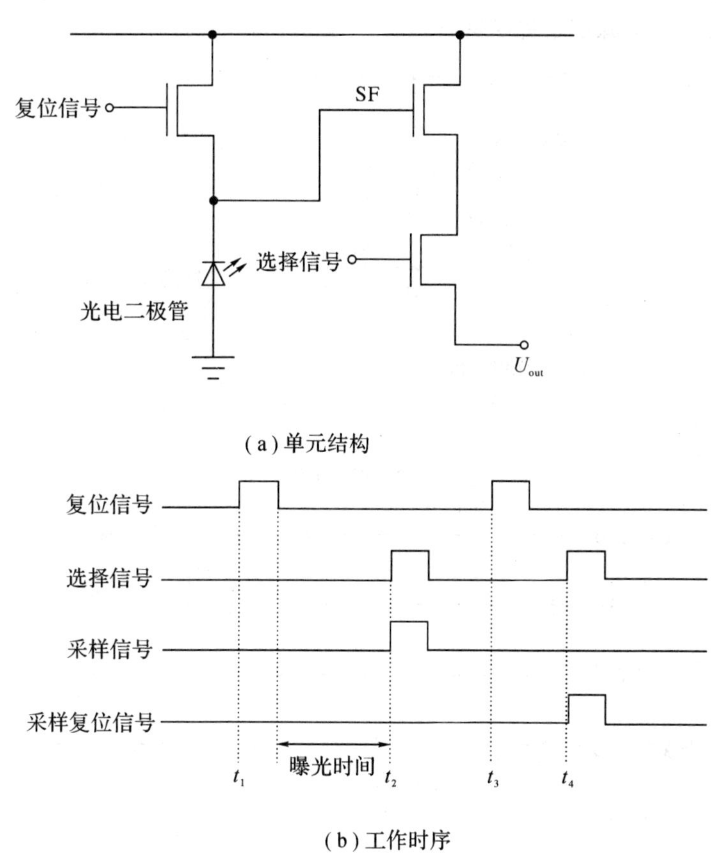


图 5-7-3　3 管有源像素结构及其工作时序

以上这种采样技术被称为双采样，双采样的两次采样时间不相关，因而无法消除复位噪声，但其可以消除由复位管和源极跟随器的阈值电压失配引起的固定模式噪声。3 管有源像素填充因子高，制造工艺简单，但是复位噪声和表面暗电流较大，在早期应用较为普遍。

2) 4 管有源像素结构

4 管有源像素结构是在 3 管有源像素结构基础上增加了传输管 TG 以及浮置存储节点 FD，结构如图 5-7-4(a)所示。传输管 TG 使得光电二极管与浮置存储节点 FD 相互分离，因而可以通过对复位信号进行存储，在像素单元内部采用相关双采样消除复位噪声。

4 管有源像素结构的工作时序如图 5-7-4(b)所示。$t_1$时刻，复位管置为高电平，对浮置存储节点 FD 进行复位，复位完后，开始进入曝光周期。随后 $t_2$时刻，对 FD 进行第一次采样，得采样电压$U_1$，其中包含有复位噪声电压。此时复位管为低电平，浮置存储节点FD完全与光电二极管和电源$U_{DD}$实现隔离。

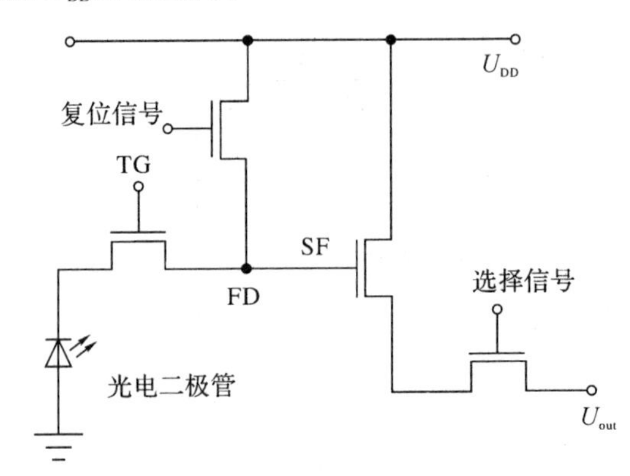


(a)单元结构

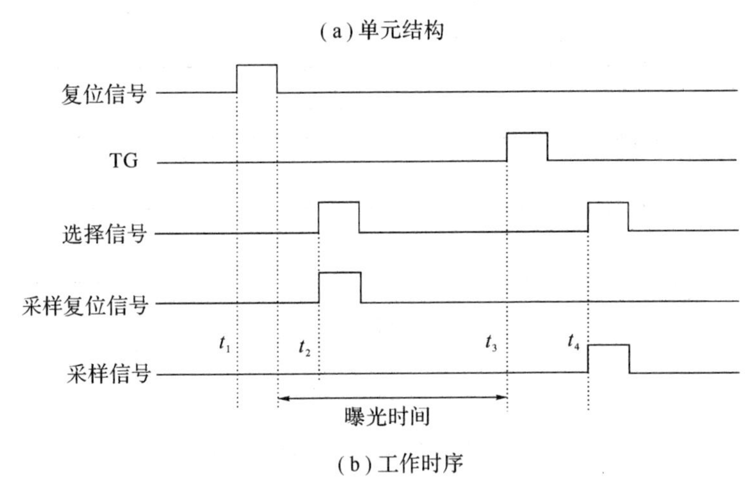


(b)工作时序

图5-7-4　4管有源像素结构及其工作时序

$t_3$时刻，曝光结束，传输管TG开启，光电二极管收集的光生电荷转移至浮置存储节点FD中，FD的电势随着电荷的收集逐渐降低，最终趋于稳定。待电荷转移完成后，传输管TG关闭。$t_4$时刻，对FD进行第二次采样，得采样电压$U_2$。同样，求出两次采样的电压差值，即得到信号输出电压。

由上可知，4管有源像素结构采用了相关双采样技术，消除了来自复位管的复位噪声，因而其噪声较低，成像质量不逊色于中档的CCD图像传感器，应用最为广泛。

另外，为了进一步提高像素单元的性能，而且随着工艺制造水平的提高，还有性能更高的5管、6管、7管及9管等有源像素结构。

## 5.7.3　CMOS 图像传感器系统的结构

CMOS 图像传感器系统主要由像素阵列、驱动电路、译码控制器、时序控制电路、A/D 转换器、预处理电路以及接口电路等几部分组成，其像素阵列结构如图 5-7-5 所示。其中，1 为垂直移位寄存器，2 为水平移位寄存器，3 为水平扫描开关，4 为垂直扫描开关，5 为像素阵列，6 为信号线，7 为像素单元。CMOS 图像传感器系统的结构如图 5-7-6 所示。

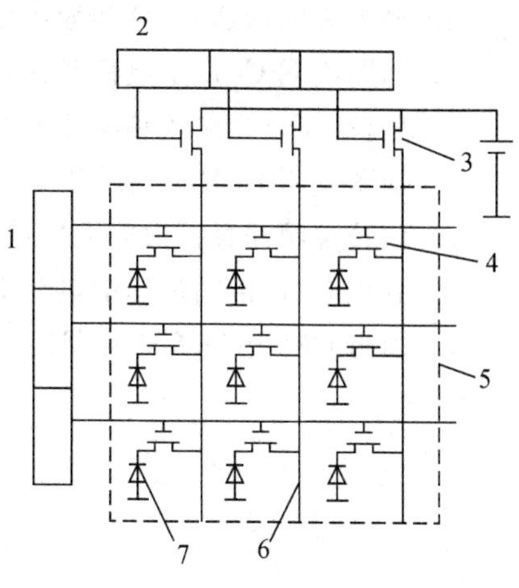

图 5-7-5　CMOS 像素阵列结构

国外的 HP、Sony、Apple、Sharp、Kodak、Fujitsu 等公司已开发出多种类型 CMOS 图像传感器及以 CMOS 图像传感器为核心的 CMOS 摄像系统、CMOS 指纹图像识别系统、CMOS 视觉图像传感系统、CMOS 视网膜图像传感系统等。CMOS 图像传感技术使数字照相机的造价大大降低。同时，随着视觉功能的扩展，CMOS 图像传感器已经在航天航空、视频会议、指纹识别、增强型自适应巡航控制、汽车交通监督系统、医学图像识别系统等领域显现出了独特的优势。

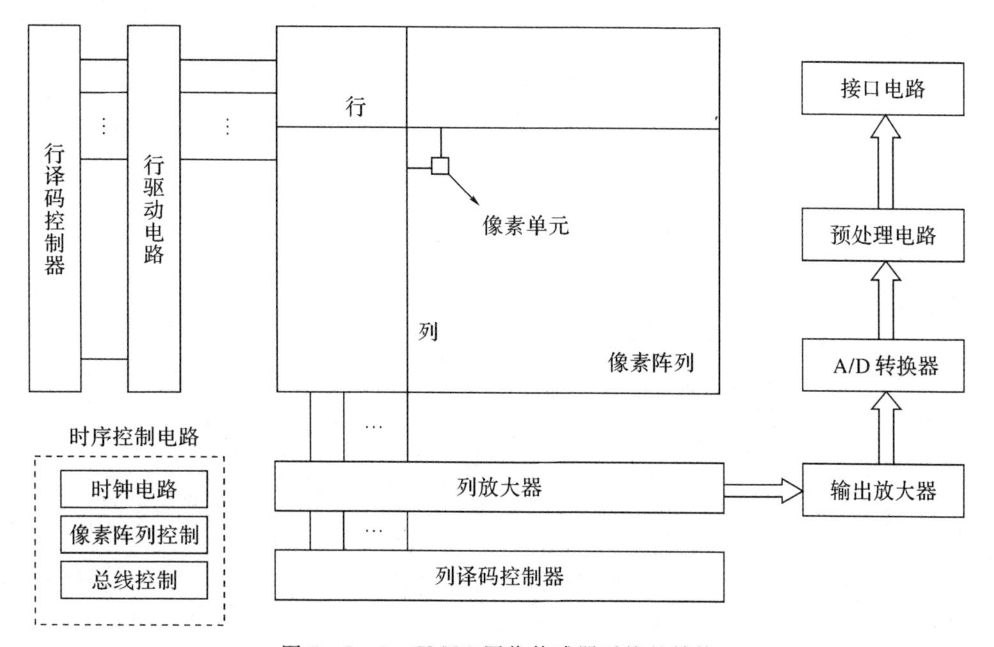

图 5-7-6　CMOS 图像传感器系统的结构

# 习　　题

1. 分析表面沟道 CCD 和埋沟道 CCD 工作机制的异同点及各自的优势。

2. 画图说明 CCD 中电荷转移过程。

3. 分析 CCD 光注入和电注入的工作机制及异同点。

4. 画图说明 CCD 电流输出方式和过程。

5. 比较说明浮置扩散放大器输出和浮置栅放大器输出的异同点。

6. 分析 CCD 传输过程中电荷损失的机制和抑制措施。

7. 画出 CMOS 图像传感器的 4 管单元结构，并分析其工作原理。

# 第六章　半导体发光器件

半导体发光器件主要有两种：发光二极管(Light Emitting Diode，LED)和激光器(Laser)。本章从半导体光辐射原理入手，讨论发光二极管与激光器的基本结构和工作机制。

## 6.1　半导体发光二极管(LED)的结构

LED是一种基于pn结电致发光原理制成的半导体发光器件，具有电光转换效率高、节能、环保、寿命长、体积小等优点，被誉为绿色光源，应用领域非常广泛，如信号指示灯、汽车大灯、LCD背光、道路照明、室内照明、商业照明、体育场馆照明、医疗照明和生物照明等。在全球能源日趋紧张的当今，LED的推广与应用意义重大。因此，半导体照明技术受到世界各国及产业界的广泛关注，并已推出一系列振兴计划来扶持本国半导体照明产业的发展。我国于2003年启动了国家半导体照明工程，推动我国半导体照明技术的发展，目前已经取得了显著的经济效益和节能效果。

### 6.1.1　LED的优势

1907年Henry Joseph Round第一次在碳化硅(SiC)晶体里观察到电致发光现象，这一现象使得第一颗LED出现。在随后多年中，研究人员一直致力于LED的实用化研究。1962年，GE实验室成功制备出世界上第一支可见光LED(红光LED)，它是第一个具有实用价值的LED。1971—1972年，Monsanto实验室通过在GaAsP中掺杂氮(N)元素，制备出了红光、橙光、黄光和绿光LED。1993年日本日亚化学公司率先突破了蓝色氮化镓LED技术，并于1998年推向市场，使LED照明成为现实。进入21世纪，随着LED技术的进一步发展，LED成本不断下降，为LED的大规模应用提供了便利的条件。与普通照明方式相比，LED具有如下的优势：

(1) 效率高。按一般光效定义LED的发光效率并不算高，但由于LED的光谱几乎全部集中于可见光区域，因此效率可达到80%～90%，而白炽灯的可见光转换效率仅为10%～20%，普通节能灯只有40%～50%左右。一般LED在相同的照明效果下比传统光源节能80%以上。

(2) 寿命长。LED为固体冷光源，环氧树脂封装，抗震动，灯体内也没有松动的部分，不存在普通灯丝发热易烧、产生热沉积、光衰过快等缺点，使用寿命高达数万小时，是传统光源使用寿命的10倍以上。由于寿命长，经久耐用，减少了维护和更换的费用，降低了使用成本。

（3）绿色环保。其废弃物不像荧光灯含汞，污染环境；废弃物没有污染、可回收，可以安全触摸，属于典型的绿色照明光源。而且LED为冷光源，眩光小，无辐射，使用中不产生有害物质，光谱中没有紫外线和红外线。

（4）光色纯，光线质量高。传统照明光源的光谱较宽，并且发光方向为整个立体空间，不利于配光和光线的有效利用；LED为单一颜色、光谱狭窄、谱线集中在可见光波段，色彩丰富、鲜艳，可以有多样化的色调选择和配光，并且LED光源发光大部分集中会聚于中心，发散角较小，可以有效地控制眩光，从而简化灯具结构，节省设计和制造成本。

（5）应用灵活。体积小，便于造型，可做成点、线、面等各种形式。

（6）安全。单体工作电压为1.5～5 V，工作电流为20～70 mA。

（7）响应快。响应时间为纳秒级，白炽灯的响应时间为毫秒级。

（8）控制灵活。通过控制电路很容易调控亮度，实现多样的动态变化效果。

## 6.1.2 LED的结构与原理

发光二极管的基本原理如图6-1-1所示。从结构上讲，LED是一个普通的pn结二极管，它也具有单向导电性。在pn结二极管处于正向偏置状态时，pn结势垒降低，p侧的多子-空穴向n侧扩散；n侧的多子-电子向p侧扩散。少子-电子处于不稳定的激发状态，在pn结附近和空穴复合，这种复合伴随着光辐射，将电子能量转换为光能。如果半导体是透明的，就会发射出光，pn结就变成了光源。由于复合发光是在少子扩散区内发生的，因此光仅在靠近pn结界面的几微米内产生。

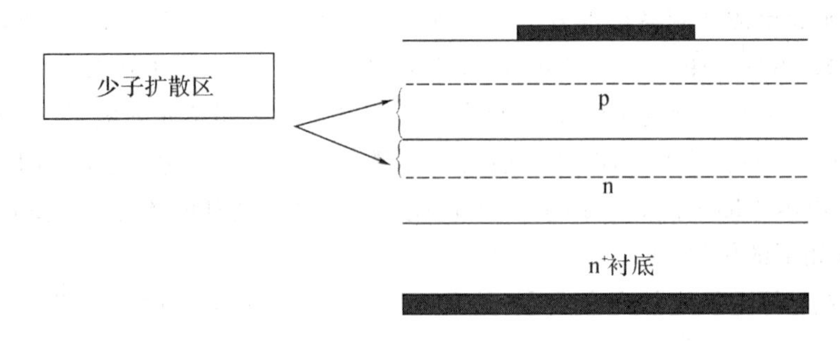


（a）发光二极管的内部结构

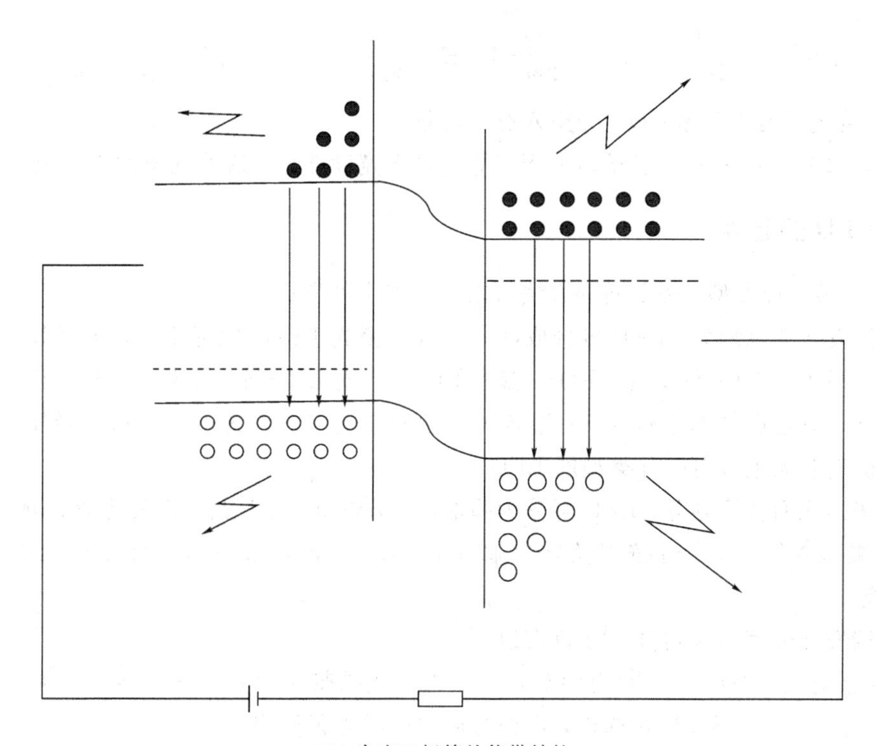

(b)发光二极管的能带结构

图 6-1-1　发光二极管的基本原理

将 pn 结的结构由同质结转变为异质结可以增强电子和空穴在结区的辐射复合效率，从而提高 LED 的内量子效率。在异质结结构中，电子和空穴复合的区域被称为有源区。将有源区变薄可以提高 LED 的内量子效率并减小有源区对光子的重吸收作用。当有源区的厚度接近电子的德布罗意波长时，载流子在垂直于 pn 结界面方向运动的能量不再连续，这种纳米尺度的有源区被称为量子阱。目前高亮度 LED 芯片的有源区就是由多量子阱(Multiple Quantum Well，MQW)结构组成的。

发光二极管是一种利用自发辐射制成的器件，它往往具有连续光波谱，并且光谱曲线一般具有单峰。但如果材料具有多发光中心，也会出现多峰。其峰值波长由材料的禁带宽度所决定，根据关系式$h\nu=E_g$，可求出峰值波长为

$$\lambda_0=\frac{1.24}{E_g}\quad(\mu\text{m}) \tag{6-1-1}$$

式中，$E_g$ 为半导体禁带宽度。若要产生可见光(光波波长在 380 nm(紫光)～780 nm(红光))，半导体材料的禁带宽度应在 3.26 ～1.63 eV 之间。

由于热能，电子能量略高于 $E_c$，空穴能量略高于 $E_v$。实际上发射光子的能量为

$$h\nu=\left(E_c+\frac{\hbar^2k^2}{2m_e^*}\right)-\left(E_v-\frac{\hbar^2k^2}{2m_h^*}\right)=E_g+\frac{\hbar^2k^2}{2m_r^*}\quad,\qquad \frac{1}{m_r^*}=\frac{1}{m_e^*}+\frac{1}{m_h^*}$$

式中，$m_e^*$ 为电子有效质量；$m_h^*$ 为空穴有效质量。

因此，LED 发出的光子能量略大于半导体带隙宽度能量，这种现象称为色散。

### 6.1.3 LED 的分类

LED 有很多种类型，按不同的方法可以分成多个种类。

(1) 按发光颜色划分，LED 可分成红光 LED、橙光 LED、绿光 LED(又细分为黄绿光 LED、标准绿光 LED 和纯绿光 LED)、蓝光 LED、白光 LED 等。按发光二极管出光处掺或不掺散射剂、有色还是无色划分，上述各种颜色的发光二极管还可分成有色透明、无色透明、有色散射和无色散射四种类型的 LED。

(2) 按出光面特征划分，LED 可分为圆形灯、方形灯、矩形灯、面发光管、侧向管、表面安装用微型管等。圆形灯按直径分为 $\phi$2 mm、$\phi$4.4 mm、$\phi$5 mm、$\phi$8 mm、$\phi$10 mm 及 $\phi$20 mm 等。

(3) 按发光强度角来划分，LED 有以下三类：

① 高指向性 LED。其一般为尖头环氧封装，或是带金属反射腔封装，半强度角①为 5°～20°或更小，具有很高的指向性，可作为局部照明光源使用。

② 标准型 LED。其通常作指示灯用，半强度角为 20°～45°。

③ 散射型 LED。其通常用于照明，或者作为视角较大的指示灯，半强度角为 45°～90°或更大，掺入散射剂的量较大。

(4) 按封装结构划分，LED 可分为全环氧封装、金属底座环氧封装、陶瓷底座环氧封装及玻璃封装等。

(5) 按光强度划分，LED 可分为普通亮度的 LED(光强度小于 10 mcd)②、高亮度的 LED(光强度在 10～100 mcd 之间)和超高亮度的 LED(光强度大于 100 mcd)。

### 6.1.4 LED 的光谱

用直接带隙半导体(如 GaAs、InP、GaN 等)制成的发光二极管，发光效率高、发光强度大。对于间接带隙半导体(如 GaP、Ge、Si 等)来说，因为发光过程有声子参与，所以发光

---

① 半强度角即半值角，是指光源沿中心法线方向向四周散开，当偏离法线的周围光强为最大光强的一半时，周围光强边界与法线所夹的角度。

② cd(坎德拉，Candela)，为光学常用单位，是指光源在指定方向的单位立体角内发出的光通量，mcd＝cd/1000。

效率很低。通常可用掺杂的方法来提高间接带隙半导体的发光效率。例如，在 GaP 中添加少量 N 原子，N 原子置换一部分 P 原子，由于 N 和 P 都是 V 族元素，所以仍然保持电中性。由于 N 原子负电性强，具有较强的吸引电子的能力，能够在 GaP 的禁带中形成电子能级，该能级和价带之间的跃迁可以发出较强的光，这种能级就是等电子中心。除了 GaP 掺 N(发绿光)外，在 GaP 掺 Zn－O(发红光)、在 GaAsP 中掺 N(发黄光)等都可形成等电子中心，成为发光能级。红色发光二极管可用 AlGaAs、GaAsP(N)、GaP(Zn－O)等，绿色可用 GaP(N)等，蓝色可用 GaN、SiC 等材料制成。图 6－1－2 给出了掺 Si 的 GaAs 发光二极管的相对光谱曲线。图 6－1－3 给出了扩散型 GaAs 发光二极管的相对光谱曲线。

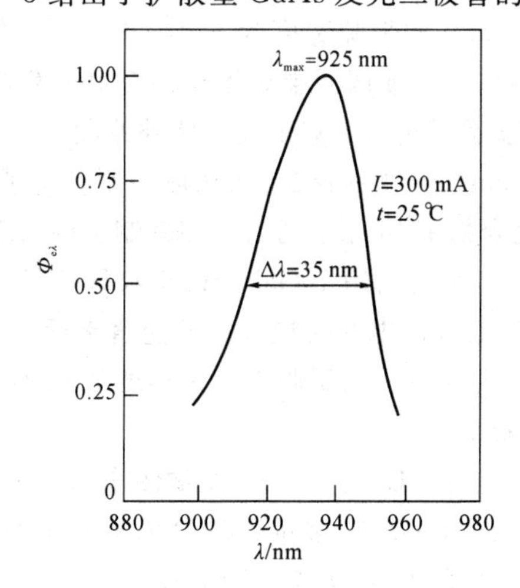


图 6－1－2　掺 Si 的 GaAs 发光二极管的相对光谱曲线

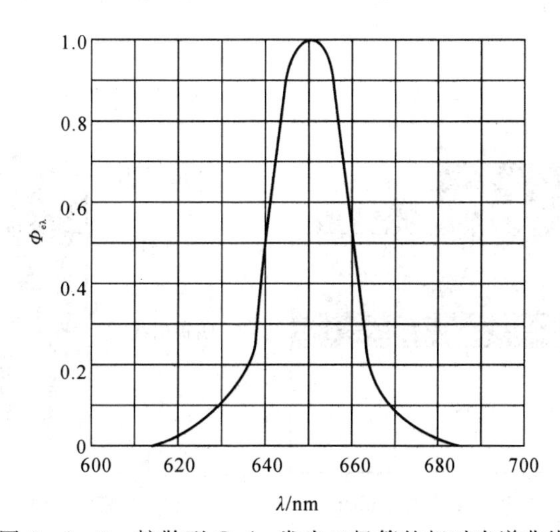


图 6－1－3　扩散型 GaAs 发光二极管的相对光谱曲线

# 6.2 白光LED

## 6.2.1 GaN基蓝光LED

GaN被称为继第一代半导体Si、Ge和第二代半导体GaAs、InP之后的第三代半导体材料。GaN是一种极稳定且坚硬的高熔点材料，熔点高达1700℃。GaN具有三种晶体结构：纤锌矿结构、闪锌矿结构和熔盐结构。其中，用于固态发光领域的GaN为纤锌矿结构。InN的带隙宽度为0.7 eV，GaN的带隙宽度为3.44 eV，AlN的带隙宽度为6.2 eV。在GaN材料中掺入Al、In组成的三元或四元半导体材料应用于发光材料与器件，其发光波长范围可以从远红外光一直覆盖到紫外光，甚至是深紫外波段。

1992年日本的ShujiNakamura(中村修二)团队成功制备出了高质量的铟镓氮(InGaN)薄膜，并通过调节InGaN化合物中In原子的组分使其制备的LED在室温下的发射波长涵盖紫外光到绿光波段。1995年他们利用InGaN/GaN双异质结制备出高亮度蓝光和绿光LED芯片。GaN基蓝光LED芯片的电光转换效率理论值接近100%，使用寿命理论值接近10万小时。高亮度蓝光LED芯片的成功研制极大地拓展了LED的应用领域，为LED在通用照明领域的应用奠定了基础。

典型的水平结构GaN基蓝光LED芯片示意图如图6-2-1(a)所示。其自下而上分别为蓝宝石衬底、GaN缓冲层、n型GaN、多量子阱(MQW)、p型GaN、透明电极，两个电极分布在对应位置。实际封装后的LED模型剖面图如6-2-1(b)所示。半球柱状环氧树脂包裹着LED芯片，出射光在pn结位置产生，经过不同路径最终发射到空气中。

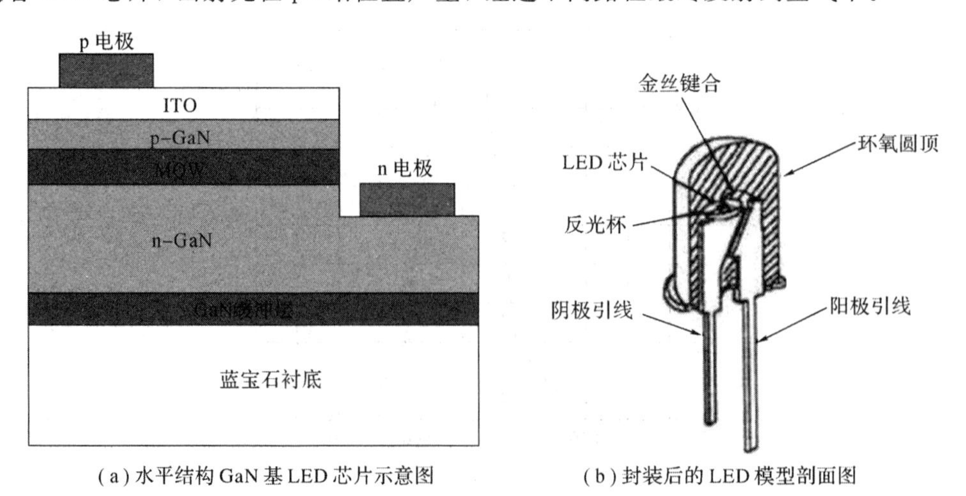


(a)水平结构GaN基LED芯片示意图　　(b)封装后的LED模型剖面图

图6-2-1　GaN基蓝光LED芯片的典型结构和模型剖面图

### 6.2.2　几种常见的蓝光 LED 结构

一般 LED 多采用蓝宝石作为衬底。蓝宝石材料是一种化学性质和物理性质都非常稳定的绝缘体，但是蓝宝石衬底价格较贵，目前很多 LED 都采用 Si 衬底，在 Si 衬底上异质外延 InGaN/GaN 材料。生长在蓝宝石衬底上的 GaN 基 LED 芯片最为典型，其正、负电极都位于外延结构的同一侧，此结构称为水平结构 LED 芯片。水平结构 LED 芯片是在 p－GaN外延层的表面蒸镀欧姆接触金属制作 p 型电极，采用 ICP 刻蚀掉部分 p－GaN 和多量子阱(MQW)直至暴露出 n－GaN 材料，然后在 n－GaN 上制作 n 型电极。

水平结构 LED 虽然制备工艺相对容易，但是由于电流是横向流动，在芯片的台阶附近会产生电流聚集效应；很大一部分光被 LED 上方的 p 型电极、n 型电极以及电极焊盘所吸收，而且 p 型电极上增强电流扩展能力的 Ni－Au 或 ITO 透明导电层对光也具有一定的吸收作用；另外，蓝宝石衬底的热导率较低，影响了器件的热可靠性，这些都限制了大功率 LED 芯片注入电流的进一步提高。

为了克服水平结构 LED 芯片的缺点，还有一种倒装技术应用于 LED 芯片制造，其结构如图 6－2－2 所示。倒装技术就是将水平结构 LED 芯片进行倒置，p 型电极采用具有高反射率的金属薄膜，使光从蓝宝石衬底出射，避免了 p 型电极金属对光的吸收。倒装技术可以借助电极(或微凸点)与封装的基板(此处为硅基板)直接接触，从而降低热阻，提升芯片的散热性能。

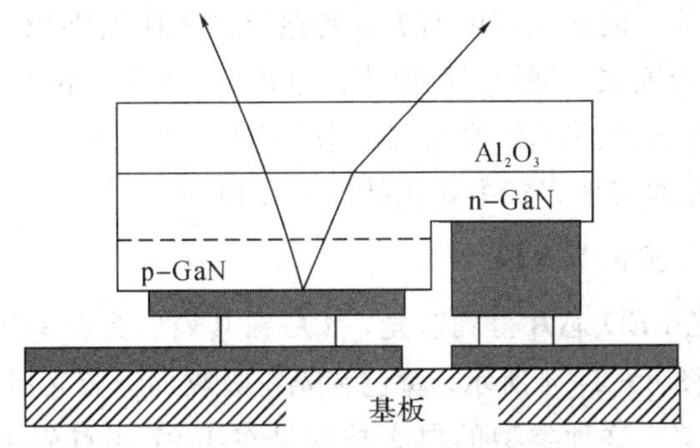


图 6－2－2　倒装结构 GaN 基蓝光 LED 芯片示意图

另外，还有一种垂直电极结构的 GaN 基 LED 芯片，有效解决了散热和挡光的问题，而且垂直电导有利于载流子的注入与复合效率的提高。在制造过程中采用衬底片键合与激光剥离技术相结合，将 GaN 外延片从蓝宝石衬底转移到具有良好电、热导特性的衬底材料上(如 Si、ZnO 等衬底)。器件电极上下垂直分布彻底解决了正装、倒装结构 GaN 基 LED 芯片中因为电极平面分布、电流侧向注入导致的诸如散热、电流分布不均匀、可靠性差等一系列问题，其结构如图 6-2-3 所示。

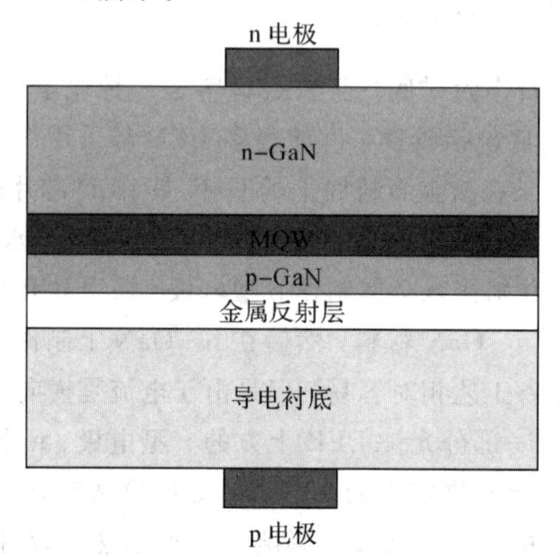


图 6-2-3　垂直结构 GaN 基蓝光 LED 芯片示意图

### 6.2.3　几种常见的白光 LED 结构

可见光的波长范围为 380～780 nm，但是 LED 芯片发出的一般为单色光，例如，蓝光 LED 的波长在 420～500 nm 之间。白光并不是一种单色光，其是由多种单色光组成的合成光。正像太阳光由红、橙、黄、绿、青、蓝、紫组成一样，要想得到白光，需要光源能够发出多种单色光混合形成白光。根据现有的研究，要想得到人眼所能感知的白光光感，至少需要两种以上的单色光混合而成，例如，两种波长单色光(蓝光＋黄光)混合或三种波长单色光(蓝光＋绿光＋红光)混合的模式。要实现单颗 LED 芯片发出多种单色光比较困难。目前利用 LED 芯片获取白光的实现方式主要包括以下几种。

**1. 蓝光 LED 芯片＋黄色荧光粉**

首先通过 GaN 蓝光 LED 芯片得到蓝光，然后在其表面涂覆一层以钇铝石榴石为主要成分的黄色荧光粉，如图 6-2-4 所示。黄色荧光粉吸收部分蓝光后，发射出黄色荧光。黄光和蓝光混合后形成白光。这种类型的白光技术是在 1997 年首先由 ShujiNakamura 团队开发的。市场上大多数的白光 LED 产品都是通过这种方式实现的，因为这是目前由蓝光 LED 芯片得到白光性价比最高的解决方案。

然而这种通过蓝光 LED 芯片和黄色荧光粉获得白光的方式也存在很多问题，如难以在较远的照射区域获得很好的颜色均匀性，造成这个缺点的重要原因是难以在 LED 芯片表面涂覆一层均匀的荧光粉层。另外，这种方式获取白光的光电转化效率不高，能量损失主要来自三个方面：荧光转化损失、荧光粉和芯片的重复吸收损失、全反射损失。这些能量损失累积起来，可能会达到电功率的60%以上。

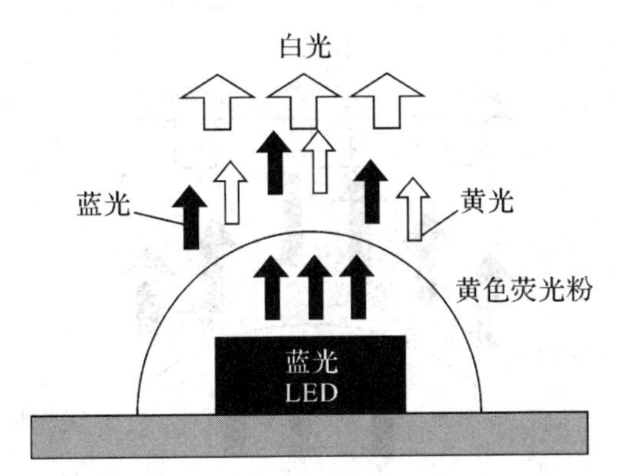


图6-2-4 蓝光LED与荧光粉形成白光原理示意图

**2. 红光+绿光+蓝光LED芯片**

通过不同颜色的单颗LED芯片进行组合也可以得到白光。通过AlGaInP材料体系可以得到红光、橘红光以及黄光LED芯片。通过AlGaN材料体系可以得到红光、绿光、蓝光LED芯片，如图6-2-5所示。

这种方法的好处在于可以获得非常高的光效，而且没有荧光粉发光方式中常见的能量损失。这种方式的缺点在于每个单色光LED其辐射波长随着温度、电流密度和寿命等其他因素都会发生改变。因此，其所产生的白光非常不稳定，所以这种方式主要被使用在日期显示等对颜色稳定性要求不高的应用中。

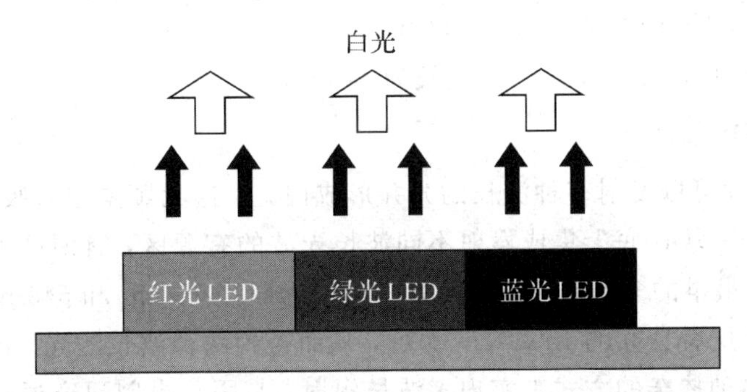


图6-2-5 红光、绿光、蓝光LED形成白光原理示意图

**3. 紫外LED芯片+三色荧光粉**

利用紫外LED来激发三色荧光粉这种方式的优势在于，可以通过多种颜色荧光粉来提高其白光的颜色还原性，如图6-2-6所示。其缺点在于这种方式会产生大量的能量损失，最终限制器件的发光效率，并且随着紫外LED波长向着深紫外发展，这种损失会越来

越大。这种方式的第二个缺点在于很难得到高效率的紫外 LED 芯片。

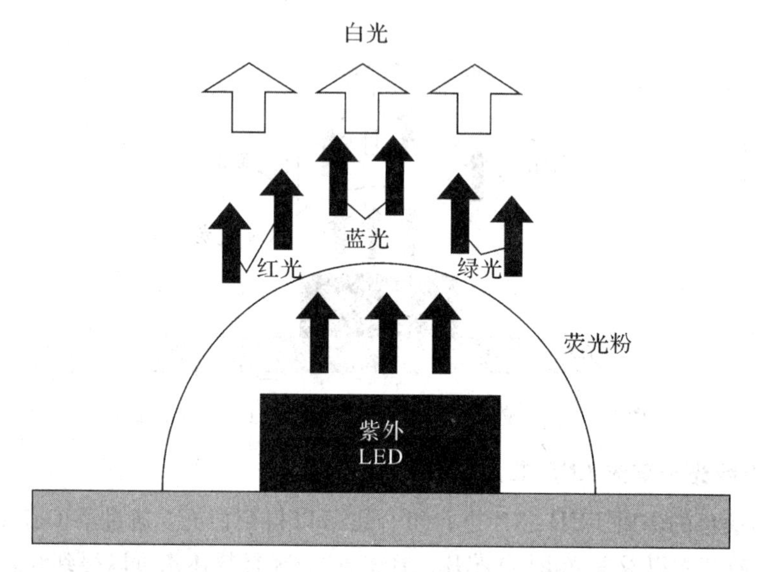


图 6-2-6　紫外 LED 与荧光粉形成白光原理示意图

常用的荧光粉与波长关系如下：

蓝粉 InGaN 或 GaN，波长为 465 nm。

黄粉$(Y_1Gd)_3(AlGa)_5O_{12}$，波长为 550 nm。

三基色红粉 $Y_2O_2S:Eu^{3+}$，波长为 626 nm。

蓝粉 $Sr_5(PO_4)_3Cl:Eu^{2+}$，波长为 447 nm。

绿粉 $BaMgAl_{10}O_{17}:Eu^{2+},Mn^{2+}$，波长为 515 nm。

**4. 多波长 LED 芯片**

单颗 LED 芯片可以发射多种波长的光并形成白光，这无疑是很有吸引力的一种方案。这种方式需要在同一块衬底上集成发射不同波长光波的有源区，有源区可以通过电驱动或者光激发而发光。最早的多波长 LED 芯片，其发光峰在 475 nm 和 540 nm。其方案为在一个衬底上生长两个层叠独立的 InGaN 有源区，从而得到两种波长的光。还有人尝试通过在一个有源区进行多种掺杂的方式来实现多波长辐射，其团队也曾研究通过同时制造多个有源区来实现近似的白光。

## 6.2.4　异质结 LED 结构

异质结 LED 由一层窄禁带有源层(即有源区)加在 n 型和 p 型的宽禁带导电层中间构成，如图6-2-7 所示。这样载流子会从两边向有源区注入，电子和空穴在有源区复合。扩散过第一个异质结界面的少数载流子会被第二个异质结界面阻挡在有源层中，这就增加了载流子的辐射复合，提高了发光效率。目前的 LED 基本上都采用异质结构。

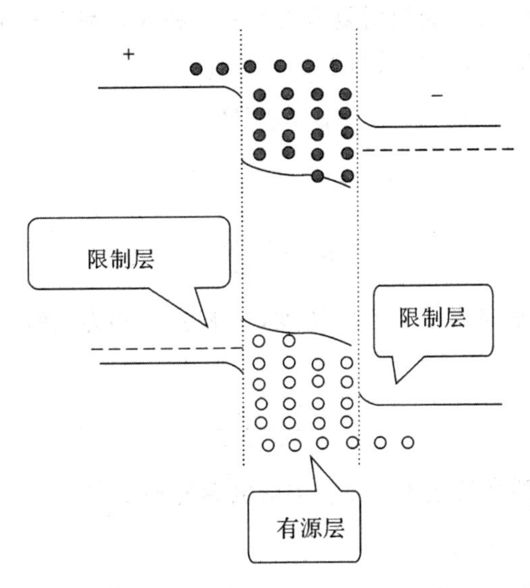


图 6-2-7 异质结 LED 结构示意图

目前常见的异质结发光材料及发光波长如下：

红——GaP:Zn-O、$GaAs_{0.6}P_{0.4}$、$Ga_{0.7}Al_{0.3}As$，波长为 650～760 nm。

橙——$GaAs_{0.35}P_{0.65}$、$In_{0.3}Ga_{0.7}P$，波长为 620～650 nm。

黄——GaP:N:N、$GaAs_{0.15}P_{0.85}$，波长为 590～620 nm。

绿——GaP:N、GaInP，波长为 570～590 nm。

蓝——GaN、GaInP，波长为 430～460 nm。

## 6.3 LED 的性能

### 6.3.1 发光效率

对于注入式半导体发光器件，人们希望以少的注入载流子而得到多的输出光子。但并不是所有的注入载流子都能产生辐射复合而发出光子，也并非每个辐射光子都能到达体外。为了衡量发光过程的发光能力，定义了多种发光效率。

**1. 量子效率**

量子效率 $\eta_q$ 为激发载流子之中辐射复合所占总复合数的比率。可用寿命形式表示：

$$\eta_q=\frac{R_r}{R}=\frac{\tau_{nr}}{\tau_{nr}+\tau_r} \tag{6-3-1}$$

其中，$\tau_{nr}$为无辐射复合寿命；$\tau_r$为辐射复合寿命；$R_r$和$R$分别为辐射复合率和总复合率。对于p型区，辐射复合率和寿命的关系为

$$R_r=\frac{n-n_0}{\tau} \tag{6-3-2}$$

对于n型区，则为

$$R_r=\frac{p-p_0}{\tau} \tag{6-3-3}$$

其中，$n_0$和$p_0$分别为平衡态电子和空穴浓度，$n$和$p$分别为光激发状态下的电子和空穴浓度。少数载流子的寿命$\tau$为

$$\tau=\frac{\tau_{nr}\tau_r}{\tau_{nr}+\tau_r} \tag{6-3-4}$$

式(6-3-4)表明，要得到高的量子效率，辐射复合寿命$\tau_r$要小。

**2. 辐射效率**

辐射效率定义为辐射功率$\Phi_e$与输入电功率$P$之比，即

$$\eta_e=\frac{\Phi_e}{P} \tag{6-3-5}$$

其中，辐射功率$\Phi_e=IU$，$U$为施加在pn结上的电压；$I$为总电流。
由于热功率$P_R=I^2R$，$R$是材料和接触区的总电阻，则辐射效率为

$$\eta_e=\frac{U}{IR+U} \tag{6-3-6}$$

由此可见，为了提高$\eta_e$，可采用两方面的措施：一是尽量降低热功率，其办法是减少接触处的电阻，减少无辐射复合电流；二是尽量增大辐射功率，其方法是增大通过pn结的扩散电流，即增加单位时间内由n型区到p型区的电子和由p型区到n型区的空穴。

另外，为了使光能够射出晶体，应尽量减少吸收及全反射损失。为了减少吸收，结区不能太深，但是也不能太浅，否则注入的载流子会来不及充分复合而流出。所以结深应有一个优化的最佳值。

在正向偏压下，由扩散方程得到的p区电子浓度分布为

$$n(x)=n_{p0}\left[\exp\left(\frac{qU}{k_0T}\right)-1\right]\exp\left(-\frac{x}{L_n}\right)+n_{p0} \tag{6-3-7}$$

当$\exp(qU/k_0T)\gg1$时，有

$$n(x)=n_{p0}\left[1+\exp\left(\frac{qU}{k_0T}\right)\exp\left(-\frac{x}{L_n}\right)\right] \tag{6-3-8}$$

由于$n(x)$随$x$增大而减小，减小量用于产生辐射复合，所以辐射同$\partial n/\partial x$成正比。设p区厚度为$d_p$，$x$处的光吸收与$\exp(-\alpha d_p)/\exp(-\alpha x)$成正比；而$x$处的发光又与$n(x)$成正比，故同时考虑发光和吸收两方面的作用，输出辐射功率为

$$\Phi_e = C\int_0^{d_p} \frac{\partial n}{\partial x}\exp(-\alpha(d_p - x))\mathrm{d}x \tag{6-3-9}$$

其中，$C$为常数。使$\Phi_e$取得最大值时的最佳$d_p$值可由$\mathrm{d}\Phi_e/\mathrm{d}x=0$得到

$$d_{pm} = \frac{L_n}{\alpha L_n - 1}\ln(\alpha L_n) \tag{6-3-10}$$

对于GaAsP发光二极管，$\alpha=700\ \mathrm{cm}^{-1}$，$L_n=1\ \mu\mathrm{m}$，得到$d_{pm}=2.5\ \mu\mathrm{m}$。另外，辐射功率还是正向电流和壳体温度的函数。

**3. 发光效率(流明效率)**

发光效率定义为光通量$\Phi_v$与输入电功率$P$之比，即

$$\eta_v = \frac{\Phi_v}{p} \tag{6-3-11}$$

## 6.3.2 伏安特性

发光二极管的伏安特性与普通小信号二极管相比，除正向电压稍高一点外，在电学性能方面完全相同，如图6-3-1所示。GaAs的正向开启电压为1 V；而$Ga_xAs_{1-x}P$和$Ga_{1-x}Al_xAs$的约为1.5 V；GaP:ZnO的约为1.8 V；GaP:N的约为2 V。在实际使用中，最关心的是正向电流和正向电压。几种常用材料的正向电流和正向电压的关系如图6-3-2所示。

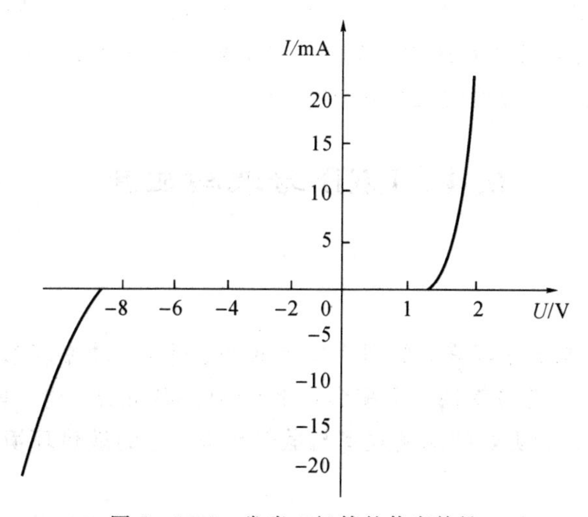


图6-3-1 发光二极管的伏安特性

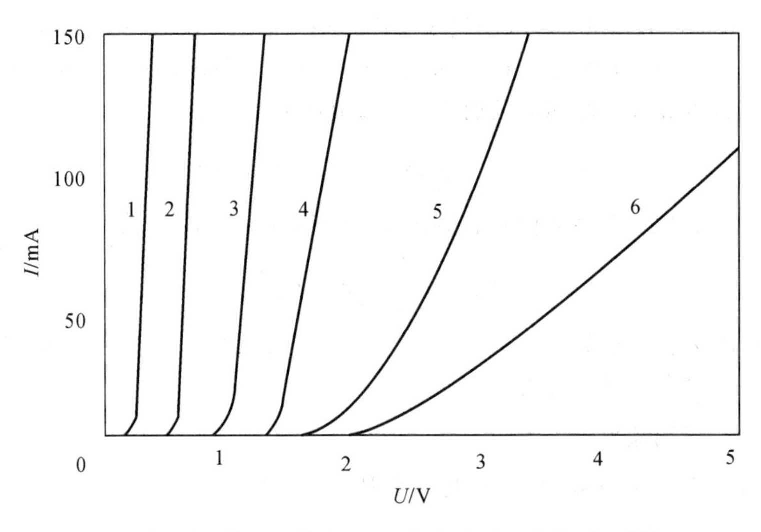


1—Ge；2—Si；3—GaAs；4—GaAsP；5—GaP；6—SiC

图 6-3-2　几种常用材料的正向电流和正向电压的关系

### 6.3.3　正向电流与亮度的相关性

常用发光二极管的正向电流在小于 1 mA 时，亮度与电流的平方成正比；正向电流在 1～10 mA之间时，亮度对电流大致呈直线上升，亮度与电流密度成正比；而当正向电流超过 10 mA 时，亮度随电流增长变慢，这是由引线串联电阻发热的影响增大造成的，若采用脉冲工作来降低发热影响，则曲线的直线范围会扩大。因此，可以通过改变电流的大小来调整发光二极管的亮度。发光二极管的正向电压一般小于 12 V，典型的正向电流为 10 mA 左右，能用晶体管集成电路直接驱动，质量好的发光二极管在 200 μA 时即能发出可见光来。此外，发光二极管的响应速度较快，约为 $10^{-5}$～$10^{-9}$ s。

## 6.4　LED 封装与应用

### 6.4.1　LED 封装

LED 封装主要考虑 5 个因素，分别为出光效率、热阻、功率耗散、可靠性及性价比。LED 封装主要是为 LED 芯片提供一个平台，让 LED 芯片在光、电、热性能上有更好的表现，好的封装可让 LED 有更好的出光效率与散热环境，好的散热环境可有效提升 LED 的使用寿命。

LED 封装的功能主要包括：机械保护，以提高可靠性；加强散热，以降低芯片温度，提高 LED 性能；光学控制，提高出光效率，优化光束分布；供电管理，包括交流/直流转换以及电源控制等。几种主要的封装形式如图 6-4-1 所示。

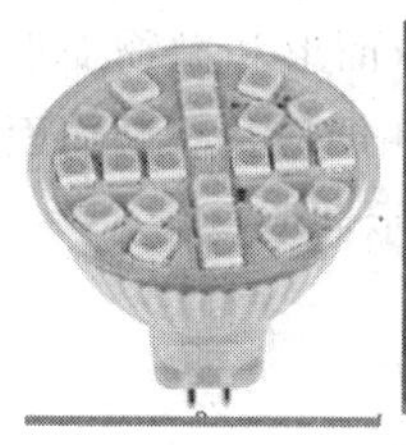
(a) 贴片封装

(b) 模顶封装

(c) COB封装

(d) 集成封装

图 6-4-1　几种主要的封装形式

**1. 贴片封装**

贴片式发光二极管(SMD (Surface Mounted Devices) LED)是一种新型表面贴装式半导体发光器件，具有体积小、散射角大、发光均匀性好、可靠性高等优点，发光颜色包括白光在内的各种颜色，因此被广泛应用在各种电子产品上。SMD LED 产品比其他类型 LED 产品拥有很大的亮度提升和成本下降空间，在下游应用端拥有更大的市场需求，特别是在大尺寸 LED 背光和 LED 照明方面。

**2. 模顶封装**

模顶(Moulding)封装就是仿照灯泡的封装技术制造出来的灯珠。仿流明灯珠曾经是 LED 大功率照明的代表产品，主要为 1～3 W 的单颗芯片封装。

**3. COB 封装**

COB(Chip On Board)LED 就是将芯片用导电或非导电胶贴在基板(铝基板或者陶瓷基板居多)上，然后进行引线键合实现其电连接。COB LED 一般是将众多小的 LED 芯片整体焊接在一块基板上，近年来 COB 技术日趋成熟，现在已经成为较大功率 LED 灯珠的主流。

一般来说，COB 的功耗范围很大，从 3 W 到 50 W 以上都有，其在射灯、球形灯泡、商业照明、户外照明等方面应用广泛。现在一些品质优良的 COB LED 流明效率已经超过 120 lm/W。对于灯具制作来说，COB LED 灯珠实现了集成化，应用起来非常方便，可以省去厂家灯板贴装、焊接等工序，并且一致性也非常好，COB LED 的市场占有率在持续上升。

**4. 集成封装**

集成封装就是在一颗支架上固定多颗芯片后的封装，支架里面的芯片由串联和并联方式组合成不同功率的 LED。LED 集成封装相对于单颗芯片封装来说，优点很明显，主要体现在：总体积小，每瓦功率单价低，配光较简单。其缺点是热量集中，总功率要降低规格使用，以免光衰过快。100 W 的集成芯片，实际上往往只能使用到 60 W。

### 6.4.2 LED 的出光效率

LED 顶层硅胶形状直接影响其出光效率，一般有扁平形、半球面形和抛物面形三种形式，如图 6-4-2 所示。其中，半球面形出光角最大，适合于普通照明应用；抛物面形出光角最小，适合于局部照明应用；而扁平形介于两者之间，适合于指示照明。

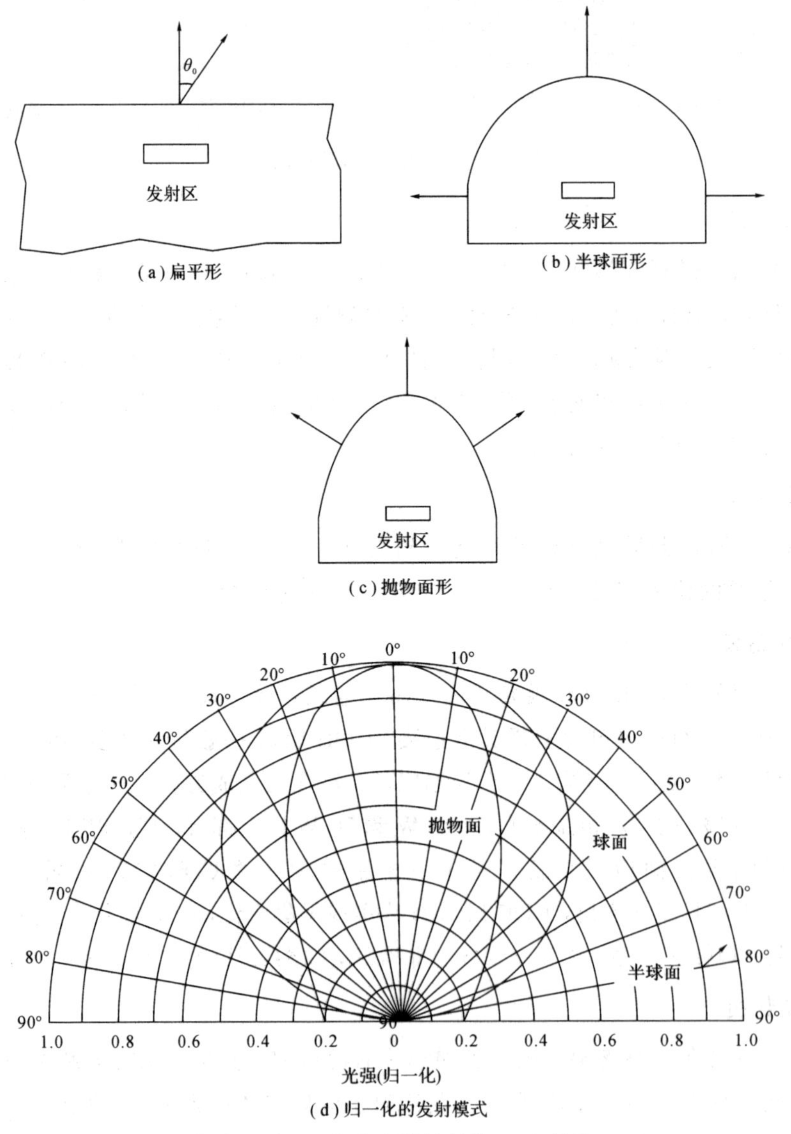


图 6-4-2 考虑光学效果的 LED 结构

### 6.4.3　发光二极管的驱动

发光二极管具有体积小，发光响应速度快、寿命长、可靠性高、稳定性好、驱动简单、单色性好、色彩鲜艳、价格低廉、能与集成电路很好匹配的特点。因而，发光二极管在状态指示及信息显示等方面有着广泛的应用。本节首先介绍光电二极管的驱动方式，然后结合实例介绍几种应用。

所有发光器件，为使其发光，需加一定的电源，即发光是以损耗电功率为代价的。发光管的供电电源可以是直流也可以是交流，不过与一般白炽灯不同，发光二极管是一种电流控制器件，而一般白炽灯是电压控制器件。因此，对发光二极管来说，不管供电电源的电压如何，只要流过发光管的正向工作电流在所规定的范围之内，器件就可正常发光。单个发光二极管最简单的直流驱动电路如图 6-4-3 所示。由于发光二极管的正向伏安特性曲线很陡峭，所以在使用时必须串联限流电阻以控制通过管子的电流，防止烧坏管子。在直流电路中限流电阻 $R$ 的阻值可用下式估算，即

$$R=\frac{U_{CC}-U_F}{I_F} \tag{6-4-1}$$

其中，$R$ 为限流电阻，单位为 kΩ；$U_F$为发光二极管的偏置电压，单位为 V；$I_F$为发光二极管的一般工作电流，单位为 mA。

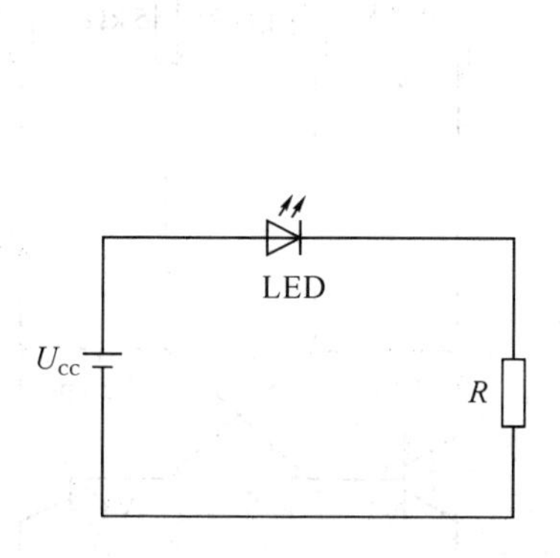


图 6-4-3　直流驱动电路

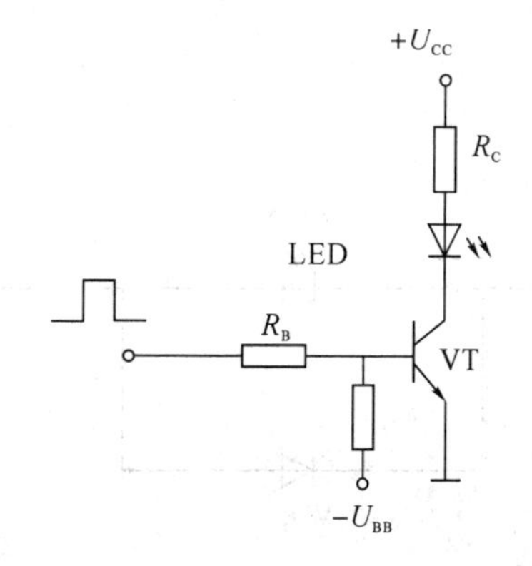


图 6-4-4　晶体管驱动电路

LED 的工作电流是靠 $R$ 来进行调节的，不同的电源电压一定有一个 $R$ 值与之对应。否则在使用中 $U_{CC}$发生变化，将会造成光强度的变化，严重时会损坏 LED。针对这一情况可利用三极管来驱动，其电路如图 6-4-4 所示。当输入信号为逻辑高电平时，晶体管 VT 导通，发光二极管点亮，$I_F$被电源电压及电阻 $R$ 所限定，并且 $R_C$满足下式：

$$R_C=\frac{U_{CC}-U_F-U_{ces}}{I_F} \tag{6-4-2}$$

其中，$U_{ces}$为晶体管 VT 的饱和压降，在实际运用中，LED 一般由集成电路来驱动。

发光二极管输出的光强度在很宽的电流范围内与流过结的正向电流成正比，因此，可方便地对发光二极管的光强度进行线性调制，并用于光通信及光耦合隔离电路中。另外，为使发光管输出较大的光功率，必须采用交流电流源来驱动，其电路如图 6－4－5 所示。

由于发光二极管的反向电压一般很低(6 V 左右)，因此，在交流使用时设有反向电压保护措施，图中的 $VD_1$ 与 LED 反向并联，当交流电压的峰值还未超过 LED 的反向击穿电压时，$VD_1$ 先已导通，使 LED 得到保护。与直流驱动一样，在交流驱动时，限流电阻 $R$ 的取值为

$$R=\frac{E_{RMS}-U_F}{2I_F} \tag{6-4-3}$$

其中，$E_{RMS}$为交流电压的有效值。

图 6－4－6 所示的电路是汽车点火装置中的脉冲光发生器，其用 LED 所发的光去控制一个光控晶闸管，即 LED 交流驱动电路。实际上，图中电路是一种典型的多谐振荡电路，$VT_1$、$VT_2$ 轮流导通与截止，在 $VT_1$ 导通时 LED 发光，发光时间约为 $0.7R_{B1}C_2$，截止时间为 $0.7R_{B2}C_1$，与 LED 相串联的 15 Ω 电阻起限流保护作用。

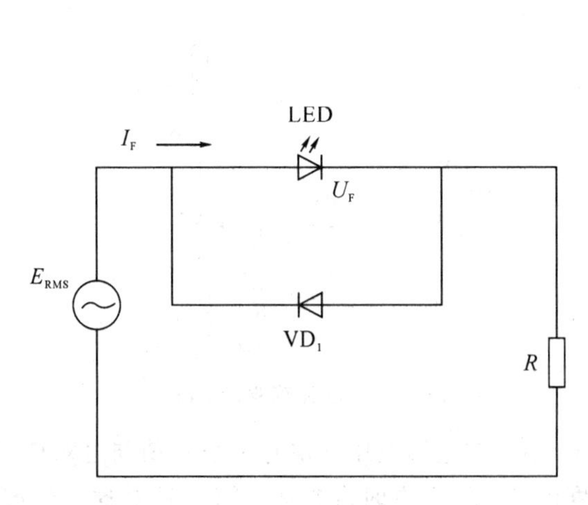

图 6－4－5　发光二极管的交流驱动电路

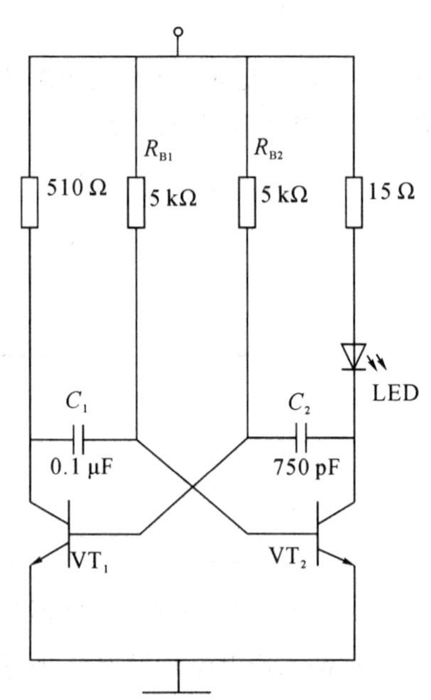

图 6－4－6　LED 交流驱动电路

## 6.4.4　电压越限报警

图 6－4－7 是利用发光二极管和稳压二极管组成的电压越限报警电路。以监视9 V 电

源电压为例：设下限为 8 V，上限为 10 V，图中 $DW_1$ 可选用稳压值为 8 V 的 2CW21E 或 2CW21D，$DW_2$ 可选用稳定电压为 9 V 的 2CW21E 或 2CW21F，$DW_3$ 可选用稳压值为 10 V 的 2CW21G。当电源电压在 8～9 V 之间时，只有 $LED_1$ 发光，当电压在 9～10 V 之间时，$LED_1$ 和 $LED_2$ 都发光。这两种情况都表明电源电压在规定的范围以内。如果 $LED_1$、$LED_2$ 和 $LED_3$ 三只管子同时发光，就说明电源电压越限了。反之，如果三只管子都不亮，说明电源电压低于规定的下限值或是电源断路了。图中 $R_4$ 的大小取决于上限电压与下限电压的差值。其作用是当下限电压指示发光二极管 $LED_1$ 工作时，如通过的电流为 $I_{F1}$ 那么当上限电压指示发光二极管工作时，流过 $LED_1$ 的电流势必超过 $I_{F1}$，用了 $R_4$ 后，其增大的电压可由 $R_4$ 降去一部分，从而限制了 $LED_1$ 的电流。

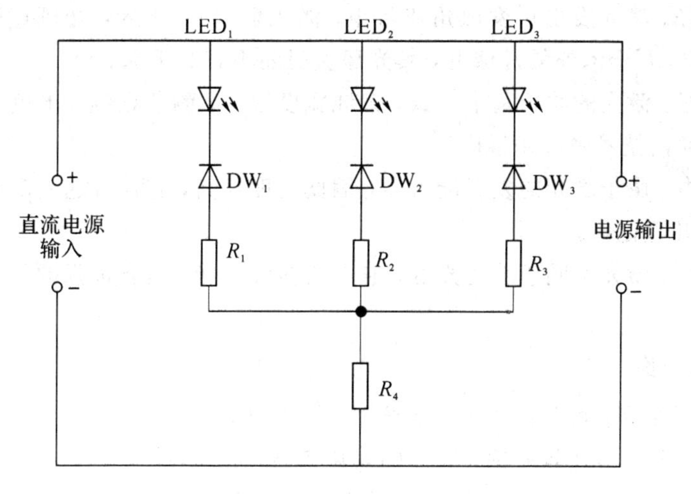


图 6-4-7　电压越限报警电路

## 6.5　半导体激光器的工作机制

20 世纪 60 年代发明的激光技术与原子能技术、半导体技术、计算机技术被认为是 20 世纪中后期的 4 项重大发明。激光在被发明以后，随着技术的进步，最高输出功率不断刷新，通常把以固体材料作为工作物质的激光器称为固体激光器。进入 20 世纪 80 年代，高功率、宽调谐和二极管激光器(LD)泵浦等技术的重大突破，带动了固体激光器的蓬勃发展。目前，激光在科学研究、工农业生产、通信、国防、医疗卫生和环境保护等领域的应用日益深入，全固态激光器更是以其独特的优势在激光领域中独领风骚，已成为激光学科的重点发展方向之一。

## 6.5.1 二极管激光器的基本结构

**1. 激光**

在第一章已经介绍过，发光有两种形式，即自发辐射和受激辐射，激光属于后者。但是它并非普通的受激辐射，而是具有增强能力的受激辐射，即受激后的辐射要比入射大得多，而入射光往往是自发辐射所产生的光。在这样的条件下，才有可能发射激光。

Laser(激光)取自英文 Light Amplification by Stimulated Emission of Radiation 的首字母，意思是受激辐射光放大，按波段可分为可见光、红外光、紫外光、X 光(射线)以及波长可调谐等几种。激光是一种高质量的光源，具有以下特点：

(1) 方向性好。激光发射后发散角非常小，激光射出 20 千米，光斑直径只有 20 至 30 厘米，激光射到 38 万千米外的月球上，其光斑直径还不到 2 千米。

(2) 单色性好。激光的波长基本一致，谱线宽度很窄，颜色很纯，单色性很好。由于这个特性，激光在通信技术中应用很广。

(3) 能量集中。由于激光的发射能力强，因此亮度很高，它比普通光源高亿万倍，比太阳表面的亮度高几百亿倍。

(4) 相干性好。激光不同于普通光源，它是受激辐射光，具有极强的相干性，所以也称为相干光。

**2. 激光器的分类**

激光器的种类很多，可分为固体、半导体、气体和染料等。

(1) 固体激光器一般比较坚固，脉冲辐射功率高，应用较广泛。

(2) 半导体激光器体积小、重量轻、寿命长、结构简单，特别适合在飞机、军舰、车辆、宇宙飞船上使用。半导体激光器可以通过外加的电场、磁场、温度、压力等改变激光的波长，将电能直接转化为光能。

(3) 气体激光器以气体为工作物质，波长范围宽，造价低廉，品种可达几千种，应用最为广泛，有电能、热能、化学能、光能以及核能等多种激励方式。

(4) 染料激光器是以液态染料作为工作物质，被称为液态激光器，其最大特点是波长连续可调。

除以上几种激光器外还有红外激光器、X 射线激光器、化学激光器、自由能激光器、准分子激光器、光纤波导激光器等，在工、农、医以及军事领域具有广泛的应用。

**3. 半导体激光器**

以半导体材料制备的激光器称为半导体激光器。半导体激光器就其激励方式有：pn 结注入电流激励、电子束激励、光激励、碰撞电离激励等。目前研究和应用最多的是 pn 结注入电流激励，这种激励方式的半导体激光器称为二极管激光器、激光二极管或者注入型半导体激光器。本书重点介绍的就是这种二极管激光器。

二极管激光器的种类比较多，按结构可分为法布里-珀罗型(F-P)、分布反馈型(FB)、分布布拉格反馈型(BR)、量子阱(QW)和垂直腔面发射激光器(VCSEL)；按结型可分为同质结和异质结两类；按波导机制可分为增益导引和折射率导引；按性能参数可分为低阈值、高特征温度、超高速、动态单模、大功率等；按波长可分为可见光、短波长、长波长和超长波等。

## 6.5.2　二极管激光器的工作机制

如图1-4-3所示，假设 $E_1$ 能级上有 $n_1$ 个电子，$E_2$ 能级上有 $n_2$ 个电子($n_1+n_2=N$)，在平衡态下，$n_1$ 和 $n_2$ 之比可用玻尔兹曼分布来表示，即

$$\frac{n_1}{n_2}=\exp\left(\frac{E_2-E_1}{k_0T}\right) \tag{6-5-1}$$

$n_1>n_2$ 表示处于低能级的电子数目大于处于高能级的电子数目。当光照时，电子由 $E_1$ 能级跃迁到 $E_2$ 能级(光的吸收)的概率大于电子由 $E_2$ 能级跃迁到 $E_1$ 能级(光的辐射)的概率，入射光被吸收，光强度衰减。

如果用某种方法，使处于 $E_2$ 能级的电子数目大于处于 $E_1$ 能级的电子数目($n_2>n_1$)，则光辐射的概率将大于光吸收的概率，此过程称为光的放大作用。因为 $n_2>n_1$ 的状态正好对应于式(6-5-1)中温度为负的状态，也称为负温状态。有时，也称这种状态为反转分布。半导体激光器就是利用反转分布时光的放大作用制成的器件。图6-5-1(a)为二极管激光器的结构，图6-5-1(b)为一种典型GaAs激光器的层结构。

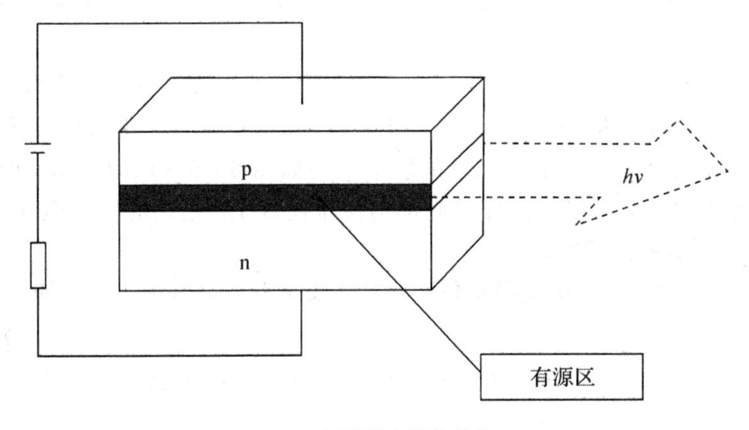


(a)二极管激光器的结构

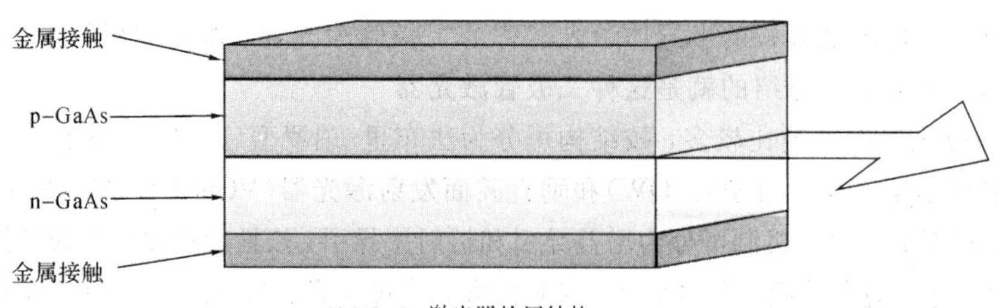


(b) GaAs 激光器的层结构

图 6-5-1　二极管激光器的结构与 GaAs 激光器的层结构

## 6.6　半导体激光器的工作条件

半导体激光器在电流注入下能够发出相干辐射光(相位、波长基本相同，强度较大)，要使它能够产生激光，必须具备三个必要条件：有源区内粒子数的反转分布、有源区光子限定和激光振荡(光谐振)。

### 6.6.1　有源区内粒子数的反转分布

对于直接带隙半导体材料，在平衡态下，电子处于价带中，这时半导体材料的工作物质对光的辐射只有吸收而没有放大作用。为了实现在半导体有源区内的粒子数反转分布，在两个能带区域之间，高能级导带底的电子数目远远大于处在低能级价带顶的空穴数目，这时必须给有源区提供正向偏压来实现向其注入必要的载流子数目的目的，从而将有源区中的电子从较低能量的价带顶激发到较高能量的导带底中。当有源区内的大量粒子数处于反转分布状态并实现电子与空穴复合时，形成受激发射。下面来分析粒子数反转的必要条件。

半导体激光器的核心是 pn 结，与一般 pn 结相比，半导体激光器是高掺杂的，p 型半导体中的空穴多，n 型半导体中的电子多。半导体激光器 pn 结的自建电场很强，接触电势差很大。当无外加电场时，pn 结平衡态下的能带结构如图 6-6-1(a)所示。由于能级越低，电子占据的可能性越大，所以 n 区导带底部与费米能级 $E_{\mathrm{Fn}}$ 之间的电子数比 p 区价带顶部与费米能级 $E_{\mathrm{Fp}}$ 之间的电子数多。

若要产生激光，则 pn 结中受激辐射应该大于受激吸收，由 1.4 节可知，受激辐射的速率为

$$r_{21}(st)=B_{21}N_{c}f(E_{2})N_{v}[1-f(E_{1})]\rho_{\nu} \tag{6-6-1}$$

其中

$$f(E_{2})=\frac{1}{1+\exp\left(\dfrac{E_{2}-E_{\mathrm{Fn}}}{k_{0}T}\right)}=f_{c}(E_{2}) \tag{6-6-2}$$

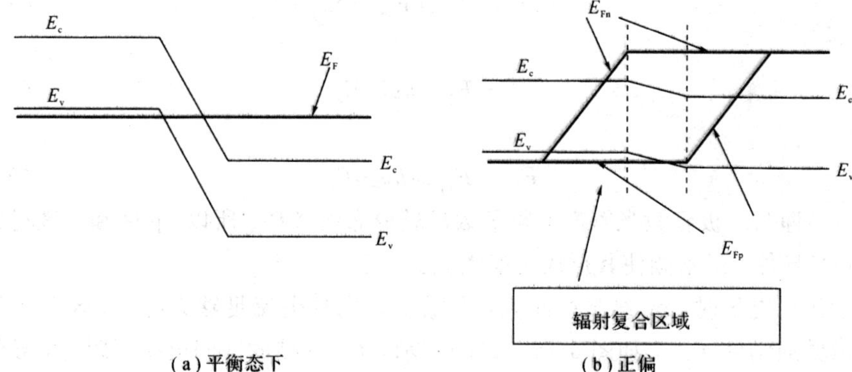


(a) 平衡态下　　(b) 正偏

图 6-6-1　二极管激光器的能带结构

$$1-f(E_1)=\frac{1}{1+\exp\left(\frac{E_{Fp}-E_1}{k_0T}\right)}=f_v(E_2) \tag{6-6-3}$$

受激吸收的速率为

$$r_{12}^{a}(st)=B_{12}N_vf(E_1)N_c[1-f(E_2)]\rho_\nu \tag{6-6-4}$$

其中

$$f(E_1)=\frac{1}{1+\exp\left(\frac{E_1-E_{Fp}}{k_0T}\right)} \tag{6-6-5}$$

$$1-f(E_2)=\frac{1}{1+\exp\left(\frac{E_{Fn}-E_2}{k_0T}\right)} \tag{6-6-6}$$

要产生激光，必须使受激辐射速率－受激吸收速率$=r_{21}(st)-r_{12}^{a}(st)>0$，即

$$\{B_{21}N_cf(E_2)N_v[1-f(E_1)]\rho_\nu\}-\{B_{12}N_vf(E_1)N_c[1-f(E_2)]\rho_\nu\}>0 \tag{6-6-7}$$

或者

$$\int_E^\infty\{B_{21}N_cf(E_2)N_v[1-f(E_1)]\rho_\nu\}-\{B_{12}N_vf(E_1)N_c[1-f(E_2)]\rho_\nu\}\mathrm{d}E>0 \tag{6-6-8}$$

由于 $B_{21}=B_{12}$，则

$$f(E_2)-f(E_1)>0 \tag{6-6-9}$$

此时，激发态电子浓度高于基态电子浓度，有光增益，称为粒子数反转分布。将式(6-6-2)、式(6-6-3)、式(6-6-5)以及式(6-6-6)代入式(6-6-9)，可得

$$(E_2-E_{Fn})<(E_1-E_{Fp})$$

即

$$(E_2-E_1)<(E_{Fn}-E_{Fp}) \tag{6-6-10}$$

则

$$E_2-E_1=h\nu \geqslant E_g \tag{6-6-11}$$

所以

$$E_{Fn}-E_{Fp}>h\nu \geqslant E_g \tag{6-6-12}$$

式(6-6-12)即为二极管激光器产生粒子数反转分布的条件。所以，p 区和 n 区材料应重掺杂，为简并半导体，但不能使其形成负阻效应。

当外加正向电压时，pn 结势垒降低，在电压较高且电流足够大时，p 区空穴和 n 区电子大量扩散并向结区注入，如图 6-6-1(b)所示，在 pn 结的空间电荷层附近，导带与价带之间形成电子数反转分布区域，称为有源区(或介质区、激活区)，是辐射复合产生的主要区域。因为电子的扩散长度比空穴大，所以有源区偏向 p 区一侧。

## 6.6.2 有源区光子限定

开始时，有源区内由电注入的电子-空穴对自发复合引起自发辐射，发射出一定量的非相干光。这些非相干光的相位和传播方向各不相同，大部分光子一旦产生，立刻穿过有源区，而有一部分会被限定在有源区中，还有一部分光子严格地在 pn 结平面传播，并继续引起其他电子-空穴的受激辐射，产生更多能量相同的光子。这样的受激辐射会随注入电流的增大而增强，并占优势。

激光器中载流子产生并被限定的区域称为谐振腔，谐振腔的一个重要作用是进行光子限定。其限定光子的机制是 1.1 节中提到的斯涅耳定律。如果光从折射率大($\bar{n}_s$)的介质进入到折射率小($\bar{n}_0$)的介质时，入射角 $\theta_s$ 与折射角 $\theta_0$，满足如下关系：

$$\bar{n}_s \sin\theta_s=\bar{n}_0 \sin\theta_0 \tag{6-6-13}$$

当 $\theta_0=90°$时所对应的 $\theta_s$，即为临界角 $\theta_c$，则

$$\theta_c=\arcsin\left(\frac{\bar{n}_0}{\bar{n}_s}\right) \tag{6-6-14}$$

因此，当 $\theta_s>\theta_c$，产生全反射。

对于如图 6-5-1 所示的结构，其光子限定示意图如图 6-6-2 所示。令$\bar{n}_p$ 为 p 区折射率，$\bar{n}_i$为有源区折射率，$\bar{n}_n$ 为 n 区折射率，根据斯涅耳定律，有

$$\left.\begin{aligned}\theta_{c1}&=\arcsin\left(\frac{\bar{n}_p}{\bar{n}_i}\right)\\ \theta_{c2}&=\arcsin\left(\frac{\bar{n}_n}{\bar{n}_i}\right)\end{aligned}\right\} \tag{6-6-15}$$

此时产生光子限定，即有$\bar{n}_{i}>\bar{n}_{p}$和$\bar{n}_{i}>\bar{n}_{n}$。

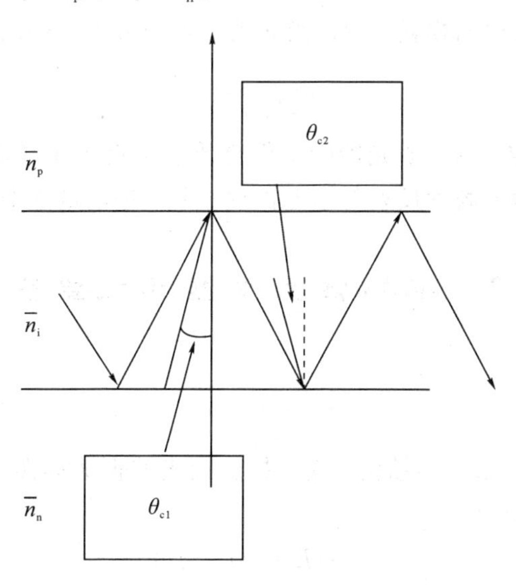


图 6-6-2　光子限定示意图

## 6.6.3　激光振荡(光谐振)

光子限定后谐振腔产生的光单色性较好，强度也增加了，但是其相位仍然是杂乱无章的，并不是相干光。为了实现有源区内相干受激发射，必须使受激辐射的光子以波的形式在光学谐振腔内得到多次反射提供光能的反馈而形成光子振荡。通常在不出光的腔面镀上多层高反射膜，从而增加光的全反射，而出光面镀上半透膜增加光子的输出。谐振腔内光振荡示意图如图 6-6-3 所示。例如，常用的 F-P 腔(法布里-珀罗腔)半导体激光器就是利用半导体材料的两个自然解理面形成谐振腔的两个反射面。

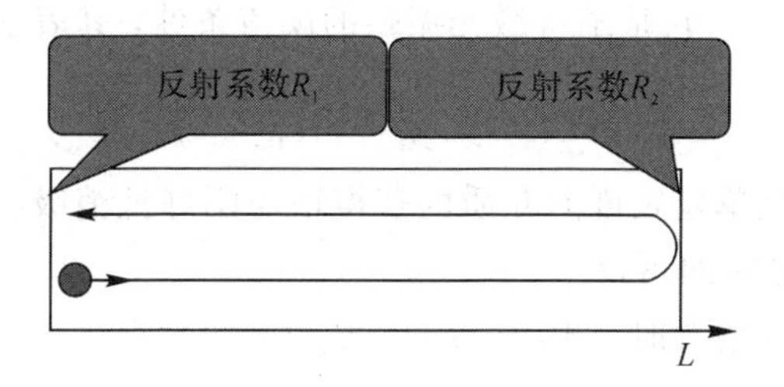


图 6-6-3　谐振腔内光振荡示意图

一定频率的受激辐射光，在谐振腔内两个反射面来回反射，形成两列传播方向相反的光波叠加，在谐振腔内形成驻波。设共振腔长度为$L$，谐振腔折射率为$n$，$\frac{\lambda}{n}$是激光在谐振腔内的波长，因此，只有半波长整数倍与谐振腔长度相等的波长才能存在，并从界面透射出来，其他波长的光能量逐渐损耗。所以激光器产生的激光波长满足：

$$m\left(\frac{\lambda}{2n}\right)=L \tag{6-6-16}$$

为了使光子形成稳定振荡，激光器的工作物质必须提供足够高的增益，从而补偿谐振腔引起的光损耗、激光输出腔面反射等引起的内损耗，进而增加谐振腔内的光子数。

## 6.7 半导体激光器的主要参数

### 6.7.1 阈值增益

对于图 6-5-1(a)中激光器结构，其谐振腔内光波振荡如图 6-6-3 所示。设其有源区内产生的平面光波电场为

$$E=E_0\exp(-\beta z) \tag{6-7-1}$$

其中，$\beta=\mathrm{j}\left[n+\mathrm{j}\left(\frac{g-\alpha_i}{2\pi}\right)\lambda_0\right]k$，$k=\frac{2\pi}{\lambda_0}$；$g$ 为光功率增益系数；$\alpha_i$ 为光损耗系数；$\lambda_0$ 为真空光波长。为了维持并形成振荡，谐振腔一周期内满足 $R_1R_2E_0\exp(-2\beta L)\geqslant E_0\big|_{Z=0}$，即

$$R_1R_2\exp(-2\beta L)=R_1R_2\exp[2(g-\alpha_i)L]\exp\left[-\mathrm{j}\frac{4\pi n}{\lambda_0}L\right]\geqslant 1 \tag{6-7-2}$$

那么，当维持振荡时，有

$$R_1R_2\exp[2(g-\alpha_i)L]=1 \tag{6-7-3}$$

$$\exp\left(-\mathrm{j}\frac{4\pi n}{\lambda_0}L\right)=1 \tag{6-7-4}$$

从以上可知，只要光功率增益系数满足式(6-7-3)，就能维持振荡，将此时的光功率增益系数称为阈值增益 $g_{th}$，它是维持激光振荡的阈值条件，其表达式为

$$g_{th}=\alpha_i+\frac{1}{2L}\cdot\ln\left(\frac{1}{R_1R_2}\right) \tag{6-7-5}$$

阈值增益表示光子从单位长度的介质内获得增益刚好抵消吸收、散射等损耗及光输出等，即最小电流激发激光时的增益。

在功率增益等于阈值增益时，式(6-7-4)成立，此时有

$$\frac{4\pi n}{\lambda_0}\cdot L=\frac{4\pi}{\lambda}\cdot L=2m\pi \qquad m=1, 2, 3\cdots \tag{6-7-6}$$

即 $\lambda=\frac{2L}{m}$，或者 $L=m\frac{\lambda}{2}$。

这与式(6-6-16)所描述的情况一致，只有谐振腔是半波长整数倍的光波才存在，也只有这种波长的光才能被放大。

## 6.7.2　阈值电流密度

阈值电流是产生激光振荡的最小工作电流，也是激光器的重要参数。

**1. 标称电流密度(归一化电流密度)**

标称电流密度 $J_{nom}$ 是当量子效率为 1 时，激发 1 $\mu$m 厚有源层所需电流密度。若有源区宽度为 $d$，效率为 $\eta$，则实际电流密度 $J$ 与其的关系为

$$J=\frac{J_{nom}d}{\eta} \tag{6-7-7}$$

光增益 $g$ 与标称电流密度的关系为

$$g=\frac{g_{th}}{J_{th}}(J_{nom}-J_{th}) \tag{6-7-8}$$

其中，$J_{th}$ 为激光器阈值电流。光增益与标称电流密度基本为线性关系，如图 6-7-1 所示。其横坐标为标称电流密度 $J_{nom}$。

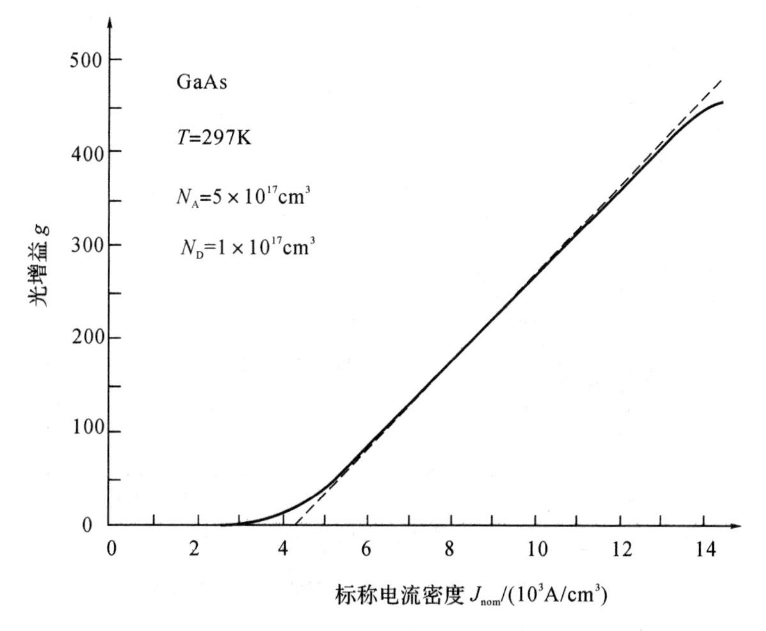


图 6-7-1　光增益与标称电流密度的关系

**2. 阈值电流密度**

考虑光子的限定因子，将式(6－7－5)和式(6－7－8)两式联立，可得阈值电流密度(单位为 $A/cm^2$)为

$$J_{th}=\frac{J_{nom}d}{\eta_{in}}\left\{1+\frac{1}{g_{th}\Gamma}\left[\alpha_i+\frac{1}{2L}\ln\left(\frac{1}{R_1R_2}\right)\right]\right\} \tag{6-7-9}$$

其中，$\Gamma$ 为限定因子。

从式(6－7－9)可以看出，激光器的阈值电流与其标称电流密度、限定因子、有源区厚度及长度、内量子效率、阈值增益、光损耗系数以及谐振腔反射系数有关。图 6－7－2 是阈值电流密度与有源层厚度的关系。图 6－7－3 是光增益、光子能量与偏置电流密度的关系。

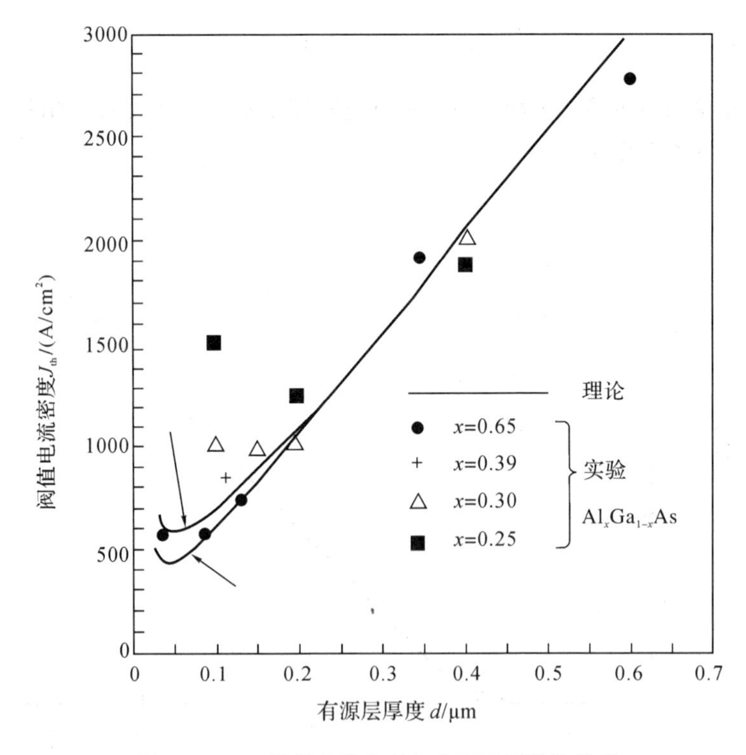


图 6－7－2　阈值电流密度与有源层厚度的关系

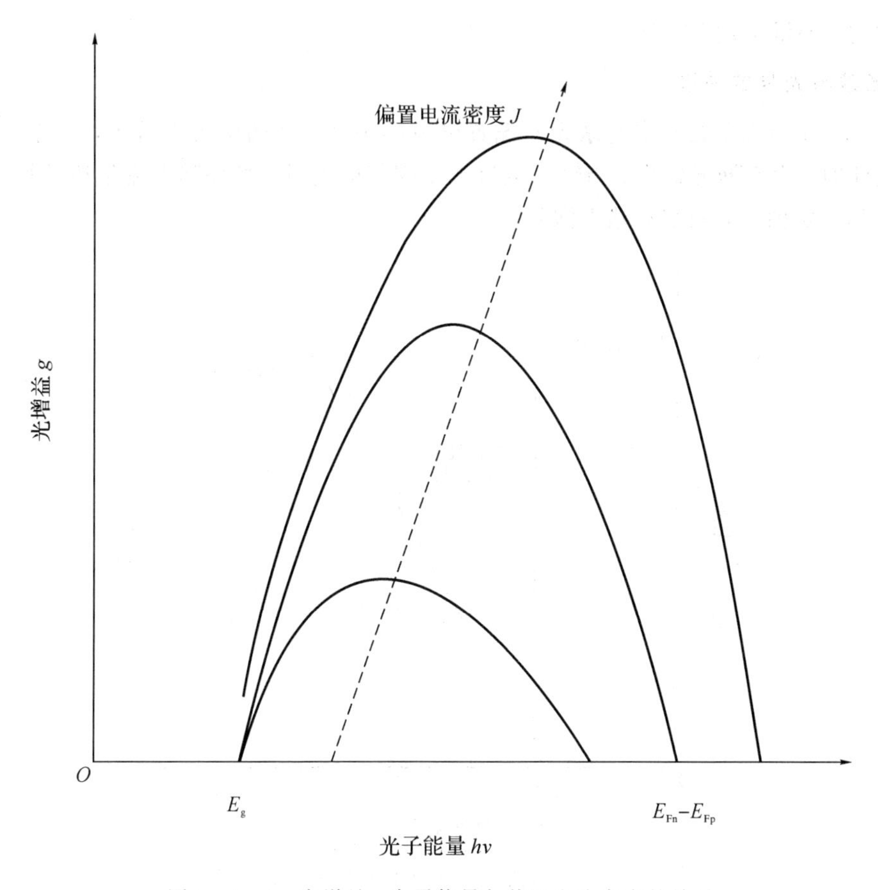


图 6-7-3　光增益、光子能量与偏置电流密度的关系

激光器的阈值电流密度受温度影响很大，下面给出了阈值电流密度与温度的关系，即

$$J_{\mathrm{th}}(T)=J_{\mathrm{th}}T_{\mathrm{r}}\exp\left(\frac{T-T_{\mathrm{r}}}{T_0}\right) \tag{6-7-10}$$

其中，$T_{\mathrm{r}}$ 为室温；$J_{\mathrm{th}}$为室温下激光器工作的阈值电流密度；$T_0$ 为特征温度，它是用来表征激光器热稳定性的重要参数，其与激光器的外延材料和工艺结构有关。$T_0$ 值越大，表明激光器的热稳定性越好，对温度变化的敏感性越弱；反之，$T_0$ 值越小，表明激光器的热稳定性越差，对温度变化的敏感性越强。量子阱激光器具有较高的 $T_0$ 值。

除了特征温度以外，阈值电流密度与温度的关系，主要取决于增益系数、漏电流、自由载流子吸收损耗、散射损耗等参数由温度引起的变化（折射率阶跃、谐振腔反射系数、耦合损耗随温度变化的影响忽略不计）。其中，增益系数随温度的增加而降低；随着温度的升高，晶体内部的缺陷会相应的增大，内损耗系数也会随之增加，同时漏电流也会增加，使得激光器的内、外量子效率降低。

**3. 光谱与光强的关系**

图6-7-4给出了光输出与激光器偏置电流的关系。从图中可以看出，当输入电流小于阈值电流时，没有激光输出；当输入电流大于阈值电流时，光强随电流呈线性增大关系，当电流达到一定值时，光增益趋于饱和。

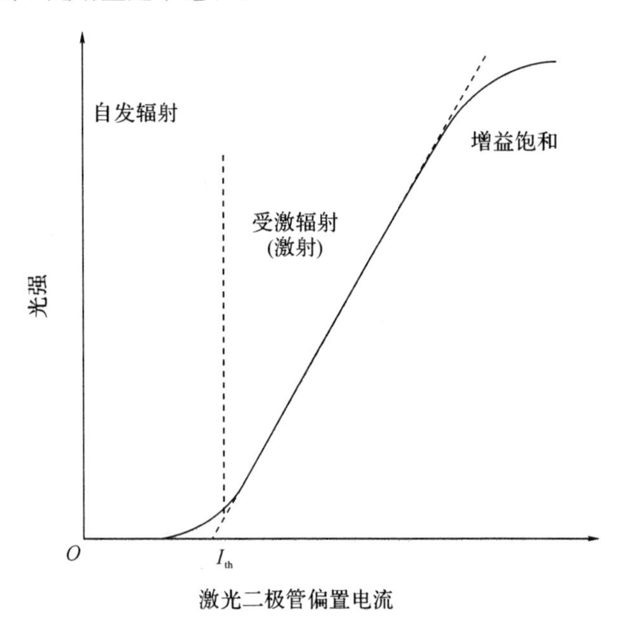


图6-7-4 光输出与激光器偏置电流的关系

图6-7-5给出了不同光强下激光器的光谱曲线。从图中可以看出，当输入电流较小时，激光器的光谱类似于LED，发出的光谱比较宽；当输入电流增大时，光强的峰值出现；当输入电流进一步增大时，激光器的光谱变窄，相干光出现，同时多模式激发出现了；继续提高输入电流，模式数将随之减少。

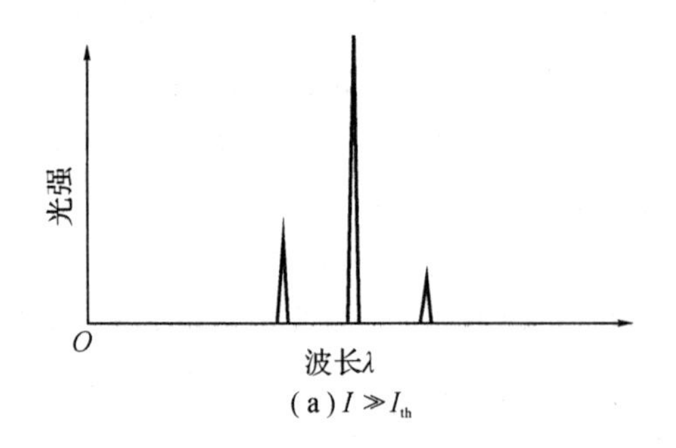


(a) $I \gg I_{th}$

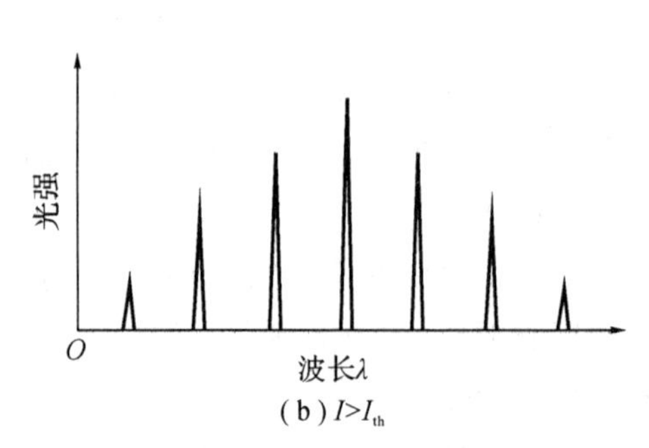


(b) $I > I_{th}$

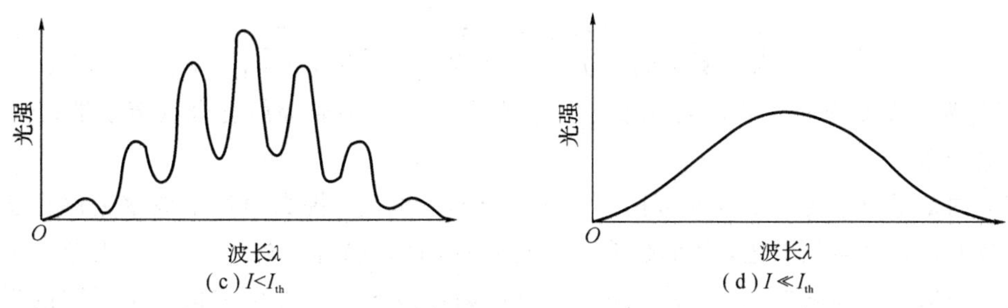


图 6-7-5　激光器输入电流与光谱的关系

### 6.7.3　量子效率

半导体激光器是直接将电能转化为光能的光电器件。相对于固体激光器、气体激光器来说，具有更高的电光转换效率。通常采用量子效率表征其电光转化效率。量子效率又分内量子效率、外量子效率和总量子效率。

**1. 受激辐射产生功率**

有源区受激辐射产生功率表示有源区内产生的光功率，其表达式为

$$P_{st}=\frac{(I-I_{th})h\nu\eta_{in}}{q} \tag{6-7-11}$$

考虑阈值增益的损耗率$\dfrac{\frac{1}{2L}\cdot\ln\left(\frac{1}{R_1R_2}\right)}{\alpha_i+\frac{1}{2L}\cdot\ln\left(\frac{1}{R_1R_2}\right)}$，那么，激光器的输出功率为

$$\begin{aligned}P_{out}&=P_{st}\cdot\frac{\frac{1}{2L}\ln\left(\frac{1}{R_1R_2}\right)}{\alpha_i+\frac{1}{2L}\ln\left(\frac{1}{R_1R_2}\right)}\\&=\frac{(I-I_{th})h\nu\eta_{in}}{q}\cdot\frac{\frac{1}{2L}\ln\left(\frac{1}{R_1R_2}\right)}{\alpha_i+\frac{1}{2L}\ln\left(\frac{1}{R_1R_2}\right)}\\&=\frac{(I-I_{th})h\nu\eta_{in}}{q}\cdot\frac{\ln\left(\frac{1}{R_1R_2}\right)}{2L\alpha_i+\ln\left(\frac{1}{R_1R_2}\right)}\end{aligned} \tag{6-7-12}$$

**2. 内量子效率**

内量子效率的定义为单位时间内有源区(量子阱)产生的光子数与注入有源区的电子-空穴对数的比值，可表示为

$$\eta_{in}=\frac{\text{激光器有源区产生的光子数}}{\text{注入有源区的电子-空穴对数}}=\frac{N_{sp}+N_{st}}{N_{sp}+N_{st}+N_f+N_I} \qquad (6-7-13)$$

其中，$N_{sp}$为自发发射光子数；$N_{st}$为受激发射光子数；$N_f$ 为非辐射复合载流子数；$N_I$ 为漏电流的电子数。

影响内量子效率的主要因素包括非辐射复合和漏电流。提高内量子效率关键在于外延生长中要调控外延生长工艺，从而提升外延材料的晶体及界面质量，以减小由杂质和缺陷引起的非辐射复合和漏电流。另外，还可以通过调控激光器的外延结构及量子阱的界面结构来降低载流子泄漏，提高内量子效率。

**3. 外量子效率**

激光器单位时间内发射出去的光子数与注入有源区的电子-空穴对数的比值，称为外量子效率，可表示为

$$\eta_{ex}=\frac{\text{激光器发射的光子数}}{\text{注入有源区的电子-空穴对数}}=\frac{P_{out}/h\nu}{I/q} \qquad (6-7-14)$$

量子阱内部产生的光子会受到各种损耗。谐振腔内有激光输出的阈值特性，当注入电流 $I<I_{th}$时，$\eta_{ex}$很小，几乎为 0；当 $I>I_{th}$时，$\eta_{ex}$就会随着电流的增大而迅速增大。考虑到以上因素，外量子效率的表达式可变为

$$\eta_{ex}=\frac{d(P_{out}/h\nu)}{d[(I-I_{th})/q]}=\eta_{in}\left(\frac{\ln\left(\frac{1}{R_1R_2}\right)}{2L\alpha_i+\ln\left(\frac{1}{R_1R_2}\right)}\right) \qquad (6-7-15)$$

由于半导体材料对光子吸收会随着温度的升高而增加，因此激光器的外量子效率会随着温度的升高而下降。

**4. 总量子效率**

输出光功率与输入电功率比值，称为总量子效率，即

$$\eta_p=\frac{P_{out}}{IU}=\frac{(I-I_{th})h\nu\eta_{in}}{IUq}\left(\frac{\ln\left(\frac{1}{R_1R_2}\right)}{2L\alpha_i+\ln\left(\frac{1}{R_1R_2}\right)}\right) \qquad (6-7-16)$$

## 6.7.4 激光器谐振腔损耗与光波调制

**1. 激光器谐振腔损耗**

激光在谐振腔中振荡会产生损耗，并且损耗的大小是评价谐振腔的一个重要指标。谐振腔的损耗主要包括以下几个方面：

(1) 几何偏析损耗。光线在谐振腔内往返传播时，可能从谐振腔的侧面偏析出去，这种

损耗称为几何偏析损耗。

(2) 衍射损耗。由于谐振腔的反射镜片通常具有有限的孔径，因而当光在镜面上衍射时，必将造成一部分能量的损失，这种损耗称为衍射损耗。

(3) 谐振腔镜反射不完全引起的损耗，包括镜中的吸收、散射及镜的透射损耗。为了输出激光，通常至少有一个反射镜是部分透射，有时透射率还很高，另一个反射镜其反射率也达不到100%，因此会产生相应的损耗。

(4) 材料中的非激活吸收、散射、谐振腔内插入物(如调制器等)引起的损耗。

无论损耗的原因如何，都可通过引入损耗因子来描述，即

$$P=P_0\exp(-2\delta) \tag{6-7-17}$$

其中，$P_0$ 为初始光强，损耗因子为

$$\delta=\delta_1+\delta_2+\delta_3+\cdots=\sum\delta_i \tag{6-7-18}$$

其中，$\delta_i$ 为平均单程损耗因子。当光往返传播 $m$ 次后，有

$$P_m=P_0\ (\exp(-2\delta))^m \tag{6-7-19}$$

由式(6-7-19)可知，光振荡次数越多，损耗越大。

**2. 光波调制**

激光器输出的激光是相干光，其波长、相位及传播方向一致，这种特性使得激光器具有很广泛的应用。但是激光器输出的波长也不是一成不变的，受以下一些因素影响：

(1) 有源区的折射率与其中的载流子浓度有关，载流子浓度与输入电流成正比，输入电流越大载流子浓度越大。由于输入电流对有源区折射率有调制作用，导致激光器输出的波长发生变化。

(2) 随着激光器工作时间的延长，激光器的温度也会随之升高，这导致材料禁带宽度发生变化，从而引起激光器输出的波长发生变化。

(3) 激光器多数采用异质结，由此构成的有源区中往往存在应力，应力不仅能改变材料的能带结构，还能够改变材料的折射率，导致激光器输出的波长发生变化。

(4) 改变谐振腔长度，可有效地调节激光器输出的波长。

(5) 外加磁场可以使半导体材料的导带和价带能级发生量子化，使得跃迁的能量间隔增加，导致激光器输出的波长发生变化。

# 6.8　异质结半导体激光器

## 6.8.1　异质结半导体激光器的基本结构

采用异质结构成的激光器，具有更强的载流子与光子限定能力，可有效地降低阈值电

流，并能够实现在室温下断续工作，是目前半导体激光器发展的重点。图 6－8－1 是半导体激光器的基本结构、能量、折射率和光强的示意图。从图中可以看出，同质结由于有源区与限定层折射率相差较小，导致发光区域较分散，中心光波的光强相对低一些；而对于双异质结，由于有源区与两边的限定层折射率相差较大，其载流子和光子限定能力很强，发光区域集中，中心光波的光强高；对于单异质结，由于只有一边限定，其载流子和光子限定能力较双异质结要弱一些。

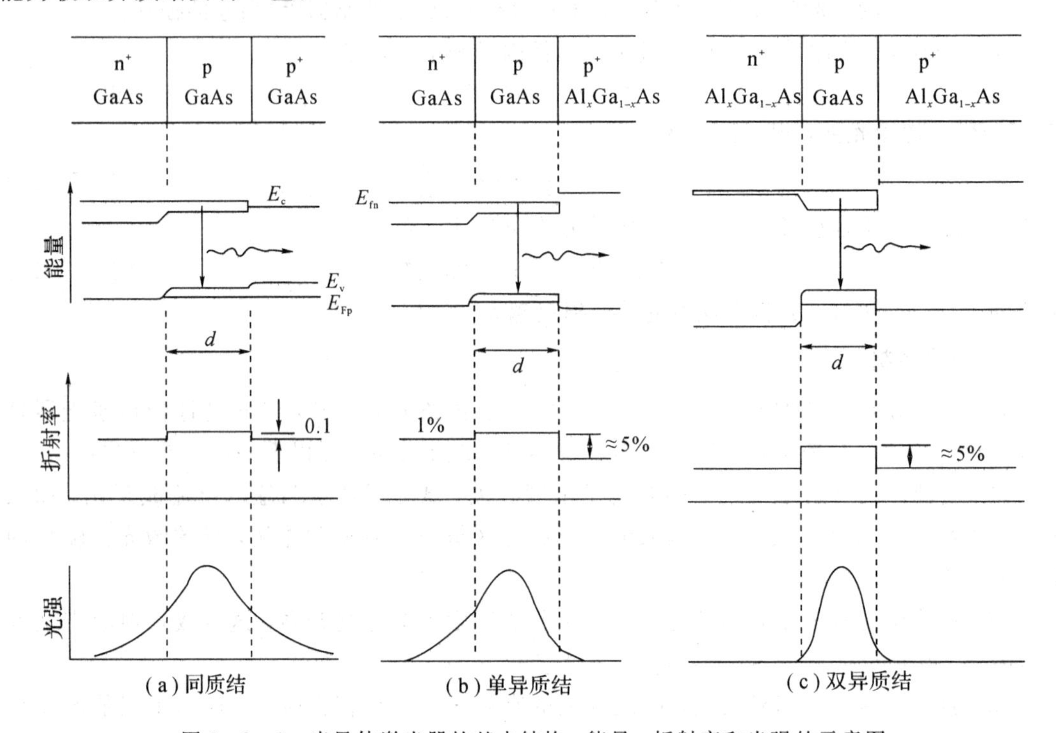


图 6－8－1　半导体激光器的基本结构、能量、折射率和光强的示意图

异质结要想获得良好的载流子和光子的限定能力，其有源区(量子阱宽度)大于德布罗意波长，否则其光子限定性会变差；量子阱宽度要小于载流子平均自由程，否则载流子不能被有效地收集。

目前应用最多的材料一类是 GaAs/AlGaAs 材料，这种激光器的峰值波长在 0.8～0.9 μm 附近；另一类是 InGaAsP/InP、InGaAs/GaInP 材料，这种激光器的峰值波长在 1.3～1.35 μm，1.5～1.65 μm 附近。图 6－8－2 为一种 GaAs 基半导体激光器的层结构和能带结构图。该双异质结激光器有源层为 GaAs，限制层为 AlGaAs 材料，AlGaAs 材料的禁带宽度随 Al 组分的增加而增大。它的谐振腔通常由晶体的解理面形成，谐振腔的长度约为 300 μm 左右。

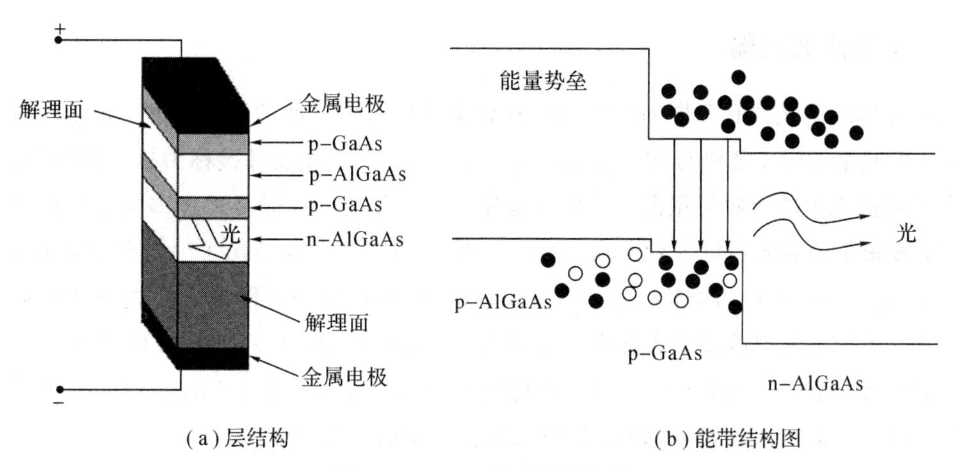


图 6-8-2　双异质结激光器

当双异质结上加有正向偏压时，由 n 型 AlGaAs 层向有源层注入电子；由 p 型 AlGaAs 层向有源层注入空穴，由于存在能量势垒，所以电子被限制在有源层中，形成反转分布，产生光放大。同时，由于有源层的折射率比限制层大，又起着限制光的作用。

当注入激光器中的电流比较小时，只能观测到自发辐射；随着电流的增加，放大系数也增加，在某一电流值时，产生激光振荡之后，光强急剧线性地增加。图 6-8-3 表示了半导体激光器的注入电流与光强的关系。图中还给出了电流小于和大于阈值电流时的发光光谱。当电流小于阈值电流时，是自发辐射，发光光谱的宽度比较宽，约为 20～40 nm；当电流大于阈值电流时，发光光谱的宽度变窄，约为 1～2 nm。

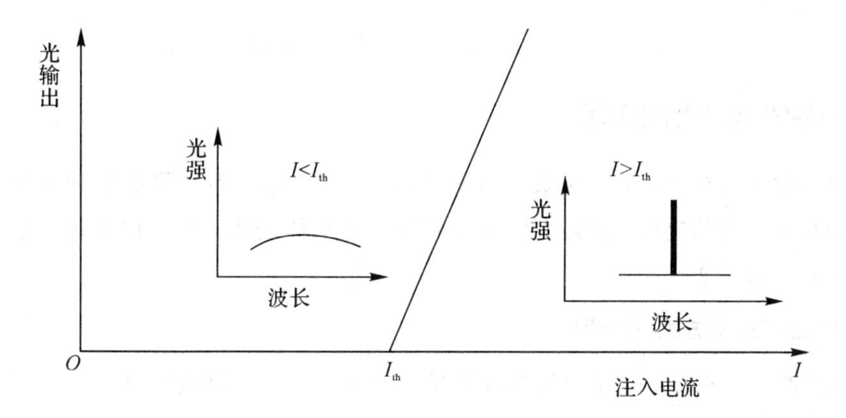


图 6-8-3　半导体激光器的注入电流与光强的关系

### 6.8.2 量子阱激光器

当双异质结激光器有源层的厚度减小到载流子德布罗意波的数量级时，发生二维量子化效应，引起量子阱中能级分裂，形成分立的能级，这种激光器件被称为量子阱激光器。

量子阱激光器的有源层很薄，其缺点是光子限定能力差，但可通过多层堆积的多量子阱改善，多量子阱激光器量子效率高、输出功率大。图 6-8-4 给出了一个典型的 InGaAs/GaAsP 多量子阱激光器的结构。该结构 InGaAs/GaAsP 应变补偿量子阱能解决带隙差较小的问题，可很好地把载流子束缚在量子阱内。生长在 GaAs 衬底材料的 GaAsP 外延材料是处于张应变的状态。与 InGaAs 量子阱材料所受的力相反，生长 InGaAs/GaAsP 多量子阱结构，可以根据阱垒材料的厚度、组分来调制量子阱光电性质。

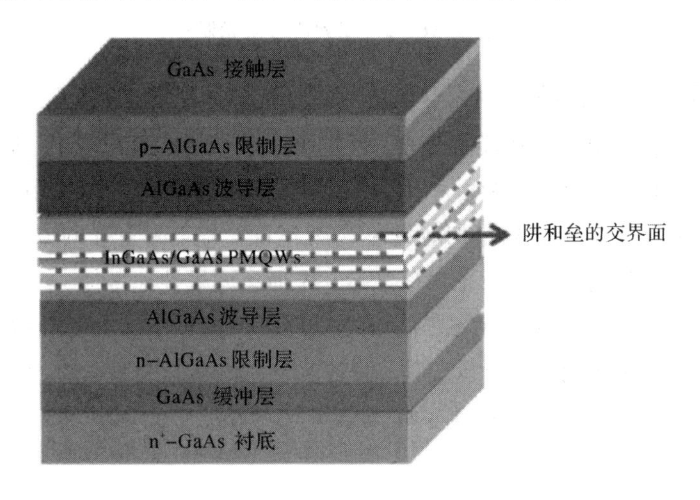


图 6-8-4 InGaAs/GaAsP 多量子阱激光器的结构

### 6.8.3 半导体激光器的应用

与其他的激光器相比，半导体激光器的体积小，光调制容易。虽然半导体激光器在多个领域已经有了广泛的应用，但是人们还在研制各种结构的激光器，以求进一步改善和提高半导体激光器的性能。

**1. 在产业和技术方面的应用**

(1) 光纤通信。半导体激光器是光纤通信系统中唯一的实用化光源，光纤通信已成为当代通信技术的主流。

(2) 光盘存储。半导体激光器用于光盘存储器，其最大优点是存储的声音、文字和图像信息量大，可采用蓝、绿激光进一步提高光盘的存储密度。

(3) 光谱分析。远红外可调谐半导体激光器可用于环境气体分析，监测大气污染、汽车尾气等，在工业上还可用来监测气相淀积的工艺过程。

(4) 光信息处理。半导体激光器可用于光信息处理系统，如表面发射半导体激光器二维阵列是光并行处理系统的理想光源，也可用于光计算机和光神经网络。

(5) 激光微细加工。借助于半导体激光器产生的高能量超短光脉冲，我们可对集成电路进行切割、打孔等。

(6) 激光报警器。半导体激光报警器的用途较广，包括防盗报警、水位报警、车距报警等。

(7) 激光打印机。高功率半导体激光器已经用于激光打印机。

(8) 激光条码扫描器。半导体激光条码扫描器已经广泛用于商品的销售以及图书和档案的管理。

(9) 泵浦固体激光器。这是高功率半导体激光器的一个重要应用，采用它来取代原来的氙灯，可以构成全固态激光系统。

(10) 高清晰度激光电视。利用红、蓝、绿三色激光生产的半导体激光电视机，其耗电量可降低20%左右。

**2. 在医疗和生命科学研究方面的应用**

(1) 激光手术治疗。半导体激光器已经用于相关疾病的治疗。

(2) 生命科学研究。使用半导体激光的“光镊”，可以捕捉活细胞或染色体，并将它们移至任何位置。半导体激光器可用于促进细胞合成、细胞相互作用等研究，还可作为法医取证的诊断技术。

**3. 其他应用**

高功率半导体激光器可作为夜视光源，也可作为红外闪光灯、空中红外灯塔的理想光源。此外，半导体激光器在测距、炮击模拟、观测污染、频率标准、激光陀螺、激光传感器、大气遥感、快速测微量元素、激光准直、激光光谱、光计算、LED显示、投影电视以及材料加工(如打标、焊接、雕刻、微加工)等领域有着广泛的用途。

## 习　　题

1. LED相对于其他传统照明方式的优势有哪些？

2. LED的种类有哪些?

3. 白光LED的实现方式有哪些?请举例说明。

4. LED内量子效率与外量子效率是如何定义的，提高外量子效率的措施有哪些?

5. 激光与一般的光有什么异同之处?

6. 半导体激光器工作的三个必要条件是什么?

7. 为什么常见的第一代半导体Si和Ge不能作为半导体激光器的有源区,而可以作为常用的光探测器材料?

8. 基于爱因斯坦关系推导半导体激光器粒子数反转分布的条件。

9. 解释半导体激光器的阈值电流、标称电流以及阈值增益的物理意义。

# 参考文献


[1] 梅野正义. 电子器件. 北京：科学出版社，2001.

[2] 方如章，刘玉风. 光电器件. 北京：国防工业出版社，1988.

[3] 张烽生，龚全宝. 光电子器件应用基础. 北京：机械工业出版社，1993.

[4] 杨荫彪，穆云书. 特种半导体器件及其应用. 北京：电子工业出版社，1991.

[5] SZE S M. Physics of Semiconductor Devices. Second Edition. A Wiley-interscience Publication，1981.

[6] 朱强，项兆钧，孙芝地，等. 工业型 LED 大屏幕显示系统的硬件结构. 矿业，Vol. 5，No. 4，1996：70 - 77.

[7] CHENG J H，WU Y S，LIAO W C. Improved crystal quality and performance of GaN-based light emitting diodes by decreasing the slanted angle of patterned sapphire. Applied Physics Letters，2010，96：051109.

[8] 文峰. 白光发光二极管的理论与实验研究，武汉：华中科技大学，2010.

[9] 周圣军. 大功率 GaN 基 LED 芯片设计与制造技术研究，上海：上海交通大学，2011.

[10] ZHAO H，LIU G，ZHANG J，et al. Approaches for high internal quantum efficiency green InGaN light emitting diodes with large overlap quantum wells. Opt. Express 19(S4 Suppl 4)，2011：A991 - A1007.

[11] 蒋永志. GaN 基蓝光 LED 的光学特性研究，济南：山东大学，2012.

[12] NEVOU L，LIVERINI V，FRIEDLI P，et al. Current quantization in an optically driven electron pump based on self-assembled quantum dots. Nature Physics，2011，7：423 - 427.

[13] 尤明慧. InGaAs(Sb)近、中红外激光器材料与器件研究，长春：长春理工大学，2010.

[14] 董海亮. InGaAs/GaAsP 量子阱界面结构及其激光器件性能研究，太原：太原理工大学，2012.

[15] LIU L，WANG L，LI D，et al，Influence of indium composition in the pre-strained InGaN interlayer on the strain relaxation of InGaN/GaN multiple quantum wells in laser diode structures. Journal of Applied Physics，2011，109(7)：073106 - 1 - 5.

[16] ASGARI A，KHALILI K，Temperature dependence of InGaN/GaN multiple quantum well based high efficiency solar cell. Solar Energy Materials and Solar Cells，2011，95(11)：3124 - 3129.

[17] IRENA Z, MALGORZATA K. The Effect of Isopropyl Alcohol Oil Etching Rate and Roughness of(100) Si Surface Etched in KOH and TMAH solutions. Sensors and Actuators A, 2001, 93(2): 138 - 147.

[18] ANGERMANN H, CONRAD E, KORTE L, et al. Passivation of textured substrates for a-Si:H/c-Si hetero-junction solar cells: Effect of wet-chemical smoothing and intrinsic a-Si:H interlayer. Materials Science and Engineering B, Vol. 159 - 160, 2009: 219 - 223.

[19] 张伟. AlGaN/GaN 超晶格红外/紫外双色光电探测器研究. 西安：西安电子科技大学，2013.

[20] 虞丽生. 半导体异质结物理. 2 版. 北京：科学出版社，2007.

[21] 刘恩科，朱秉升，等. 半导体物理学. 北京：电子工业出版社，2003.

[22] 施敏. 半导体器件物理与工艺. 赵鹤鸣，译. 苏州：苏州大学出版社，2002.

[23] NEAMEN D A. 半导体物理与器件：基本原理. 清华大学出版社，2003.

[24] 沈学础. 半导体光谱和光学性质. 2 版. 北京：科学出版社，2002.

[25] TSANG W T. 半导体光检测器. 杜宝勋，等译. 北京：电子工业出版社，清华大学出版社，1992.

[26] 郝跃，彭军，等. 碳化硅宽带隙半导体技术. 北京：科学出版社，2000.

[27] 程开富. 新颖 CCD 图像传感器最新发展及应用. 集成电路通讯，2006，24(3)：30 - 38.

[28] NEAMEN DA. 半导体器件与物理. 赵毅强，等译. 北京：电子工业出版社，2005.

[29] 叶良修. 半导体物理. 北京：高等教育出版社，2007.

[30] 朱京平. 光电子技术基础. 北京：科学出版社，2003.

[31] 刘贤德. CCD 及其应用原理. 武汉：华中理工大学出版社，1990.

[32] 安毓英. 光电子技术. 北京：电子工业出版社，2002.

[33] WAGEMANN H G. 太阳能光伏技术. 2 版. 叶开恒，译. 西安：西安交通大学出版社，2011.

[34] 梅遂生，等. 光电子技术：信息装备的新秀. 北京：国防工业出版社，1999.

[35] KASAP S O. 光电子学与光子学：原理与实践. 2 版. 罗风光，译. 北京：电子工业出版社，2013.

[36] 周治平. 硅基光子学. 北京：北京大学出版社，2012.

[37] 罗昕. CMOS 图像传感器集成电路：原理、设计和应用. 北京：电子工业出版社，2014.